工业机器人控制虚拟仿真实践教程

王玲玲　富　立　编著

北京航空航天大学出版社

内 容 简 介

本书以典型的Dobot串联机器人、Delta并联机器人为对象，围绕工业机器人的相关基础理论及基本应用等内容开展理论与实验紧密结合的详细讲解。全书主要内容包括：机器人概述、机器人虚拟仿真MATLAB基础、工业机器人正运动学、工业机器人逆运动学、工业机器人轨迹规划、工业机器人动力学及控制、多工业机器人协作控制概述、虚拟工业机器人综合控制实践等，并且提供各实验对应的软件程序框架，便于学生快速学习和掌握相关知识点。本书可作为高等院校相应课程的教材，也可作为高职高专院校机器人技术及相关专业的教材，可供从事机器人相关工作的工程技术人员参考。

图书在版编目(CIP)数据

工业机器人控制虚拟仿真实践教程 / 王玲玲，富立编著. -- 北京 ：北京航空航天大学出版社，2024.5

ISBN 978-7-5124-4419-5

Ⅰ. ①工… Ⅱ. ①王… ②富… Ⅲ. ①工业机器人－机器人控制－计算机仿真－高等学校－教材 Ⅳ. ①TP242.2

中国国家版本馆CIP数据核字(2024)第111139号

工业机器人控制虚拟仿真实践教程

王玲玲　富　立　编著

策划编辑　董宜斌　　责任编辑　王　瑛　王迎腾

*

北京航空航天大学出版社出版发行

北京市海淀区学院路37号(邮编100191)　http://www.buaapress.com.cn

发行部电话：(010)82317024　传真：(010)82328026

读者信箱：emsbook@buaacm.com.cn　邮购电话：(010)82316936

涿州市新华印刷有限公司印装　各地书店经销

*

开本：710×1 000　1/16　印张：11.25　字数：253千字

2025年1月第1版　2025年1月第1次印刷

ISBN 978-7-5124-4419-5　定价：69.00元

目　　录

第1章

机器人概述

机器人(Robot)是指一切模拟人类行为和思想或模拟其他生物的、可以自动执行工作的机械装置,它将机械、信息、材料、智能控制、生物医学等多学科交叉融合于一体,可以完成协助或取代人类工作的任务,因此被广泛应用于工业生产、替代人类完成繁复或危险的工作等多个领域。自1959年第一台工业机器人问世至今,机器人已与人类的生产与生活越来越密不可分,已成为当今人类社会不可或缺的一部分。机器人按照其应用场合可以分为两大类:一类是服务机器人,另一类是工业机器人。

1.1 服务机器人概述

服务机器人是指一种半自主或全自主工作的机器人,它能完成有益于人类健康的服务工作,但不包括从事生产劳动。服务机器人的典型特征是在非结构环境下为人类提供必要的服务,包括家用服务机器人和专业服务机器人两类。

家用服务机器人可服务于家庭作业、娱乐休闲和残障辅助等,比较有代表性的是英国科技公司 Moley Robotics 于2015年推出的全自动化烹饪厨房机器人 Moley,如图1.1.1所示。

该厨房机器人由包含20个电机、24个关节和129个传感器的两个串联机械手臂构成。其凭借自身多关节的高自由度和灵活性,可通过学习人类厨师的动作,完成自动切菜、做菜(包括2 000多套食谱)、洗碗、整理和清洁灶台等一系列家务作业。然而,该机器人的成本较高,其性能的稳定性、可靠性、安全性还有待进一步验证。

另一款引起广泛关注的家用机器人是下肢动力外骨骼机器人,如图1.1.2所示。这种可穿戴式助力机器人可以通过测量人体的运动信息预测人体的运动行为,驱动外骨骼机器人关节来辅助残障人士恢复行走能力。目前已经商用化的外骨骼机器人主要来自美国、以色列、俄罗斯、日本和中国。

专业服务机器人包括空中机器人、地面机器人和水下机器人,可分别在空中、陆地和水下执行作业。在此主要讨论执行空中任务的空中机器人,也就是我们熟知的无人

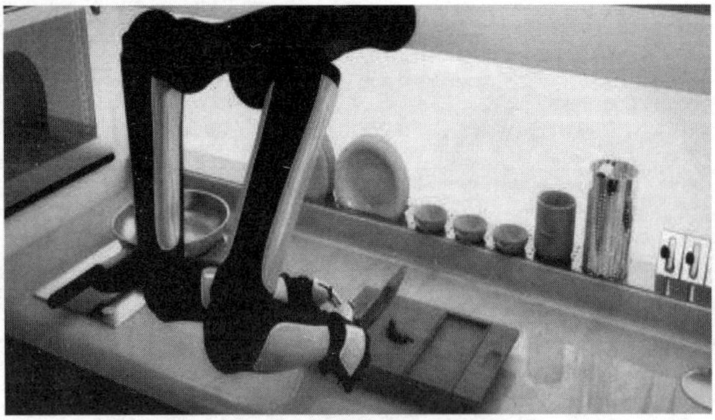

图 1.1.1　厨房机器人

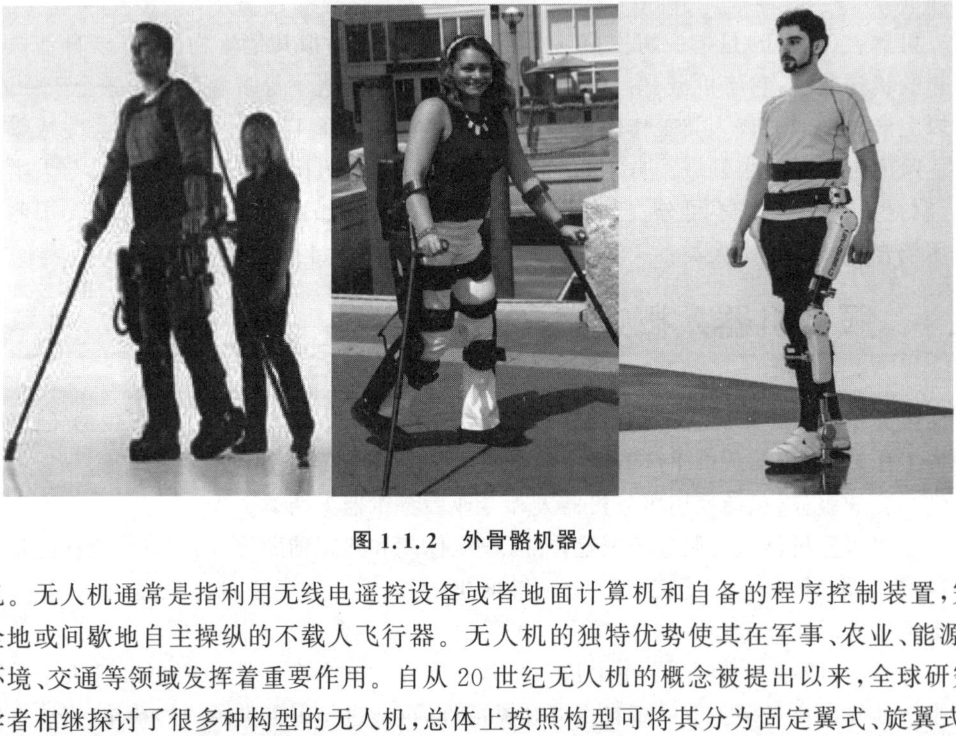

图 1.1.2　外骨骼机器人

机。无人机通常是指利用无线电遥控设备或者地面计算机和自备的程序控制装置，完全地或间歇地自主操纵的不载人飞行器。无人机的独特优势使其在军事、农业、能源、环境、交通等领域发挥着重要作用。自从 20 世纪无人机的概念被提出以来，全球研究学者相继探讨了很多种构型的无人机，总体上按照构型可将其分为固定翼式、旋翼式、扑翼式和飞艇四种类型，如图 1.1.3 所示。

国际上评价无人机性能优劣的基本标准主要有三个方面：①优异的低速飞行能力；②长时间的稳定自主飞行能力；③较弱的结构振动和较强的抗外界扰动能力。固定翼无人机虽然具有较弱的结构振动和较高的负载能力，但是不具备悬停等低速飞行能力，难以完成某些特殊任务(如侦察和监视等)。扑翼无人机具有低速飞行和飞行能耗低的优势，然而却存在着机械结构复杂、负载和抗外界扰动能力差、非定常空气动力特性导致的自主稳定控制难度大等问题。飞艇具有优异的低速飞行和负载能力，但是机动性和抗外界干扰能力比较差。旋翼无人机具有悬停凝视、垂直起降等优异的低速飞行能

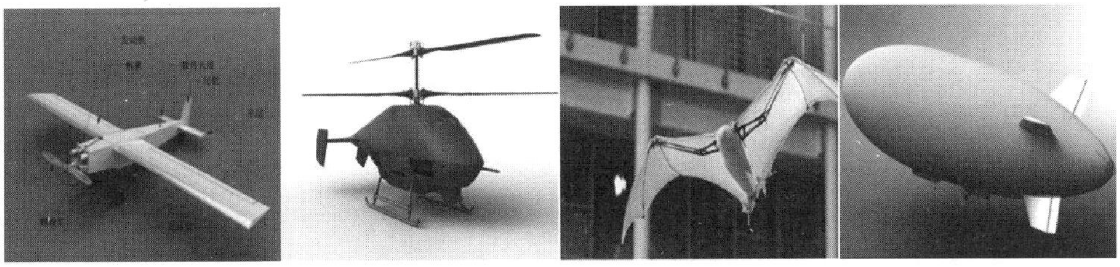

(a) 固定翼式　　(b) 旋翼式　　(c) 扑翼式　　(d) 飞艇

图 1.1.3　空中机器人构型

力，独特的结构设计为其能够稳定自主飞行和抗外界扰动创造了良好的条件，总体性能优于扑翼式、固定翼式和飞艇式无人机。旋翼无人机特别适合在狭小空间或复杂环境中使用，因此，是目前广泛应用的无人机类型之一。

除了传统的直升机构型以外，旋翼无人机已形成三类基本结构形式。第一类是共轴双旋翼结构，例如美国麻省理工学院 Charles Stark Draper 实验室提出的共轴双旋翼微型无人机 NAV(Nano Air Vehicle)(如图 1.1.4 所示)。

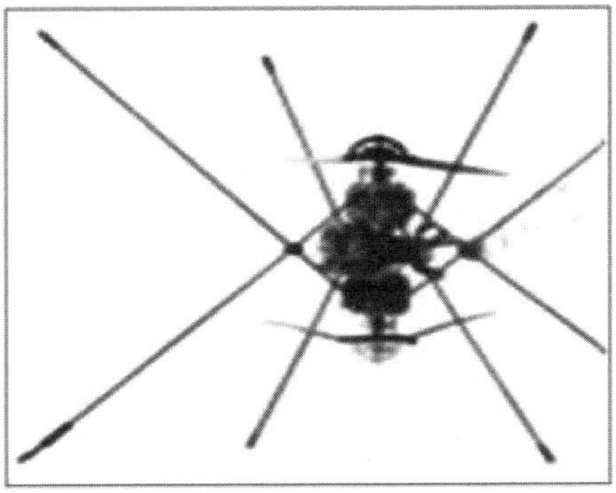

图 1.1.4　共轴双旋翼微型无人机

该微型无人机尺寸只有 7.5 cm，重量约为 20 g，可以携带重约 2 g 的微小型导航传感器组件(包括 1 套 6 自由度微机电惯性测量组件、2 个微型摄像机、1 个微型大气传感器、1 套无线通信装置)。NAV 独特的磁控旋翼结构克服了传统共轴双旋翼微型无人机的机动能力差及振动幅值大等缺陷，使其具有优异的悬停和高机动飞行能力，可在室内外正常风速下稳定飞行，显示了良好的抗外界扰动能力。图 1.1.5 为北京航空航天大学开发的可变倾角双旋翼无人机虚拟仿真实验平台。该平台为学生和研究者设计并开发共轴双旋翼无人机智能任务规划、自主导航和飞行控制方案提供了支持。

第二类旋翼无人机是单/双旋翼控制舵结构。这种结构形式的旋翼无人机根据机身有无涵道可分为涵道式和无涵道式。以美国霍尼韦尔公司的 T－Hawk 为例，该涵道式旋翼无人机具有较高的空气动力效率，然而涵道的重量降低了机身的负载能力，增加了前飞时的阻力和悬停时的能量消耗。近年来的研究发现，涵道式旋翼结构对于微

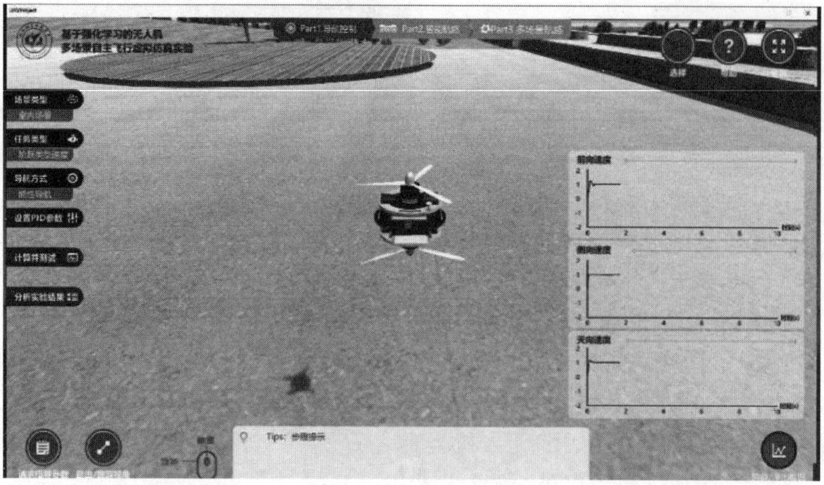

图 1.1.5　可变倾角双旋翼无人机虚拟仿真实验平台

型无人机的空气动力优势非常有限。因此,无涵道式单/双旋翼控制舵结构近年来也受到关注。这种结构内在的悬停稳定性降低了悬停控制的复杂度,并且具有良好的抗外界扰动能力。然而不论是涵道式还是无涵道式旋翼无人机,均含有旋翼交变振动,另外气流冲击的引入会导致控制舵包含复杂的振动形式。此外,单旋翼控制舵微型无人机在由悬停状态转换到前飞状态的过程中,其动力学特性会呈现非线性、强耦合的不稳定状态,这对系统的稳定控制提出了挑战。如图 1.1.6 所示为北京航空航天大学和航天研究所联合研制的双旋翼控制舵式无人机及其虚拟仿真实验平台。

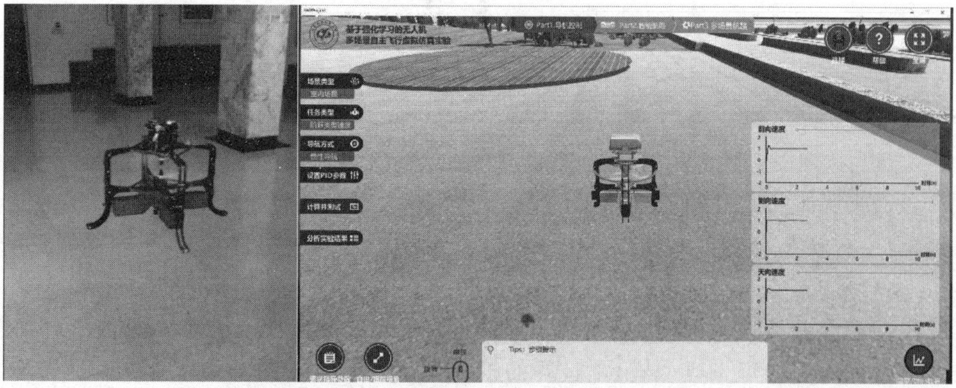

图 1.1.6　双旋翼控制舵式无人机及其虚拟仿真实验平台

第三类是多旋翼无人机。以四旋翼无人机为例,四旋翼无人机是目前广泛应用的旋翼无人机类型,如图 1.1.7 所示。这类旋翼无人机的优点是负载和机动能力强,动力学特性明确,便于实现优化控制。但较大的尺寸和高能耗使其难以在狭小空间中长时间应用。

除构型外,空中机器人还有其他分类方式。

图 1.1.7 四旋翼无人机

① 按照用途，可以分为军用无人机和民用无人机。目前军用无人机包括侦察无人机、诱饵无人机、电子对抗无人机、通信中继无人机、无人战斗机、靶机等。民用无人机有巡查/监视无人机、农用无人机、气象无人机、勘探无人机、测绘无人机等。

② 按照空机重量，可以分为微型(空机重量小于 7 kg)、轻型(空机重量大于 7 kg 且小于 116 kg)、小型(空机重量大于 116 kg 且小于 5 700 kg)和大型无人机(空机重量大于 5 700 kg)。

③ 按照飞行高度，可以分为超低空无人机(任务高度小于 100 m)、低空无人机(任务高度大于 100 m 且小于 1 000 m)、中空无人机(任务高度大于 1 000 m 且小于 7 000 m)、高空无人机(任务高度大于 7 000 m 且小于 18 000 m)、超高空无人机(任务高度大于 18 000 m)。

④ 按照飞行活动半径，可以分为超近程无人机(活动半径小于 15 km)、近程无人机(活动半径大于 15 km 且小于 50 km)、短程无人机(活动半径大于 50 km 且小于 200 km)、中程无人机(活动半径大于 200 km 且小于 800 km)、远程无人机(活动半径大于 800 km)。

此外，我们关注一下地面机器人和水下机器人。

地面机器人也称为无人地面车，是指在与地面接触情况下，一种基于环境感知和自动行为决策的无人驾驶运行车辆；或者是将环境感知信息传递给位于远端的人类操作员，以便通过远程操作控制的车辆。地面机器人广泛应用于不方便、危险或不可能进行人工操作的场合，例如代替士兵执行危险作战任务、侦察战场情报、运输货物、排爆等军事领域，或工业自动运输、星球探索、灾后救援、智能交通等民用领域。目前美国、俄罗斯、中国和以色列在地面机器人研究方面处于世界领先水平，已有实用化产品进入军事和民用领域。美国 2011 年发射的好奇者号火星探测器和 2020 年发射的好奇者号升级版——毅力号火星探测器、中国 2018 年发射的玉兔二号月球车和 2020 年发射的天问一号火星车，均是为了完成星球探索任务而研制的地面机器人。这类星球探测地面机器人一般以太阳能或者核动力为能源，利用多个导航相机和惯性元件感知周边环境，基于启发式算法完成行为决策，采用自主控制与地面遥控相结合的方式完成星球探索巡航任务。用于开发星球探索巡航过程中智能任务规划、自主导航与控制任务的虚拟仿真实验平台如图 1.1.8 所示。

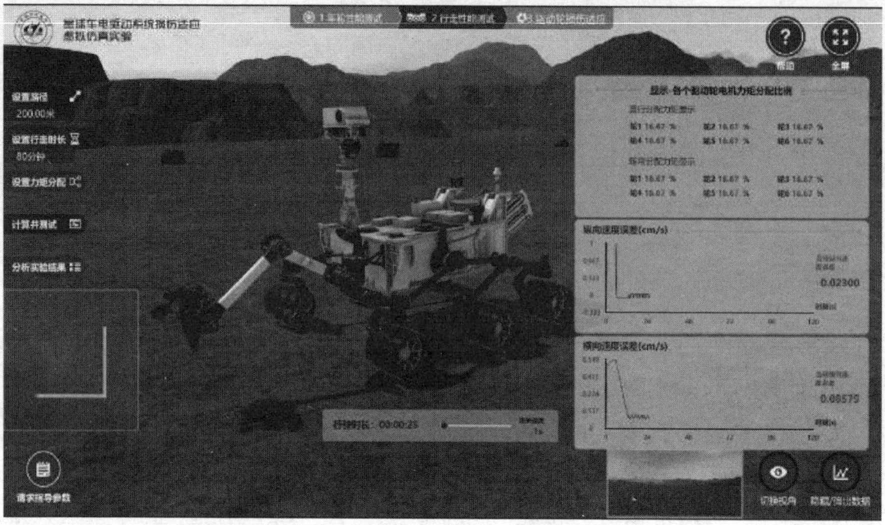

图 1.1.8　星球车探索虚拟仿真实验平台

水下机器人也称为潜水器，是一种在水下恶劣环境中代替人类完成极限作业的机器人（如图 1.1.9 所示），被广泛应用在海洋调查、海洋石油开发、水下船体检修、打捞救援和军事斗争等方面。按照是否载人，水下机器人可分为载人水下机器人和无人水下机器人。其中，无人水下机器人根据控制方式，分为有揽水下机器人和无揽（自主）水下机器人。有揽水下机器人由母船人工控制；无揽水下机器人也称为智能水下机器人，是在融合多传感器信息探测识别海洋环境的基础上，进行自动行为规划、回避障碍和智能控制，在复杂海洋环境中自主完成指定任务的机器人，是水下机器人未来的主要发展方向。然而，复杂海洋环境容易导致水下机器人的通信和导航定位十分困难，会严重降低水下机器人的运动和控制性能，成为阻碍水下机器人发展的主要因素，这也是水下机器人与空中机器人和地面机器人的最大不同。

图 1.1.9　特种水下机器人

1.2　工业机器人概述

世界上首台机器人诞生于 20 世纪 50 年代，随着时代的发展与科技的进步，机器人在工业生产及人类服务方面的应用越来越广泛。进入 21 世纪后，越来越多的工作被机器人取代。第一台工业机器人是由 Unimation 公司在 20 世纪 50 年代末发明的 Unimate 机械臂，并于 1961 年在美国通用公司安装运行，开创了工业机器人应用的先河。随后工业机器人便得到了广泛普及，各国的工业机器人工厂相继成立，主要代表有日本的安川、发那科、川崎、松下，德国的 KUKA 以及瑞典的 ABB 等。目前 ABB、安川、发那科等工业机器人品牌已经占据世界超过 50%的市场份额，KUKA、川崎、松下等品牌占世界市场份额的 40%以上。总体而言，国外工业机器人的发展较国内而言时间更早，市场占据份额也相对较高。相比而言，国内的工业机器人研究在 20 世纪七八十年代才刚刚起步，并且发展初期进步缓慢；但随着“八五”“九五”机器人技术攻关计划与“863”高新技术发展计划的相继提出，我国工业机器人研究正式进入高速发展阶段。

工业机器人是由机械结构、传感装置、控制和伺服驱动系统构成的一种仿人操作、自动控制、可重复编程、能在三维空间完成各种作业的光机电一体化生产设备，广泛应用于电子、物流、制造、加工等各个工业领域之中，用于降低制造业成本，提高生产效率和产品质量。工业机器人的分类方法和标准很多，其中按机械结构可以分为串联机器人和并联机器人。串联机器人的动平台和定平台之间是刚度连杆通过关节串联形成的开环运动链机构。典型的串联机器人(即 Dobot 串联机器人)及其虚拟模型如图 1.2.1 所示，其特点是一个轴的运动将改变另外一个轴的坐标原点。串联机器人的工作空间较大，然而开链式的机械结构导致其任何一个环节的误差都将累计到末端执行器的定位精度上。

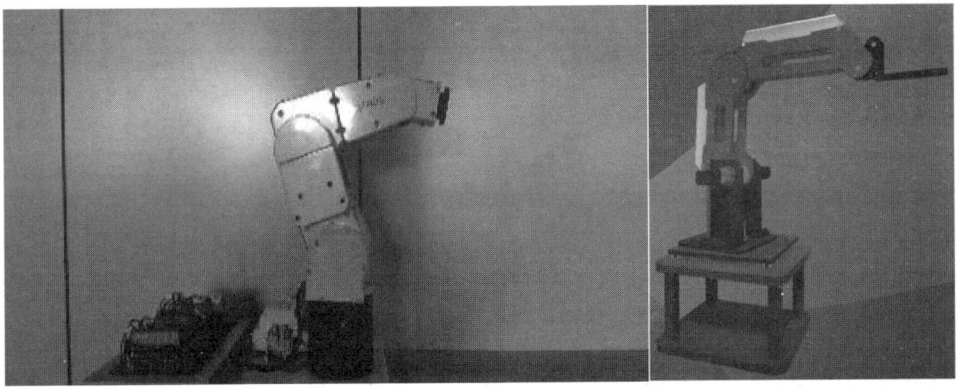

图 1.2.1　Dobot 串联机器人及其虚拟模型

并联机器人的动平台和定平台通过至少两个独立的运动链相连接，是具有两个或两个以上自由度且以并联方式驱动的一种闭环机构。Delta 并联机器人及其虚拟模型如图 1.2.2 所示，其特点是一个轴的运动不会改变另一个轴的坐标原点。与串联机器人相比，并联机器人虽然工作空间较小，但是凭借多个并列的运动支链与动、定平台相连接构成的多自由度闭链结构，无累积误差，精度较高；并联机器人的驱动装置可置于定平台上或接近定平台的位置，这样运动部分重量轻，速度高，动态响应好；此外并联机器人还具有结构紧凑、刚度高、承载能力大等优势。

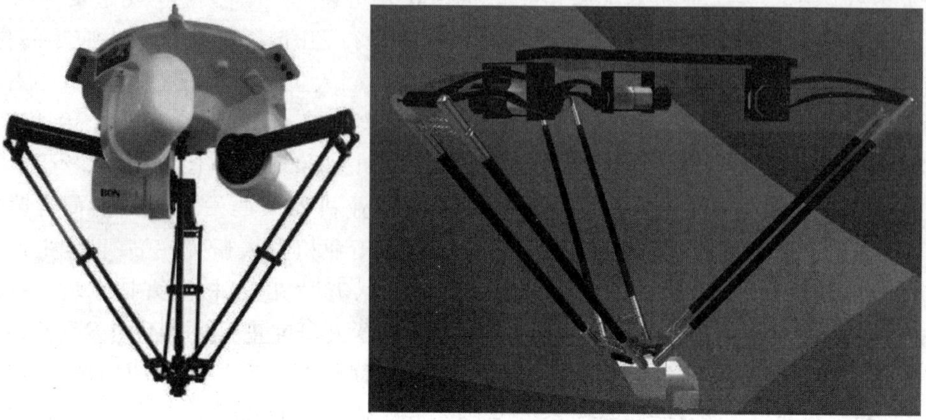

图 1.2.2　Delta 并联机器人及其虚拟模型

按照控制方式所采用的坐标形式，工业机器人可分为直角坐标型工业机器人（工作空间为直角坐标）、关节坐标型工业机器人（灵活工作空间）、圆柱坐标型工业机器人（工作空间为圆柱）、球坐标型工业机器人（工作空间为球形）。按控制程序的输入方式，工业机器人可分为编程输入型机器人和示教输入型机器人。但不论是哪种工业机器人，一般都由机械、传感和控制三大部分组成，如图 1.2.3 所示。

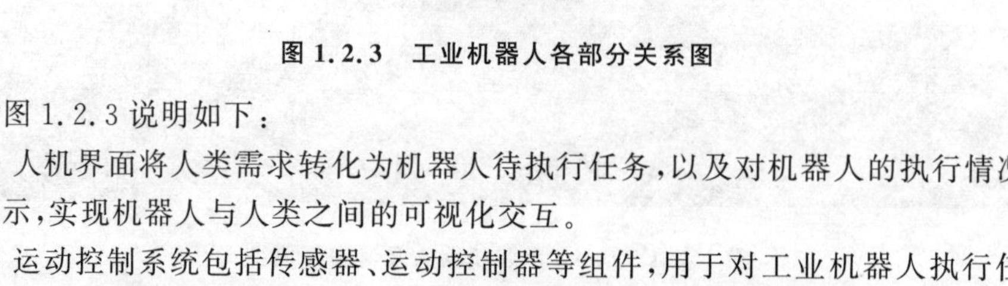

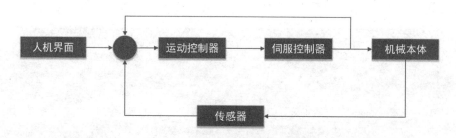

图 1.2.3　工业机器人各部分关系图

对图 1.2.3 说明如下：

① 人机界面将人类需求转化为机器人待执行任务，以及对机器人的执行情况进行实时显示，实现机器人与人类之间的可视化交互。

② 运动控制系统包括传感器、运动控制器等组件，用于对工业机器人执行任务过程中的位置和姿态进行精确控制。该系统借助传感器感知机器人的运动状态和环境信息，并根据设定的轨迹控制机器人的运动，与任务需求进行比较，形成闭环反馈模式，以便运动控制器根据工业机器人的实际运动状态实时调整控制过程。

③ 伺服控制器是机器人驱动系统的重要组成部分，用于提供动力和控制机器人运动。伺服控制器通常由电机、减速器和传动装置组成。其中，电机可以是直流电机、步进电机或伺服电机，通常需要根据应用需求选择合适的电机类型。驱动电机可以使工业机器人的机械本体按照运动控制器的规划策略运动。

④ 机械本体主要是指工业机器人机械臂段的结构，具有一定的长度和形状，通常由刚性材料制成。机械臂段的数量和长度决定了机器人的工作范围和自由度。

需要明确的是，在工业机器人组成中，影响工业机器人完成任务的关键核心部件主要包括高精度 RV 减速机、电机、高精度伺服驱动控制器、机器人运动控制器。其中，高精度 RV 减速机是纯机械式精密动力传递部件，主要用来降低机器人关节的转速并增加转矩，因此 RV 减速机需具备高可靠性、高精度、大扭矩、大速比等特点。然而，RV 减速机的技术难度之一在于要尽量减小减速器轴的转动到外侧齿轮转动之间的传动误差。当该误差较大时，外侧齿轮的转动无法体现转动轴的微小变化，这将使得机械臂关节驱动精度降低，经多关节传导累积后末端执行器会产生更大误差。另外，对于电机和高精度伺服驱动控制器，其不仅需要具有较高的瞬时过载、跟踪精度以及快速的动态响应能力，而且需要具有良好的通用性和扩展性。机器人运动控制器是机器人控制的核心，决定了机器人性能的优劣。

评价工业机器人的性能主要考虑如下指标：

① 运动范围：工业机器人在其工作区域内可以到达的最远距离；

② 精度：工业机器人到达指定点的精确程度；

③ 重复精度：重复多次动作，工业机器人到达同样位置的精确程度；

④ 负载能力：工业机器人在满足精度等性能指标要求的情况下，能够承载的负荷情况。

结合图 1.2.3，工业机器人的总体设计过程如图 1.2.4 所示。

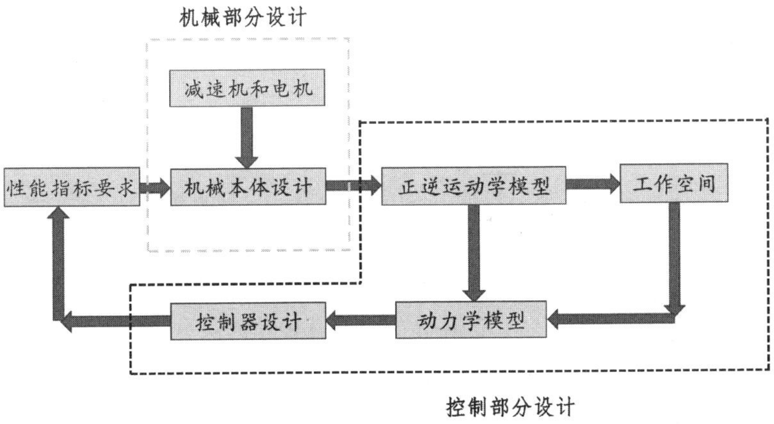

图 1.2.4　工业机器人总体设计过程

将任务需求分解为工业机器人各项性能指标要求。首先，根据性能指标要求进行工业机器人的机械本体设计和减速机、电机的选型。然后，基于工业机器人的机械结构和关节设计，建立工业机器人的正运动学模型和逆运动学模型。在此基础上，分析工业机器人的工作空间，并且基于正逆运动学模型和工作空间的约束，建立工业机器人的动力学模型。依据工业机器人的动力学模型完成机器人的控制器设计。最后，通过试验、标校等手段调整控制器参数，保证所设计的工业机器人能够满足各项性能指标要求。总之，工业机器人的总体设计涉及机械、电气、自动化、计算机、仪器、人工智能等多个学科的知识，具有典型的多学科交叉融合特点。

1.3 工业机器人发展趋势

工业机器人是最早应用的机器人类型。自 1961 年第一台工业机器人进入通用汽车的生产车间开始，工业机器人就一直用于协助人类完成工业制造领域繁重、单调、机械性重复的长工时和流程性任务，或在高温、有毒等恶劣或危险环境下作业。伴随工业制造经历以技术为驱动的信息化、以数据为驱动的数字化、以业务为驱动的智能化的演进，工业制造逐渐从传统制造模式向智能制造模式迈进。与此同时，工业机器人经历了三次重大变革，即先后经历了示教动作的示教再现机器人、具有感知器的感觉型机器人、拥有多传感器和逻辑决策的智能型机器人，在每次变革过程中，自动化技术都扮演了举足轻重的角色。

2016 年，美国公布了《2016－2045 年新兴科技趋势报告》，明确指出机器人与自动化系统是 20 项科技发展趋势中最值得关注的，并预测到 2045 年，在工业制造和国民经济中，机器人和自动化系统将无处不在。2020 年，中国工程院发布的我国电子信息科技“十六大挑战”中，明确指出“在智能制造、无人驾驶、深空深海等不确定复杂动态环境下，如何采用自动化与人工智能相融合的理论、技术和系统，针对重大装备、自主运动体和流程工业过程等机理不清及难以建立数学模型的被控对象，实现自主智能控制、人机协同优化决策、决策与控制一体化”是电子信息科技领域所面临的重要挑战。由此可见，工业机器人未来的发展趋势主要围绕精密化、自主化、智能化、柔性化、人机共融和自动化安全等方面，具体含义解释如下。

(1) 精密化

随着工业机器人深入渗透到智能制造的各个环节，工业机器人除了代替人类完成简单重复性的工作外，还将协助人类完成更加精确和复杂的制造任务。为了满足日益严苛的高轨迹精度和运行速度的要求，工业机器人要求减速器、传感器、控制器更加趋于精密化。例如，工业机器人的末端执行器即使有很重的负载，仍然能够保持非常高的运动轨迹精度，或者在快速加减速的同时仍然能够保持位置精准，这些均需要精密制造工艺、力控和减振控制等先进技术的支撑。

(2) 自主化

工业机器人将逐渐从预编程、示教在线控制等操纵作业模式向自主作业模式转变。工业机器人将自主学习工况或环境需求，自主适应工业生产环境，自动设定和优化轨迹路径从而避开关节的奇异点，自主决策动作以避免工业机器人之间、工业机器人与人类生产者之间的干涉与碰撞。例如，在高速运行的生产线中，多机器人配合能够快速检测残次品并将其从生产线中剔除，因此机器人除需要高精度视觉检测和力控能力之外，还得加上对生产线上物品和其他机器人的轨迹预判能力，从而实现高速、高精度拾取和控制。

(3) 智能化

随着越来越多的视觉和力等传感器技术、人工智能技术、工业互联网和5G技术的应用，工业机器人将会变得越来越智能化。工业机器人将从单纯的被控对象向自己产生数据、收集和传输数据、分析和应用数据，进而完成实时控制的边缘智能方向发展。例如，工业机器人将集滑轨、滚珠螺杆及执行电机，故障自检测的芯片，提炼和输出特征的3D视觉传感器和振动分析传感器，可实现人工智能算法的可编程逻辑控制器PLC或IPC等于一体，基于高容量、高吞吐量、低延迟、高可靠性的无线边缘连接5G技术，实现敏锐的环境感知、推理决策，以及高精度、高速的实时运动控制。此外，关键和复杂的工业机器人数据以及生产环境数据等分散节点数据将被引入云端，构建云端智能系统。基于大数据分析技术全面评估与整合来源于工业机器人和制造环节的不同种类数据，无等级连接分散的自动化节点，实现数据的自由流动，以便支持多机器人和人机实时决策及协同控制。

(4) 柔性化

虽然世界各国对智能制造的理解不同，但从微观角度上看，智能制造就是对工业生产进行智能化、柔性化以及数字化的改进。其中，柔性化和数字化是智能制造的基础。所谓柔性化是指工业生产可以快速地更新换代产品，以适应市场变化、消费者定制化以及生产多样性的需求。在新一轮的工业革命中，以工业机器人为核心的工业生产柔性化改造是一个重要方向。为了顺应智能制造发展的需求，工业机器人将从处理单一复杂作业，向以更加自主、灵活、合作的方式处理多项复杂任务不断进化。相比于传统的工业机器人，这些具备柔性化特征的工业机器人将大幅度地降低定制或生产小批量产品的工业制造成本，并且它们的适用范围更广泛。例如，柔性化工业机器人可执行单独运动、镜像运动、触发式协调运动等多种运动方式，并且可根据实际生产需求随意转换；多机器人基于工业互联网相互连接，协同工作并自动调整行动，以配合下一个未完成的产品线；等等。

(5) 人机共融

传统工业机器人基本都是独立工作的，同一类型工业机器人的控制方法和工作方式完全相同，与其他机器人或人类工作者的工作区域也没有交叉重叠。然而，高端传感器和控制单元的大量使用，保证了工业机器人能够与人类密切合作，并且共同完成各种复杂的生产任务。华为技术有限公司在其发布的“全球产业展望GIV2025”中指出，预计到2025年，每万名制造业员工将与103个机器人共同工作。因此，工业机器人将从与人保持距离的作业模式向与人自然交互并协同的作业模式发展。随着拖动示范教学和人工示范教学等人工智能技术的成熟，工业机器人将自主向人类学习，基于环境感知信息智能化地规划动作，降低了控制编程的复杂度和对从业人员的专业要求，熟练技工的工艺经验更容易向工业机器人传递。例如，工业机器人可与人类员工一起组装电子消费类产品，在此期间计算机视觉技术保证了工业机器人对零件识别的同时，实现了其与人类员工的安全互动。然而，对于工业机器人来说，工业制造领域广泛存在的大负载需求与保证人类员工的安全性具有天然矛盾性，因此真正实现人机共融仍需更多探索。

(6) 自动化安全

边缘智能、工业互联网和人机共融技术赋予了工业机器人更多智能的同时，也带来了前所未有的风险。一方面，由于工业机器人在有人空间工作或者直接同人类协同工作，那么工业机器人的任何故障都有可能影响人类的生命安全或导致生产、生活的巨大损失；人工智能技术的不可解释性，可能导致边缘智能的环境适应性问题；工业互联网技术通过对人、机、物、系统等的全面连接，构建起覆盖全产业链、全价值链的全新制造体系，但同时也将工业机器人完全暴露在网络攻击威胁的范围内。在某些情况下，工业互联网可能成为各个敌对势力相互攻击的主要突破口，从而导致使用工业机器人的企业面临极大的社会责任和伦理挑战。另一方面，工作被智能化工业机器人取代的数百万下岗职工将会给社会造成极大冲击，可能导致经济与社会的不稳定。因此，工业机器人在真正实现智能化和网络化之前，必须优先彻底解决自动化技术的安全性问题。自动化安全是工业制造企业针对技术工人老龄化、新技术引入导致的企业经营和道德风险等问题提出的，目的是将工业生产过程中的人员伤害降低50%，保护企业知识产权和海量生产数据的安全，进一步提高生产效率和降低生产成本。目前自动化安全的研究刚刚兴起，世界各国正在进行积极探索。

1.4 工业机器人虚拟仿真实验平台

面向第四次工业革命，新工科人才培养迫在眉睫。特别是在以人工智能、机器人、互联网、大数据等为主的新一轮科技变革中，机器人作为信息技术和智能技术高度融合的产物，将机械、自动化、电子、计算机及人工智能等先进技术融于一体，具有显著的多学科交叉特点，成为工业界和教育界密切关注和持续发展的焦点。此外，机器人课程及实践综合性强且趣味性高，已经成为世界教育强国培养新工科人才的有效手段。结合新工科创新人才的培养需求，国内外很多高校已将机器人相关课程纳入培养环节。

以麻省理工学院、加州大学伯克利分校、卡内基梅隆大学为代表的美国高校，以及以莫斯科鲍曼国立技术大学为代表的俄罗斯高校已将机器人课程纳入低年级本科生通识课程体系。课程包括理论环节与实验环节，并配套以实体机器人为对象的实验。然而，基于实体机器人开展实验有时存在实验场地受限、实验成本过高、实验时间不可及、实验过程不可逆、实验交互性较差等系列问题。因此，在工程背景和行业需求的牵引下，开展虚实结合的机器人实验更加符合人才培养需求。特别地，在机器人虚拟仿真实验基础上完成实物实验，更能保证操作的安全性，利用工业机器人虚拟仿真实验平台也能够便于学生随时随地实验。

基于工业机器人虚拟仿真实验平台的机器人教学综合应用三维建模、多媒体、虚拟现实等网络化、智能化技术，开发针灸并联机器人、写字串联机器人、机器人协作生产线分拣系统、多工业机器人柔性生产系统等虚拟仿真资源，并部署在自行开发的实验教学管理系统上，从而为工业机器人虚拟仿真实践提供可靠保障。学生利用工业机器人虚拟仿真实验平台开展关于机器人工作空间计算、轨迹规划、位置控制、姿态控制等系列实验。下面先初步了解工业机器人虚拟仿真实验平台的基本操作流程，以便于后续各项实验内容的顺利开展。

1.4.1 工业机器人虚拟仿真实验平台架构

基于实体机器人开展教学具有显著优势，但需要考虑一些现实问题，例如，实验场地、运行成本、实验安全等诸多方面，具体体现在：

① 开展实体机器人实验时，需要将实体机器人安装在布局合理、空间开阔、具备安全有效防护措施的实验场所，对于教学面积受限的学校，存在实验场所不可及的问题，导致学生“做不了”机器人实验。

② 实体机器人购置成本和维护成本较高，当利用有限台(套)数的机器人开设实验时，学生只能分组轮流进行实验，在课程学时的限制下，学生难以深入进行反复性实验，实验成本与时间的不可及降低了机器人实验教学的效率和质量，导致学生“做不好”机器人实验。

③ 当前的实体机器人多数为示教型，端口及协议被封锁，许多关键性技术在示教型实体机器人中不易体现，且实验操作过程不可逆，导致学生“做不到”深入学习关键知识点。

实体机器人在教学中固然发挥了重要作用，但是以实体机器人为载体的实验过程存在成本高、开放性差、难以开展大规模实验教学等现实性问题。

与实体工业机器人相比较，虚拟工业机器人在教育活动中具有成本低、开放性高、可大规模开展实验教学等优势。利用相关软件开发设计，虚拟工业机器人可以突破前期设备和应用环境构建，以及后期维护更新过程中的经济障碍，具有良好的二次开发性能和可扩展性；此外，虚拟工业机器人教学对设备和环境的要求较低，便于开展大规模实验教学活动。因此，工业机器人虚拟仿真实验平台凭借物质和时间上的优势，成为培养学生能力和素质的新平台、新手段。

构建虚拟机器人的形式多种多样。Unity3D 因其具有强大的渲染、脚本组件等功能，以及公开提供丰富的资源包，目前已经成为实现虚拟技术的一种重要工具，被广泛应用于教学、实验仿真等场合。此外，MATLAB 也是当前多数高校进行教学科研的重要仿真资源。因此，很多学校以虚拟工业机器人为操作场景，基于 Unity3D 软件搭建工业机器人虚拟仿真实验平台，建立 MATLAB 与 Unity3D 的交互接口进行数据流的传输，实现虚拟机器人与使用者之间的可视化反馈，从而更好地服务学生。

利用 Unity3D 软件与 MATLAB 结合构建的工业机器人虚拟仿真实验平台由四个层面组成：软件驱动层、软件管理层、软件接口层、用户交互层。各个层级具有相对独立的功能，且各层级之间不断进行信息交互。工业机器人虚拟仿真实验平台整体架构如图 1.4.1 所示，自下而上展示了各个层级的具体含义。

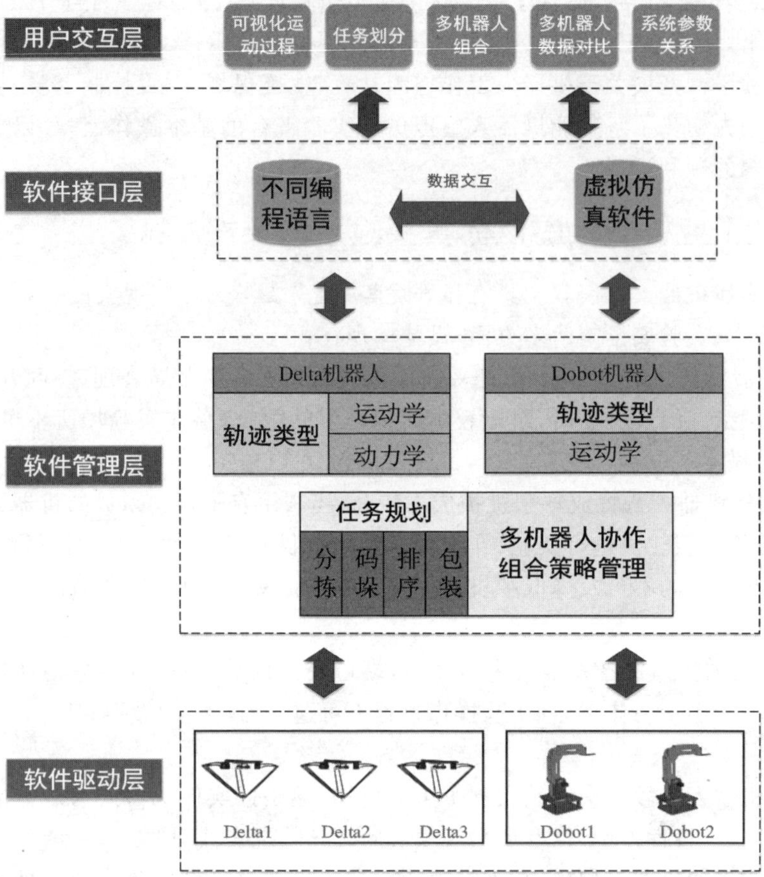

图 1.4.1　工业机器人虚拟仿真实验平台整体架构

(1) 软件驱动层

软件驱动层主要由工业机器人虚拟仿真实验平台下不同工业机器人的三维模型以及输送系统模型组成，即虚拟并联机器人(以 Delta 机器人为例)和虚拟串联机器人(以 Dobot 机器人为例)的相关模型。这些模型可以通过软件管理层中相应的功能程序进行驱动。

(2) 软件管理层

软件管理层可以看作是虚拟机器人执行任务的主体实现部分。预先设定工业机器人需要执行的具体任务(写字任务、针灸任务、分拣任务等)，然后根据工业机器人的运动学、动力学、轨迹规划、任务规划等方面的知识点，在 MATLAB 环境下建立相应程序功能模块，配合软件驱动层执行任务。

(3) 软件接口层

由于 MATLAB 与 Unity3D 软件之间不能直接进行数据交互，需要在两者之间建立一个中间的桥梁纽带。因此，软件接口层的主要功能在于实现工业机器人虚拟仿真实验平台中 MATLAB 与 Unity3D 软件的数据转换和传输。

(4) 用户交互层

用户交互层由用户利用 Unity3D 软件发布的动态可视化界面以及 MATLAB 开发的 GUI 界面构成，起到可视化仿真过程的效果，从而使用户能够与工业机器人进行参数以及功能交互。

1.4.2　工业机器人虚拟仿真实验平台运行条件

构建工业机器人虚拟仿真实验平台不仅需要对实体工业机器人(Delta 并联机器人或者 Dobot 串联机器人)进行建模和渲染，还需要建立虚拟场景以及编写驱动程序。Unity3D 功能强大，但是在建模的便捷性和渲染效果性上没有其他功能软件出色。考虑到 Unity3D 作为一个强大的跨平台引擎，可以融合多个软件的不同层次进行开发，因此，在工业机器人虚拟仿真实验平台的构建过程中，以 Unity3D 作为核心开发软件，Inventor 作为模型开发软件，Maya 作为渲染软件进行联合开发。开发过程如图 1.4.2 所示。

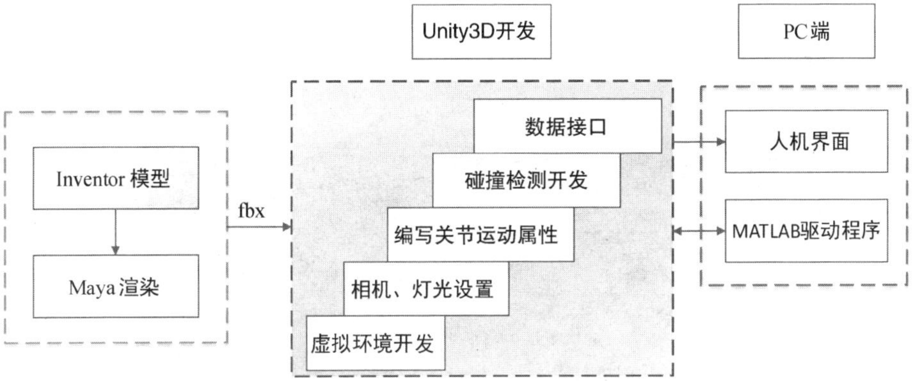

图 1.4.2　工业机器人虚拟仿真实验平台开发过程

(1) 建模过程

工业机器人虚拟仿真实验平台中所用的模型对象主要是 Delta 并联机器人和 Dobot 串联机器人。根据执行任务的不同，可以细化为针灸并联机器人、写字串联机器人、机器人协作生产线分拣系统、多工业机器人柔性生产系统等，这些不同功能的机器人都是后续的具体实验对象。在此，以多工业机器人组成的柔性生产系统为例描述其建模过程。首先，根据真实生产线系统进行等比例建模，结果图 1.4.3 所示。其中，图 1.4.3(a)呈现了由串联机器人和并联机器人组成的真实生产线系统；图 1.4.3(b)是用 Maya 软件所建立的多并联机器人模型，是真实生产线实验平台的虚拟化结果。

(2) 文件转换过程

利用 Maya 软件建立机器人模型后，保存的文件是 MB 格式，该文件格式不能被 Unity3D 软件直接识别，也就是说 Maya 软件生成的模型文件不能直接被 Unity3D 软件调用。因此，需要将 Maya 软件生成的模型文件以 fbx 格式文件导出，以便被 Unity3D 软件识别。

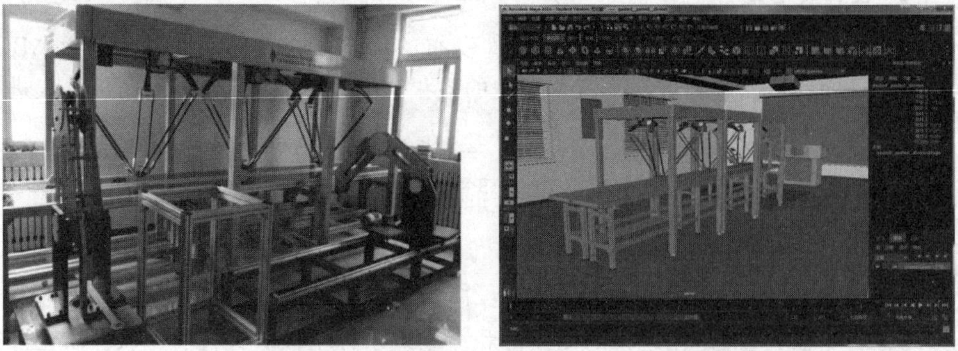

(a) 真实生产线系统　　(b) 多并联机器人模型

图 1.4.3　虚拟仿真资源模型图

(3) 渲染过程

为了保证工业机器人虚拟仿真实验平台更加具有真实性和可视性，能够很好地满足后期虚实结合开展实验的要求，利用 Untiy3D 和 Maya 软件进行联合渲染，如图 1.4.4 所示。可见，渲染后效果更为逼真，工业机器人虚拟仿真实验平台与真实的实验平台在视觉效果上相差无几。

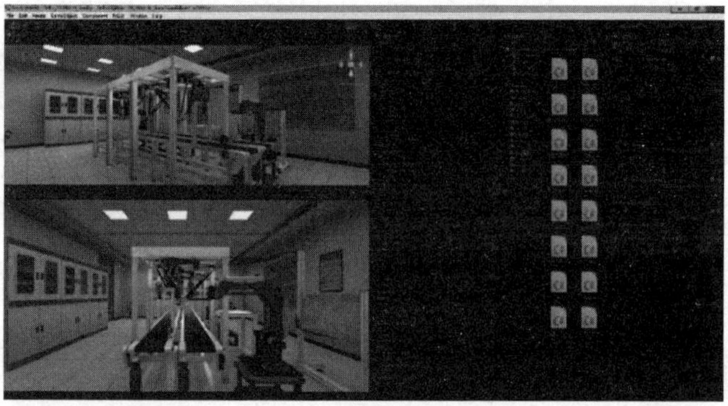

图 1.4.4　虚拟仿真资源渲染图

(4) 虚拟对象运动属性

Maya 软件只能构建虚拟模型的形状，以及各零部件之间的相对位置和关系，不能够体现虚拟对象的运动属性。因此，需要把工业机器人的相关知识点（如机器人的运动学以及动力学模型等）加载到 Unity3D 的模型上，并将其嵌入到虚拟仿真实验平台中，使得虚拟工业机器人模型与真实工业机器人具有相同的运动属性。

(5) 数据交互过程

考虑到工业机器人虚拟仿真实验平台需要为学生随时随地开展实验提供保障，就不能仅仅采用本地资源模式，应面向网络发布教学资源。因此，最终通过 Unity3D 发布的 Webplayer 程序需在浏览器上运行，这种情况下需要解决浏览器和本地数据的通信问题。具体数据传输交互链如图 1.4.5 所示。

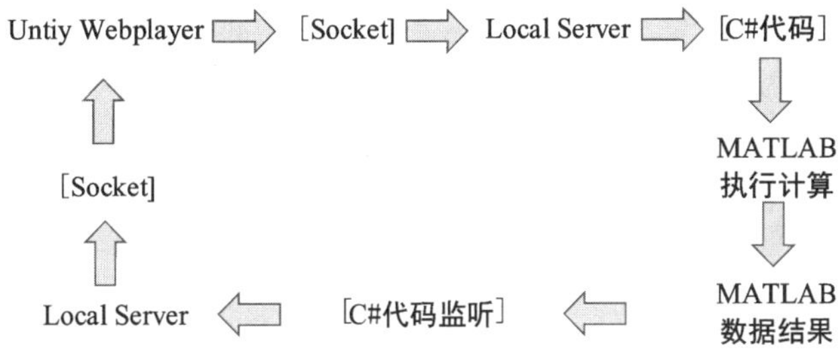

图 1.4.5　数据传输交互链

首先，建立一个本地的 Server，并通过 Socket 通信方式与 Web 端的虚拟平台进行数据交互。然后，开发的虚拟仿真实验平台通过 MATLAB 进行驱动，因此需要建立本地 Server 端与 MATLAB 的通信。鉴于 MATLAB 自带的 MLApp 库可以用于与本地 Server 通信，因此可以通过 C++调用 MATLAB 的方式把相关数据传输到本地 Server 中，本地 Server 再把数据传送到虚拟仿真实验平台上。

通过上述步骤的设计与开发，最终完成的多工业机器人柔性生产系统虚拟仿真实验资源如图 1.4.6 所示。其中，图 1.4.6(a)是 Web 端版本，该版本可以发布在大型服务器上，便于更多用户进行二次开发，用户只需要通过校园网络就可以直接访问；图 1.4.6(b)是本地版本的多工业机器人柔性生产系统虚拟仿真实验资源，便于学生脱网运行。

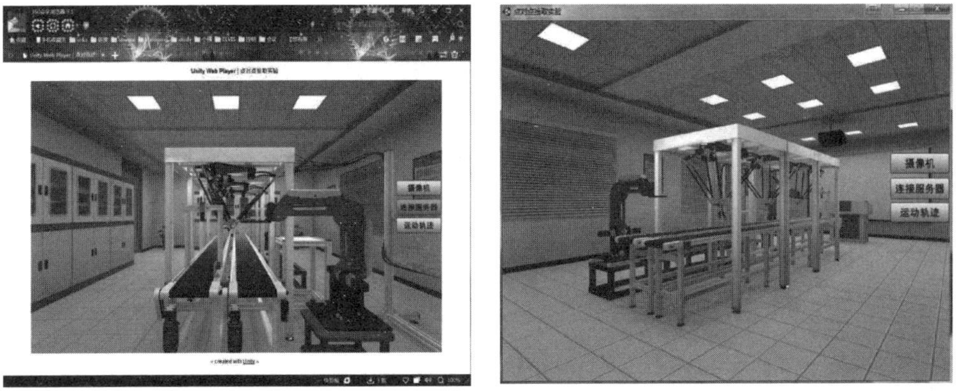

(a) Web端版本　　　　(b) 本地版本

图 1.4.6　多工业机器人柔性生产系统虚拟仿真实验资源

根据同样的设计过程，可以分别建立针灸并联机器人、写字串联机器人、机器人协作生产线分拣系统等虚拟仿真资源。将这些资源架构在开发的实验教学管理系统上，就可以保证学生能够打破时间与空间限制，随时随地利用虚拟仿真实验资源自主学习并且开展工业机器人实验。

工业机器人虚拟仿真实验资源、工业机器人虚拟仿真实验平台、实验教学管理系统是面向用户实现工业机器人虚拟仿真控制的三大部分。为了便于顺利开展实验，在此进一步梳理并说明三者之间的关系：

① 工业机器人虚拟仿真实验资源是指具体的实验对象，即执行具体任务的不同类型工业机器人（例如：针灸并联机器人、写字串联机器人、机器人协作生产线分拣系统等）；

② 工业机器人虚拟仿真实验平台是实施实验资源的承载体，可以看作是不同工业机器人虚拟仿真实验资源集合的架构平台；

③ 实验教学管理系统是为了便于教师更好地管理课程，以及为了保证学生时时可学习、处处能学习而构建的管理系统。

工业机器人虚拟仿真实验资源部署在工业机器人虚拟仿真实验平台上，工业机器人虚拟仿真实验平台部署在实验教学管理系统上。

本书涉及的工业机器人虚拟仿真实验资源面向所有用户开放。为了保证工业机器人虚拟仿真实验平台的正常运行，对硬件和软件有如下需求：

① 硬件需求：

➢ 计算机：x64 架构；

➢ CPU：i5 4590 或以上；

➢ 硬盘：50 GB 或以上；

➢ 内存：2 GB 或以上；

➢ 显卡：Nvidia GeForce GTX 630 及以上版本。

② 软件环境需求：

➢ Windows 7 sp1 或以上版本；

➢ 采用 C++、MATLAB、C 编程语言；

➢ 采用 IE8.0 浏览器或者 360 浏览器（极速模式）。

下面详述进入工业机器人虚拟仿真实验平台和相应的工业机器人虚拟仿真实验资源的具体操作过程。实验教学管理系统对应的网址为 http://mce.buaa.edu.cn，登录该网址后输入用户名与密码（公共用户名：buaa，密码：123456），便可进入实验教学管理系统主界面，如图 1.4.7 所示。

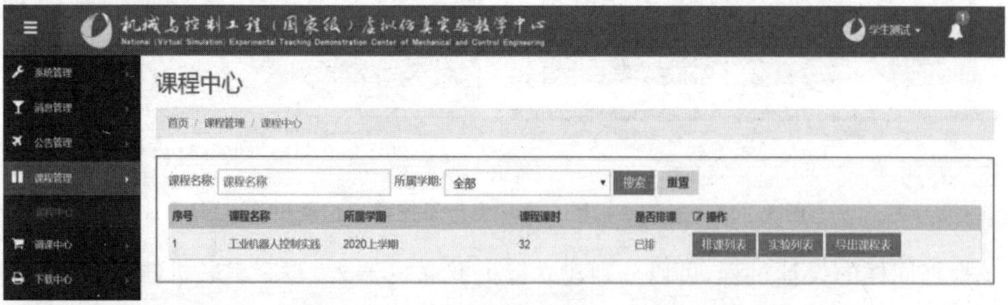

图 1.4.7　实验教学管理系统主界面

实验教学管理系统主界面左侧菜单栏的功能如下：

➢ “系统管理”：可以自行修改个人信息及密码；

➢ “消息管理”：可以实时查看课程相关信息；

➢ “公告管理”：可以查看相关通知、公告等；

➢ “下载中心”：可以自行下载课程的相关资料。

所有工业机器人虚拟仿真实验资源都加载在“课程管理”模块中，在主页面中单击“课程管理”进入课程中心，如图 1.4.7 所示。然后，单击“实验列表”，进入如图 1.4.8 所示界面，可以看到课程实验资源的相关描述。

图 1.4.8 实验项目列表界面

单击“开始实验”后，进入查看或者下载实验指导书界面，接受相关协议并确定，进入工业机器人控制实验课程预习答题环节，认真完成预习测试，然后可以开始实验。需要注意的是，加载虚拟仿真实验平台时会出现下载相关软件安装包的提示界面，需要注意以下问题：

① 正式开始实验前，需要根据说明和相关提示，下载实验所需要的 MATLAB 仿真软件(最好为 2016 以上的 b 系列版本)、Unity 插件以及 Server_MATLAB 压缩包，逐步正确安装仿真软件。

② 首次进入虚拟仿真实验平台时，由于初次加载资源，需要根据 Unity 启动进度条耐心等待。注意在插件安装和使用过程中需关闭杀毒软件。

最后进入如图 1.4.9 所示“主界面”。如果系统运行后没有成功加载工业机器人虚拟仿真实验资源，那么需要检查插件是否正确安装并且正常启动。依托工业机器人虚拟仿真实验资源，结合后续章节知识点的学习，基于 Server_MATLAB 压缩包中的程序模块，可以完成工业机器人的相关实验内容。

由图 1.4.9 可以看出，整个虚拟仿真实验过程是在目标任务(中医针灸任务、写字任务)的牵引下完成的。不同目标任务牵引下的实验内容均包括基础训练部分和综合训练部分。其中，基础训练部分根据不同知识点分布情况又包含多个子模块。

• 工业机器人虚拟仿真实验平台应用注意事项：

① 以中医针灸任务为例，按照“目标任务—基础训练—综合实现”的顺序依次完成实验内容，便于用户理解不同实验模块之间的逻辑关系。

② 在基础训练部分，按照“构型选择—机械装配—工作空间—轨迹规划—位置控制—姿态控制”的顺序依次执行各个功能模块，便于用户充分理解并掌握每个模块对应的知识点。

③ 为了满足不同层次用户的学习需求，实验平台在工作空间、轨迹规划、位置控

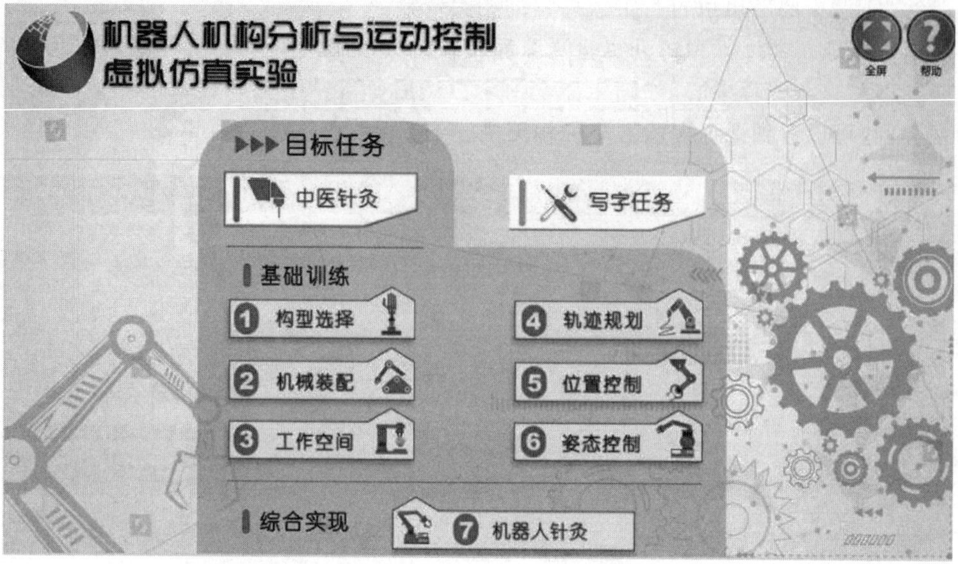

图 1.4.9 虚拟仿真实验资源主界面

制、姿态控制每个功能模块下，设置了多类型实验模式。即每个功能模块包括示教型、设计型、综合型、创新型四种类型实验，用户可以根据自己的实际情况合理选择实验类型。建议不要反复改变不同功能模块间的实验类型。

• 实验过程问题汇总及解决方法：

① 若登录实验教学管理系统后一直处于等待状态，建议查询系统内存是否足够，或尝试更换浏览器(IE8.0 或者 360 浏览器)重新登录。

② 对于设计型、综合型、创新型实验过程，在连接服务器并且运行后，若平台界面左下角窗口出现循环"正在打开 MATLAB"或者循环"解算并发送数据"，表明数据传输出现异常，此时需要彻底关闭 Server_MATLAB 与浏览器。然后，再次打开 Server_MATLAB 和浏览器，重新登录虚拟仿真实验平台，并按照平台应用注意事项开展实验。

③ 来回切换实验类型可能导致系统运行不稳定，此时需要关闭 Server_MATLAB 与浏览器。然后，重新打开 Server_MATLAB 和浏览器，重新登录工业机器人虚拟仿真实验平台，按照平台应用注意事项进行实验。

④ 若遇到其他未说明的问题，请重新启动计算机，登录工业机器人虚拟仿真实验平台，按照平台应用注意事项进行实验。

1.5 虚拟 Delta 并联机器人结构分析实验

1.5.1 实验目的

并联机器人具有机构刚度大、末端运动精度高、运载负荷大、无积累误差等显著优点，目前已在飞行模拟器、医疗器械、智能制造等领域得到深入研究和广泛应用。其中，Delta 并联机器人作为最典型的并联机器人，其从动臂采用平行四边形结构，可以约束动平台的自由度，使得动平台只能在空间作三个方向的平动。在虚拟 Delta 并联机器人结构分析实验中，学生借助工业机器人虚拟仿真实验平台在虚拟环境下自行组装虚拟 Delta 并联机器人，多角度观察 Delta 并联机器人的结构，以便深刻理解 Delta 并联机器人的机械结构及其特点。

1.5.2 实验过程

1. 机器人构型选择

按照 1.4.2 小节介绍的步骤进入如图 1.4.9 所示工业机器人虚拟仿真实验平台主界面。在目标任务的牵引下，可以分别开展中医针灸机器人（Delta 并联机器人）和写字机器人（Dobot 串联机器人）两种类型的机器人实验。

为了完成某种目标任务，在进行机器人的构型选择时，可以充分对比串联机器人和并联机器人的优缺点，从而确定能够满足目标任务要求的工业机器人，即结合实际需求选择合理的机器人构型。例如，在 1.4.9 所示主界面确定“中医针灸”目标任务后，单击“构型选择”，进入虚拟机器人“构型选择”界面，在此将给出并联及串联工业机器人结构和应用特点的基本说明，如图 1.5.1 所示。

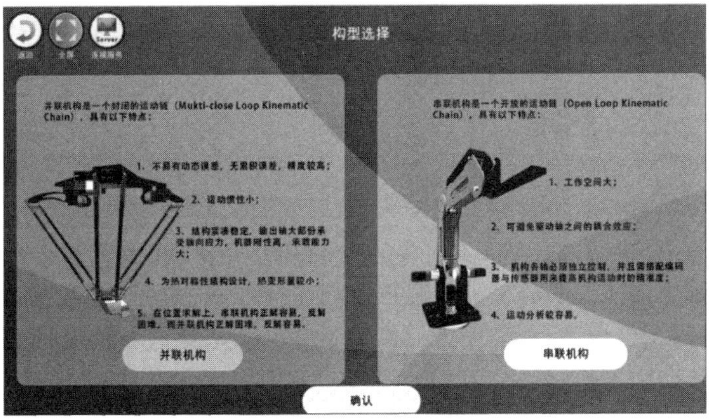

图 1.5.1 “构型选择”界面

不同的机器人有不同的结构特点和应用范围。工业机器人“构型选择”，使用户可以充分认识不同构型机器人的定义、结构、组成和特性。构型选择完毕，单击“确认”后返回工业机器人虚拟仿真实验平台主界面。然后，可以在虚拟环境下开启机器人的机械装配过程。例如，Delta 并联机器人的独特结构和工作特点使其能够满足中医针灸的任务需求，因此进入图 1.5.1 界面后选择“并联机构”，单击界面左上方的“连接服务”按钮，便可以建立工业机器人虚拟仿真实验资源与 MATLAB 的数据接口。

2. Delta 并联机器人的机械装配

Delta 并联机器人由静平台、主动臂、从动臂、动平台、末端执行器等部件组成基本结构。其中，静平台与动平台间通过三条轴对称的运动链连接，而一个主动臂和一个从动臂组成一条运动链。三个主动臂与静平台分别通过转动副连接，主动臂和从动臂通过一对球面副串联成一条运动链，从动臂是由两条平行杆件和四个球面副组成的闭环平行四边形结构。最后，从动臂上剩下的两个球面副连接从动臂和动平台。安装在静平台上的伺服电机驱动主动臂反复摆动，实现机构末端执行器运动。进入“机械装配”模块的可视化界面后可见，虚拟仿真实验平台已经提供了并联机器人的基本构件，主要包括：1 个静平台、1 个动平台、3 个主动臂、3 个从动臂、3 个电机、1 个旋转云台（末端执行器部分），如图 1.5.2 所示。

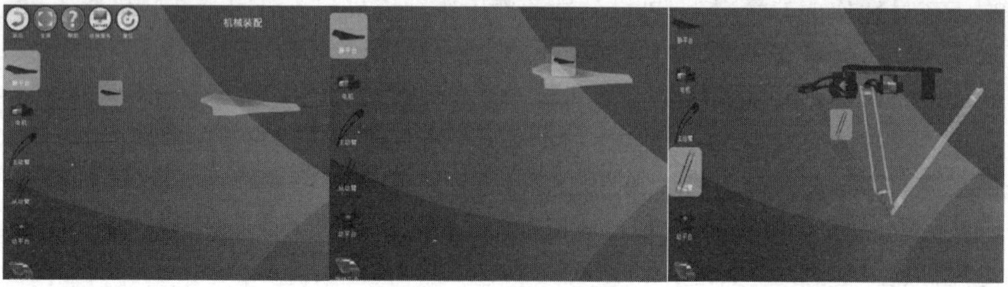

图 1.5.2　机械装配过程

如图 1.5.2 所示，按照静平台（1 个）→电机（3 个）→主动臂（3 个）→从动臂（3 个）→动平台（1 个）→旋转云台（1 个）的顺序依次进行装配，可以完成 Delta 并联机器人的组装过程。

注意：装配过程中，将鼠标放置在要装配的结构部件上，会给出该部件在装配空间的“黄色”装配位置；将结构部件拖拽至装配位置后，当装配位置显示为绿色时，单击鼠标即可完成该部件的装配过程。若没有按照顺序操作，则说明操作过程不符合装配流程，装配位置会给出红色警示，表明当前位置不能安装选择的结构部件，此时需要更换结构部件或更换装配位置。

3. Delta 并联机器人结构参数设置

所有部件装配完成后，将鼠标放置在机器人的末端云台处（接近动平台的地方），通过拖拽机器人的末端执行器，可以直观体验 Delta 并联机器人各个部件的动态化运动过程；也可在装配空间内滑动鼠标放大或者缩小装配结果的立体效果图。

Delta 并联机器人的结构参数主要包括：动平台半径、静平台半径、主动臂长度、从动臂长度。在“机械装配”界面的“属性面板”可以修改 Delta 并联机器人的结构参数。由于系统内部给定了这些参数的初始默认值，可以直接选择“载入”已保存好的参数信息；可以选择“默认”参数；也可以自行设置机器人结构参数。参数设置完毕，已经装配好的并联机器人尺寸会根据参数的设置情况改变。不同参数对应的并联机器人效果如

图 1.5.3 所示，将鼠标放置在并联机器人末端执行器的位置处并拖拽，可以对比查看不同参数对应的 Delta 并联机器人的结构变化情况。

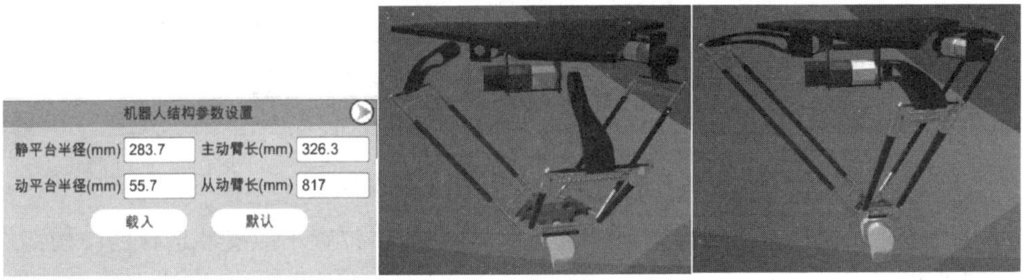

图 1.5.3　结构参数设置及效果

1.6　虚拟 Dobot 串联机器人结构分析实验

1.6.1　实验目的

串联机器人是由一系列连杆通过转动关节或移动关节串联形成的机械臂链式结构。具有这种开式运动链结构的 Dobot 串联机器人，可以通过驱动器驱动各个关节的运动从而带动连杆的相对运动，使机器人末端执行器达到合适位姿。与其他机器人结构相比，串联机器人具有灵活性高、自由度大、工作空间大等优势，在自动化生产线、医疗和健康、精密加工等许多领域发挥着重要作用。用户可以在工业机器人虚拟仿真实验平台上开展虚拟 Dobot 串联机器人结构分析实验，利用提供的机器人部件组建虚拟 Dobot 串联机器人，并且多角度观察 Dobot 串联机器人的结构，通过该实验学生能够深刻理解 Dobot 串联机器人的机械结构及其特点。

1.6.2　实验内容

1. Dobot 串联机器人机械装配

Dobot 串联机器人以“写字任务”为牵引。为此，在图 1.4.9 所示主界面，选择“写字任务”后，进入如图 1.6.1 所示的 Dobot 串联机器人“机械装配”功能模块。首先了解 Dobot 串联机器人的各个虚拟分部件，理解 Dobot 串联机器人的关键结构组成：回旋主体、大臂、小臂、电机、臂头，Dobot 串联机器人是通过关节连接相邻的机械臂并实现运动过程的。

根据给出的帮助提示，按照回旋主体（1 个）→电机（3 个）→大臂（1 个）→小臂（1 个）→臂头（1 个）的安装顺序进行装配，逐步完成 Dobot 串联机器人的机械装配。装配过程及装配结果如图 1.6.1 所示。

在装配过程中，将鼠标放置在待安装的结构部件上，会给出该部件在安装空间的黄色装配位置；将结构部件拖拽至装配位置，显示绿色后单击鼠标完成该部件的安装过

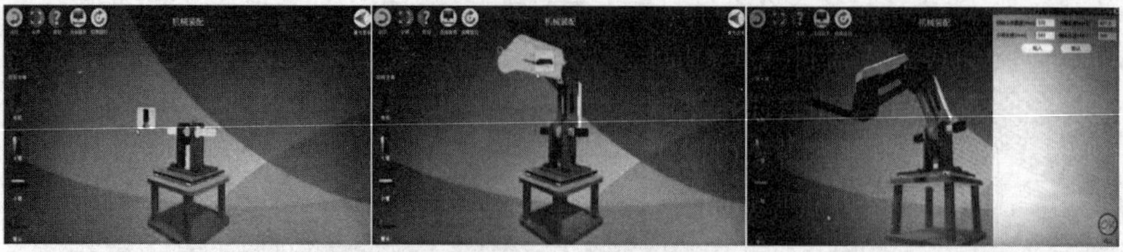

图 1.6.1　机械装配过程及装配结果

程;若没有按照顺序操作,则会给出红色警示,表明当前位置不能安装选择的结构部件。全部部件装配完成后,将鼠标放置在 Dobot 串联机器人的臂头处,拖拽虚拟串联机器人臂头,可以直观体验 Dobot 串联机器人的运动过程;亦可在安装空间内任意滑动鼠标滚轮,放大或者缩小装配效果图。串联机器人的结构参数可以通过“属性面板”自行设置。

2. Dobot 串联机器人结构参数设置

Dobot 串联机器人的结构参数主要包括:回旋主体高度、大臂长度、小臂长度、臂头长度。通过“机械装配”界面右侧的“属性面板”,可以进入串联机器人结构参数单元。系统内部给定了这些参数的初始默认值,可以选择“载入”已经保存好的结构参数;可以选择“默认”参数;也可以自行输入数值,修改串联机器人的结构参数。参数设置完毕,已经装配好的机器人可视化尺寸会根据参数的设置情况改变。不同参数对应的串联机器人的结构效果不同,可以对比查看不同参数对应的 Dobot 串联机器人的结构变化情况。

第 2 章

机器人虚拟仿真 MATLAB 基础

为了便用户能够快速掌握串/并联工业机器人运动学分析、轨迹规划、姿态控制器设计、位置控制器设计等知识点，需要开展目标任务牵引的工业机器人多类型虚拟仿真实验。实践过程需要学生在 MATLAB 环境下自行开发设计程序模块，并与可视化虚拟机器人仿真实验平台对接展示程序运行效果。为此，本章主要阐述与机器人虚拟仿真实验相关的 MATLAB 基础知识，为后续完成串/并联工业机器人虚拟仿真实验奠定基础。

2.1 MATLAB 介绍

1. MATLAB 含义及功能

MATLAB 取自矩阵(Matrix)和实验室(Laboratory)两个英文单词，意思为“矩阵实验室”。它是一种以矩阵作为基本数据单元的程序设计语言，提供了数据分析、算法实现与应用开发的交互式开发环境，与 Mathematica、Maple、MathCAD 并称为四大数学软件。MATLAB 可以进行矩阵运算、绘制函数和数据、实现算法、创建用户界面、连接其他编程语言的程序等，主要应用于工程计算、优化分析、自动控制、信号检测、信号处理、数据处理、金融建模设计、虚拟现实等领域。

MATLAB 分为总包和若干个工具箱，一般每年发布两个版本，上半年发布 a 版本(测试版)，下半年发布 b 版本(正式版)。随着版本的不断升级，MATLAB 具有越来越强大的数值计算能力、数据可视化能力、符号计算功能，逐步发展成为功能强大的大型软件平台，代表了当今国际科学计算软件的先进水平，本书主要采用 b 版本。

2. MATLAB 基本特点

MATLAB 作为一种高级编程语言，其基本特点如下：

- 语言简洁紧凑，库函数极其丰富；
- 程序限制不严格(数学便签)，使用方便灵活；

- 具有结构化的控制语句,有面向对象编程的特性;
- 程序的可移植性好;
- 图形显示和图形建模功能强大;
- 通用和专用工具箱特色鲜明;
- 源程序具有开放性,程序设计自由度大;
- 帮助功能完善,用户使用较为方便。

3. MATLAB 平台安装

- 插入 MATLAB 光盘即可自动启动安装,若未能自动启动,则需打开“我的电脑”进入光盘驱动器,单击 setup.exe,出现安装窗口;
- 输入用户姓名、单位、序列号、注册许可信息等内容后,单击 next;
- 出现定制与典型安装选择对话框,建议选择典型安装;
- 出现安装目录对话框后,可以选择 C:\MATLAB\(默认),也可以选择其他目录,并单击 next;
- 出现确认安装信息对话框,确认后即显示安装进度条;
- 出现设置安装信息提示对话框,单击 next;
- 安装结束并提示是否立即运行 MATLAB(默认为立即运行)。

4. MATLAB 启动与关闭

- 启动方式:安装完成后在桌面上会自动生成 MATLAB 程序图标,直接双击该图标即可启动 MATLAB;也可以单击 matlab\文件夹下的快捷方式图标启动 MATLAB。
- 关闭方式:单击 MATLAB 操作界面的关闭按钮即可退出;也可以在 MATLAB 命令窗口输入 quit 或者 exit 命令退出。

5. MATLAB 操作界面

MATLAB 操作界面主要包括:指令窗(Command Window)、当前目录(Current Directory)浏览器、历史指令窗(Command History)、内存工作空间(Workspace)浏览器、捷径键(Start)等,如图 2.1.1 所示。

- 指令窗:是进行各种 MATLAB 操作的最主要窗口;可键入各种送给 MATLAB 运作的指令、函数、表达式,并且显示除图形外的所有运算结果;运行错误时,给出相关的出错提示。
- 当前目录浏览器:用于展示当前所运行程序的具体路径,正确的路径是保障程序正常运行的重要前提。
- 内存工作空间浏览器:主要用于保存程序运算过程中的各种中间变量和结果变量,双击变量名称后即可查看该变量的具体情况。

6. MATLAB 帮助文件

MATLAB 的函数命令很多,不可能也没有必要全部记住这些命令。使用过程中

图 2.1.1　MATLAB 操作界面

可通过以下两种方法寻求帮助。

① 使用函数在线帮助。即在指令窗中使用命令 help 获取帮助。比如要知道函数命令 cos 的基本信息，可在指令窗中键入 help cos。对于已知函数命令名称但未熟练掌握其具体使用方法的命令来说，在使用 help 命令时，函数命令名称通常都是小写字母。

② 使用全部帮助。在 MATLAB 的自述文件中给出了软件的全部帮助，包括 MATLAB 语言介绍、函数命令含义与算法、工具箱说明、典型算例等，可以单击帮助浏览器 ? 寻求帮助。

2.2　MATLAB 数据基础

2.2.1　常量与变量

1. 常　量

MATLAB 自身具有的一些固定变量被称为常量。需要注意的是，这些常量通常通俗易懂，具有特定的含义，应避免使用这些常量作为自定义变量名。例如，ans 用于结果默认的变量名；pi 表示圆周率；inf 表示无穷大；NaN 表示结果是不定值。

2. 变　量

变量是日常编程中要掌握的最基本的知识。变量指的是在程序运行过程可以改变的量，也是程序运行时临时存储数据的地方。任何程序设计语言的基本单位都是“变量”，MATLAB 也不例外。MATLAB 语言与一般程序设计语言的不同之处在于并不要求事先对所使用变量进行声明。由于 MATLAB 语言会自动依据变量值或对变量操作来识别变量类型，因此不需要指定变量类型。但是，MATLAB 语言会使用新值代替旧值，并以新值类型代替旧值类型。

变量代表一个或者若干个内存单元，为了对变量所对应的存储单元进行访问，通常需要给变量命名。在对 MATLAB 的变量进行命名时应注意以下原则问题：

- 变量名中的字母需要区分大小写；
- 变量名的长度不宜太长，一般不超过 31 位，太长的名称会被 MATLAB 语言忽略；
- 变量名需要以字母开头，可以由字母、数字、下划线组成，但不能包含标点。

此外，MATLAB 的变量存在作用域的问题。一般情况下，MATLAB 中的变量均被视为局部变量，即仅在使用该变量的 M 文件内有效。当在某变量前添加关键字 global 后，该变量才可被定义为全局变量，并用大写英文字母表示。

2.2.2　数组与矩阵

1. 数组与矩阵的区别

在 MATLAB 中，数组和矩阵都是数据容器，但是它们之间有一定的区别。

(1) 作为一个数据结构，数组可以存储数字、字符串、逻辑值、结构体等任何类型的数据，并且 MATLAB 中数组的维度可以是一维的，也可以是多维的，数组中的每个元素都可以通过下标访问。

(2) 作为一种特殊的数组，矩阵只能存储数值型数据，并且是由二维数组组成的。在 MATLAB 中，矩阵的元素通常表示线性代数中的向量或者矩阵，可以进行矩阵乘法、转置、求逆等各种线性代数运算。

总之，就使用方面来讲，数组更加灵活多变，可以存储不同类型的数据和任意维度的数据；矩阵则更加适合线性代数运算。在 MATLAB 中，可以通过判断变量是否为二维数值数组来判断其是否为矩阵。

2. 数组的建立与基本操作

在 MATLAB 中建立一维和二维数组的常用方法包括直接输入法、冒号法或其他特殊方法。

(1) 数组的直接输入法规则

数组元素必须用[ ]括住，且数组元素必须用逗号或空格分隔。例如，生成数组 x 和 y：

```
x=[0,1,3,5,7,9]
```

y=[0 2 4 6 8 10]

(2) 数组的冒号输入法规则

例如,在 x = a:inc:b 中:
a 是数组的第一个元素 x(1),即初始量;
inc 是数组元素的增量(减量),即 x(n) = a + inc * n;
x(n)≤b,且 b 是终止量。
假设 a = 1:8,那么 a = [1 2 3 4 5 6 7 8](增量默认为 1);
b = 2:0.2:3,那么 b = [2 2.2 2.4 2.6 2.8 3](增量为 0.2);
c = 3:－0.2:2,那么 c = [3 2.8 2.6 2.4 2.2 2](增量为－0.2)。

(3) 其他特殊方法

例如线性(对数)定点法规则:

x = linspace(a,b,n),产生以 a,b 为端点的线性等间隔数组,个数为 n;
x = logspace(a,b,n),产生以 a,b 为端点的对数等间隔数组,个数为 n。
例如,x = linspace(10,100,4),那么 x = [10 40 70 100];
x = logspace(0,3,5),那么 x = [1.0 5.6 31.6 177.8 1000],则
log10(x) = [0 0.7500 1.5000 2.2500 3.0000]。

3. 矩阵的建立与基本操作

在 MATLAB 中建立矩阵常用的方法包括直接输入法、函数法、M 文件法。

(1) 矩阵的直接输入法规则

直接输入矩阵元素,矩阵元素必须用[ ]括住,按照矩阵行的顺序输入各个元素,同一行的各元素之间用空格或者逗号分隔,不同行元素之间用分号或者回车分隔。

例如,在指令窗中输入 A=[1 2 3;4 5 6; 7 8 9],B=[1,2,3;4,5,6;7,8,9],那么:

```
A =                    B =
  1  2  3                1  2  3
  4  5  6                4  5  6
  7  8  9                7  8  9
```

(2) 利用 MATLAB 函数建立矩阵

MATLAB 提供了许多产生特殊矩阵的函数,可以利用它们建立矩阵。常用的特殊矩阵函数如表 2.2.1 所列。

表 2.2.1 特殊矩阵函数

函数名称	具体含义
zeros	全 0 矩阵
ones	全 1 矩阵
eye	单位矩阵
diag	对角矩阵

续表 2.2.1

函数名称	具体含义
magic	魔方矩阵(行、列和对角线元素之和相等)
rand	0~1 间均匀分布的随机矩阵
randn	0~1 间正态分布的随机矩阵
random	各种分布随机矩阵

表 2.2.1 中所列函数的调用格式基本类似,以 zeros 函数为例说明建立矩阵过程:

zeros(m)　　　产生 m×m 的零矩阵;
zeros(m,n)　　　产生 m×n 的零矩阵,当 m=n 时与 zeros(m)等价;
zeros(size(A))　产生与矩阵 A 同样大小的零矩阵。

(3) 利用 M 文件建立矩阵

对于比较大且复杂的矩阵,可以为其专门建立一个 M 文件。利用 M 文件创建矩阵的步骤如下:

第 1 步,打开文件编辑调试器,在文本框中输入所需数组;

第 2 步,在文件的首行编写文件名和简短说明,以便查阅;

第 3 步,保存此文件,并且文件可命名为 MyMatrix.m。

此后只要在 MATLAB 指令窗中运行 MyMatrix.m 文件,数组 AM 就会自动生成于 MATLAB 内存中,如图 2.2.1 所示。

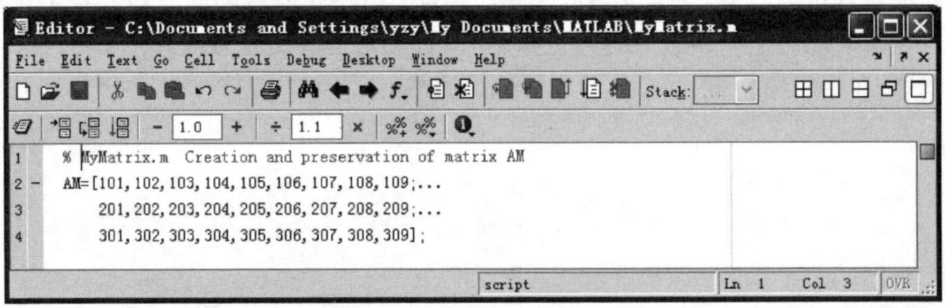

图 2.2.1　基于 M 文件创建矩阵

(4) 矩阵元素的基本操作

在 MATLAB 中,冒号是一个非常重要的运算符,利用它可以产生行向量。

冒号表达式的一般形式为 a1:a2:a3。其中,a1 是初始值,a2 是步长,a3 是终止值。该表达式会产生一个由 a1 开始,到 a3 结束的行向量,且向量元素之间以步长 a2 作为自增量。当表达式中的 a2 省略不写时,表明此时的步长 a2 为 1。利用 MATLAB 中的冒号运算,可以从给定矩阵中获得子矩阵,这种方法简单实用,建议实际编程时尽量采用这种赋值方法。

关于矩阵元素的基本操作如表 2.2.2 所列。

表 2.2.2　矩阵元素基本操作

格　式	说　明
A(r,c)	矩阵 A 的第 r 行第 c 列上的元素
A(r,:)	矩阵 A 的第 r 行上的全部元素
A(:,c)	矩阵 A 的第 c 列上的全部元素
A(:)	矩阵 A 的各列连接而成的一维数组
A(s)	由数列 s 指定的数组

① 提取部分矩阵操作实例

将如下输入指令按顺序输入到 MATLAB 的指令窗中，先生成矩阵 a，然后提取矩阵 a 中的元素。

```
输入:a = magic(4)
那么,a =

    16     2     3    13
     5    11    10     8
     9     7     6    12
     4    14    15     1

输入:b = a(2,:)
那么,b =

     5    11    10     8

输入:c = a(2:4,1:3)
那么,c =

     5    11    10
     9     7     6
     4    14    15
```

② 删除部分矩阵操作实例

将如下输入指令顺序按输入到 MATLAB 的指令窗，先生成矩阵 a，然后利用空矩阵[]删除矩阵 a 中的元素。

```
输入:a = magic(4)
那么,a =

    16     2     3    13
     5    11    10     8
     9     7     6    12
     4    14    15     1

输入:a(:,3) = [ ]
那么,a =

    16     2    13
```

5	11	8
9	7	12
4	14	1

2.2.3 运算符

1. 基本算数运算

MATLAB 的基本算数运算包括：+（加）、-（减）、*（乘）、/（右除）、\（左除）、^（乘方）。需要注意这些运算是在矩阵意义下进行的。

矩阵加减运算规则：如果矩阵 A 和矩阵 B 的维数相同，则可以执行矩阵加减运算，且计算结果中的元素为矩阵 A 和矩阵 B 对应元素相加减。如果两个矩阵的维数不相同，MATLAB 将出现报错信息，提示用户矩阵维数不匹配。

矩阵乘法运算规则：如果 A 的列数与 B 的行数相等，此时两矩阵维数相容，两矩阵是可乘的；否则 MATLAB 将出现报错信息，提示用户矩阵不可乘。

矩阵除法运算规则：如果矩阵 A 是非奇异方阵，那么 A\B 和 B/A 运算均可以实现。A\B 等效于矩阵 A 的逆左乘矩阵 B，即 inv(A) * B；B/A 等效于矩阵 A 的逆右乘矩阵 B，即 B * inv(A)。对于标量的运算，两种除法运算结果相同；但是对于矩阵来说，左除和右除表示两种不同的关系。

矩阵乘方运算规则：一个矩阵的乘方运算可以表示为 A^x，其中 A 为方阵，x 为标量。矩阵乘方运算复杂，但是借助计算机能够很容易实现。

2. 点运算

MATLAB 中有一种特殊的运算被称为点运算，这是因为其运算符是在有关算术运算符前面加点。常见的点运算符有. *、./、.\、.^。两矩阵进行点运算时，它们的对应元素进行相关运算，因此要求两矩阵的维数相同。

(1) 矩阵点乘例子

两个矩阵：a = [1 2 3;4 5 6;7 8 9]，　　b = [2 4 6;1 3 5;7 9 10]。

输入：a. * b

那么，ans =

2	8	18
4	15	30
49	72	90

输入：a * b

那么，ans =

25	37	46
55	85	109
85	133	172

可见：a. * b 与 a * b 并不相等。

(2) 数组点乘方例子

```
两个数组:a=[1 2 3],  b=[4 5 6]。
输入:z=a.^2
那么,z=
          1.00        4.00        9.00
输入:z=a.^b
那么,z=
          1.00       32.00      729.00
```

可见,数组点乘方即两个数组对应元素的乘方。

基本算数运算与点运算汇总如表 2.2.3 所列。

表 2.2.3 基本算数运算与点运算汇总

运算式	说 明	运算式	说 明
A+B	矩阵加	A'	矩阵转置
A−B	矩阵减	A\B	矩阵左除
A*B	矩阵乘	A.\B	数组点左除(对应元素的商)
A.*B	矩阵点乘(对应的数相乘)	A/B	矩阵右除
A^b	矩阵乘方	A./B	数组点右除(对应元素的商)
A.^b	矩阵点乘方(对应元素的乘方)		

3. 常用数学函数

MATLAB 提供了许多内嵌的数学函数,一些常用的数学函数如表 2.2.4 所列。

表 2.2.4 MATLAB 常用数学函数

函数名	功 能	函数名	功 能
sin	正弦函数	exp	自然指数函数
cos	余弦函数	pow2	二次幂
tan	正切函数	abs	绝对值函数
asin	反正弦函数	angel	复数的幅角
acos	反余弦函数	real	复数的实部
atan	反正切函数	imag	复数的虚部
sinh	双曲正弦函数	conj	复数共轭运算
cosh	双曲余弦函数	rem	求余数或模运算
tanh	双曲正切函数	mod	模除求余

续表 2.2.4

函数名	功　能	函数名	功　能
asinh	反双曲正弦函数	fix	向 0 方向取整
acosh	反双曲余弦函数	floor	不大于自变量的最大整数
atanh	反双曲正切函数	ceil	不小于自变量的最小整数
sqrt	平方根	round	四舍五入的整数
log	自然对数 e 为底	sign	符号函数
log10	常用对数	ged	最大公倍数
log2	以 2 为底的对数	lcm	最小公倍数

2.3 MATLAB 程序设计

2.3.1 MATLAB 文件与调试

在 MATLAB 中，根据文件的后缀形式可以判断文件的类型，常见文件类型有：

```
Filemine.m          MATLAB 程序文件(M 文件)
Filemine.mdl        Simulink 模型文件( slx)
Filemine.mat        二进制数据文件
Filemine.fig        图形显示文件
Filemine.hui        图形界面文件
Filemine.Doc        Notebook 文件
Filemine.mex        C 语言编译的 MATLAB 可读文件
Filemine.cdr        Stateflow(有限状态机)文件
Filem.rpt           Inereport generator 报告文件
```

其中，M 文件是按 MATLAB 语言规则将命令及 MATLAB 内置函数有机地组合在一起，可在 MATLAB 环境下运行并完成一定功能的程序源代码文件。当运行该程序后，MATLAB 会自动执行一次该文件中的命令，直至全部命令执行完毕。M 文件可以在 MATLAB 的程序编辑器中编写，也可以在文本编辑器中编写，二者都以".m"为文件扩展名加以存储。MATLAB 语言中的 M 文件可以分为命令文件(Script File)和函数文件(Function File)两种。其主要区别在于：

- 命令文件没有输入参数，也不返回输出参数；函数文件可以带输入参数，也可返回输出参数。
- 命令文件对 MATLAB 工作空间中的变量加以操作，执行结果完全返回到工作空间；函数文件中定义的变量为局部变量，文件执行完毕变量将被清除。
- 命令文件可以直接在命令窗口中输入命令文件名称直接运行；函数文件不能直接运行，需要通过函数调用的方式运行。

1. 命令文件

命令文件只是命令行的组合,没有输入参数和输出参数,因此形式比较简单。命令文件可以对工作空间变量进行操作,也可以产生新变量。命令文件产生的所有变量保留在工作空间里,只要这些变量不被删除,用户就可以对它进行操作。调用命令文件时,直接在 MATLAB 指令窗中输入文件名后按 Enter 键即可。需要注意的是,命令文件最好保存在 MATLAB\works 子目录下,并且命令文件的文件名不能与 MATLAB 内置函数及工具箱函数重名,也不能与命令文件工作空间中的变量重名。

例如,建立一个命令文件将变量 a 和 b 的值互换,然后运行该命令文件。

首先,打开 MATLAB 的文件编辑器,新建一个文件,命名为 exch. m 并保存。文件如下:

```
clear;
a = 1:10;
b = [21,22,23,24,25,26,27,28];
c = a; a = b; b = c;
a
b
```

然后,在 MATLAB 指令窗中输入脚本文件名 exch,执行该命令文件,输出为

```
a =
    21    22    23    24    25    26    27    28
b =
    1    2    3    4    5    6    7    8    9    10
```

2. 函数文件

函数文件是另一种形式的 M 文件。函数文件用来定义一个函数,定义过程中必须指定函数名和输入/输出参数,并由 MATLAB 语句序列给出一系列的操作和处理,从而生成所需要的数据或执行相应的功能。函数文件由 function 语句引导,其基本结构为

function 输出形参表=函数名(输入形参表)

注释说明

函数体

对上述结构说明如下:

- 函数定义行:以 function 开头的一行为函数定义行,表明该 M 文件包含一个函数,并且定义函数名、输入参数和输出参数。
- 注释说明帮助信息第一行:以%开头的第一行应该概括性描述该 M 文件以及函数功能,利用 lookfor(查找)命令只搜索和显示该行。
- 注释说明帮助正文:从第二行到函数体之间的注释说明为帮助正文,通常包括函数输入和输出参数的含义、调用格式说明等信息,构成全部在线帮助文本。

- 函数体：函数体包括为输入和输出参数赋值以及所有计算过程的 MATLAB 代码，通过调用函数、流程控制、交互式输入和输出、计算、赋值等实现函数功能。
- 注释：注释语句以%开头，可以出现在 M 文件的任何位置，%后的代码部分不参与执行。

函数文件的调用方式有如下 2 种。

函数文件的调用方式之一：函数的嵌套调用。一个函数文件中调用了其他函数的现象称为函数的嵌套调用。其中，被调用函数也可以调用其他函数，这种现象称为函数的多层嵌套调用。

函数文件的调用方式之二：函数的递归调用。函数文件在调用函数过程中，直接或间接调用函数本身的现象，称为函数的递归调用。函数进行递归调用时一定要有跳出递归调用的语句，否则函数将陷入死循环。

需要格外注意的是，输入形参多于一个时需用逗号“，”隔开；输出形参多于一个时需用方括号括起来；函数名应与 M 文件名相同；注释说明是为了使用 help 命令，实际并不执行注释语句；如果在函数文件中插入了 return 语句，则函数执行到该语句时就会结束，程序流程将转至调用该函数的网址；通常，函数文件中可以不使用 return 语句，那么被调函数执行完毕将自动返回。

例如，编写函数文件计算圆的周长和面积，然后调用该函数显示结果。

```
function [p,s] = circle(r)
    % circle 计算半径为 r 的圆的周长和面积
    % r  圆半径
    % p  圆周长
    % s  圆面积
    p = 2 * pi * r;
    s = pi * r * r;
end
```

将上述函数文件以文件名 circle.m 保存至 MATLAB\work 目录下，然后在指令窗调用该函数：

```
[p,s] = circle(10)
```

输出结果为

```
p =
    62.8319
s =
    314.1593
```

3. M 文件编写及调试原则

MATLAB 程序编辑器中提供了程序调试功能，方便用户调试程序。首先，需要了解 M 文件的两种错误类型：语法错误和执行错误。

语法错误主要出现在程序代码的解释过程中，例如函数参数输入类型错误，或者矩阵运算阶数不符等。此类错误较好识别，为了方便用户的检查和定位，MATLAB 会给出相应的错误信息。

执行错误与程序本身有关，表现为程序运行过程中出现的溢出或死循环现象。此类错误较难发现和解决。因为当发生执行错误时，系统会结束对 M 文件的调用，如此就会关闭函数的工作空间，无法获得需要的数据信息。为了避免程序设计过程中出现 NaN、Inf 或空矩阵等情况，可在易于出现异常数值位置处使用 isnan、isinf 及 isempty 等控制语句进行监测。同时，MATLAB 也提供了部分监测获取所需中间数据信息的方法：

- 把程序中待查变量所在语句的"；"去掉，增添变量的输出结果，使得程序执行结果输出至指令窗中，以便随时检查运行的中间结果。
- 使用 keyboard 函数中断程序，使该程序处于调试状态，指令窗的提示符变为"K>>"。此时可以实现函数工作区间和指令窗工作区间交互，从而获得所需要的信息。
- 将函数头注释掉，将函数变成命令文件，操作对象相应变为指令窗工作区间变量，从而获得所需要的信息。
- 如果函数文件规模较大，文件的内嵌复杂，或者有较多函数、子函数的调用，则可以使用 MATLAB 的调试工具、调试菜单或调试函数进行调试。

2.3.2 程序结构

程序是用某种计算机能够理解并执行的语言描述并解决问题的方法和步骤。熟悉和掌握流程控制语句是进行 MATLAB 程序设计的前提。同其他程序设计语言一样，MATLAB 的流程控制结构包括顺序结构、分支结构和循环结构。

1. 顺序结构

顺序结构就是按照语句的先后顺序，依次执行程序的不同语句。也就是说，语句在程序文件中的位置反映了该语句的执行顺序。一个典型的顺序结构由简单的赋值语句和函数组成，不包含其他子结构和控制语句的批处理文件等。

例如：

【实例】

```
disp ('the begin of the MATLAB program.')
disp ('the text of the MATLAB program.')
disp ('the end of the MATLAB program.')
```

运行结果：

```
the begin of the MATLAB program.
the text of the MATLAB program.
the end of the MATLAB program.
```

2. 分支结构

分支结构就是根据是否满足条件而去执行不同的语句。分支结构的执行是依据一定的条件选择执行路径,而不是严格按照语句出现的物理顺序。分支结构程序设计方法的关键在于构造合适的分支条件和分析程序流程,并根据不同的程序流程选择适当的分支语句。常见的分支语句包括:条件语句(if…else…end)、开关语句(switch…case…end)。

(1) 条件语句(if…else…end)

MATLAB语言中的条件判断语句是if…else…end形式。该语句可以选择是否执行指定的命令,如果条件表达式为"真",则执行该组命令,否则跳过该组命令。条件语句包括单分支if语句、双分支if语句、多分支if语句三种形式。

① 单分支if语句

【形式】

```
if <条件表达式>
    语句体
end
```

【说明】

如果if之后的条件表达式为"真",则执行语句体;如果为"假",则跳出该分支语句,直接执行end之后的语句。

【实例】

```
a = 1;
if a == 1
    disp('hello,world! ');
end
```

运行结果:

```
hello,world!
```

② 双分支if语句

【形式】

```
if <条件表达式>
    语句体 1
else
    语句体 2
end
```

【说明】

如果if之后的条件表达式为"真",则执行语句体1;如果为"假",则执行语句体2。语句体1或者语句体2执行完毕,再执行双分支if语句之后的语句。

【实例】

```
a = 2;
if a == 1
    disp('hello,world one! ');
else
    disp('hello,world two! ');
end
```

运行结果：

```
hello,world two!
```

③ 多分支 if 语句

【形式】

```
if <条件表达式 1>
    语句体 1
else<条件表达式 2>
    语句体 2
……
else<条件表达式 m - 1>
    语句体 m - 1
else
    语句体 m
end
```

【说明】

如果条件表达式 i(i=1,2,…,m-1)为“真”,则执行语句体 i;如果均为“假”,则执行语句体 m。语句体执行完毕,再执行多分支 if 语句之后的语句。

可见,在分支结构各层次的逻辑判断中,若其中任意一层逻辑判断为“真”,则将执行对应的执行语句,并跳出该条件判断语句,其后的逻辑判断语句均不再进行检查。分支结构适合于带有逻辑或关系比较等条件判断的计算。设计这类程序时往往都要先绘制程序流程图,然后根据程序流程写出源程序,这样可以使得问题简单化,易于理解。

(2) 开关语句(switch…case…end)

条件语句 if…else…end 所对应的是多重判断选择,但有时也会遇到多分支判断选择的问题,此时应采用开关语句 switch…case…end 解决此类问题。与 C 语言中 switch 分支结构相似,MATLAB 语言中开关语句应在条件多而且比较单一的情况下使用。当检测到某个检测值和表达式的值相等时,执行相应的一组命令,执行完毕自动跳出 switch 结构。也就是说,MATLAB 语言中,当一个 case 语句后的条件为“真”时,开关语句不对其后的 case 语句进行判断,即使有多条 case 语句判断为“真”,也只执行第一条判断为“真”的语句,因此不必像 C 语言那样,在每条 case 语句后加 break 命令。

【形式】

```
switch <表达式>
    case  表达式 1
          语句体 1
    case  表达式 2
          语句体 2
    ……
    case  表达式 m-1
          语句体 m-1
    otherwise
          语句体 m
end
```

【说明】

当表达式的值等于表达式 1 的值时，执行语句体 1；当表达式的值等于表达式 2 的值时，执行语句体 2；…；当表达式的值等于表达式 m－1 的值时，执行语句体 m－1；当表达式的值不等于全部 case 所列表达式的值时，执行语句体 m。当任一分支的语句体执行完毕，直接执行 switch 语句的下一句。

3. 循环结构

循环结构的基本思想就是重复执行某些语句，以满足大量重复性计算的要求。虽然每次循环执行的语句相同，但是语句中的一些变量值会发生改变，只有循环到一定次数或者满足条件后才能够结束循环。循环结构在此主要讲两类：for 循环结构和 while 循环结构。

(1) for 循环结构

for 循环结构是流程控制的基础，可以用指定次数重复执行循环体内的语句。

【形式】

```
for 循环变量 = 表达式 1:表达式 2:表达式 3
   循环体语句
end
```

其中，表达式 1 的值为循环变量的初始值，表达式 2 的值为步长，表达式 3 的值为循环变量的最终值。步长为 1 时表达式 2 可以省略。

【说明】

for 循环语句在执行过程中，首先计算 3 个表达式的值，再将表达式 1 的值赋给循环变量。如果循环变量的值在初始值和最终值之间，则执行循环体语句；否则结束循环的执行。执行完一次循环之后，循环变量以表达式 2 为步长增加，再判断循环变量的值是否介于初始值和最终值之间，如果是，仍然执行循环体，直至不满足为止。然后，结束 for 循环语句，继续执行 for 循环后面的语句。

【实例】

```
for  i=1:3
    for  j=1:4
        A(i,j)=1.5+i;
    end
end
```

运行结果:

```
A =
    2.5000    2.5000    2.5000    2.5000
    3.5000    3.5000    3.5000    3.5000
    4.5000    4.5000    4.5000    4.5000
```

(2) while 循环结构

while 循环结构与 for 循环结构均可实现循环执行。for 循环结构以执行次数是否达到指定值为标准进行判断,一般适用于循环次数已知、循环运算目标未知的问题。while 循环结构则以条件满足与否为标准来判断循环是否结束,一般适用于循环运算目标已知、循环次数未知的问题。

【形式】

```
while 循环条件
     循环体语句
end
```

【说明】

循环判断条件为逻辑判断表达式。若条件成立,则执行循环体语句,执行后再判断条件是否成立,如果不成立则跳出循环过程。

【实例】

```
X=input('Enter X:');
E=zeros(size(X));        % 产生与 X 同样大小的零矩阵
F=eye(size(X));          % 产生与 X 同样大小的单位矩阵
n=1;
while norm(F,1)>0        % 进入循环体
    E=E+F;
    F=F*X/n;
    n=n+1;
end
E
```

运行结果:

```
Enter X:5      E = 148.4132
```

(3) 循环语句终止

在 while 循环结构中，语句内必须有修改循环控制变量的命令（例如上面实例中的变量 n），否则该循环将陷入死循环，除非循环语句中有退出循环的控制命令（如 break 语句）。当程序运行至退出循环的控制命令时，不论循环控制变量是否满足循环判断语句，均将退出当前循环并执行循环后的其他语句。此外，MATLAB 还提供了 continue 命令用于控制循环：当程序流程运行至 continue 命令时，会忽略其后的循环体操作转而执行下一层次的循环。

2.3.3 基本绘图操作

MATLAB 具有强大的绘图功能，不仅能绘制几乎所有的标准图形，而且其表现形式也是丰富多样的。MATLAB 语言不仅具有高层绘图能力，而且还具有底层绘图能力。所谓高层绘图能力，是指对整个图形进行操作，图形每一部分的属性都是按缺省方式设置的，充分体现了 MATLAB 语言的实用性。所谓底层绘图能力，是指可以定制图形，对图形的每一部分进行控制，可以用来开发用户界面以及各种专用图形，充分体现了 MATLAB 语言的开放性。本小节根据机器人控制虚拟仿真实验的教学需求，重点讨论如何利用 MATLAB 语言实现二维绘图和三维绘图。

1. 二维绘图

二维绘图即在二维平面上绘制出不同的曲线结果，广泛应用的绘图函数为 plot 函数。为此，以下主要围绕 plot 函数描述二维绘图过程及注意事项。

(1) plot 函数

plot 函数是最基本的绘制二维图形的指令。已知一组 x 坐标以及与之对应的 y 坐标，利用 plot 函数就可绘制 xy 平面上的二维曲线图。plot 命令可自动打开一个图形窗口 Figure，并根据图形坐标大小自动缩扩坐标轴；可单窗口单曲线绘图、单窗口多曲线绘图、单窗口多曲线分图绘图、多窗口绘图；可任意设定曲线的颜色和线型；可给图形添加坐标网线和完成图形加注功能等。

plot 函数调用格式如下：

plot(x)——缺省自变量绘图格式。其中，x 为向量，以 x 元素值为纵坐标，以相应元素下标为横坐标进行绘图。

plot(x,y)——基本绘图格式。以 y(x)的函数关系作出直角坐标图，如果 y 为 n×m 的矩阵，则以 x 为自变量作出 m 条曲线。

plot(x1,y1,x2,y2)——含多个输入参数的多条曲线绘图格式。x1 和 y1，x2 和 y2 分别组成向量对，每一组向量对的长度可以不同。每一组向量对绘制出一条曲线，那么同一坐标系内将绘制出多条曲线。

plot(x,y,'s') 或 plot(x1,y1,'s1',x2,y2,'s2',…)——含有附加选项参数绘图格式。参数字符串 s 设定曲线颜色和绘图方式等。

s 的标准设定值如表 2.3.1 所列。

表 2.3.1　s 标准设定值

字　母	颜　色	符　号	线　型
y	黄色	·	点线
m	粉红	○	圈线
c	亮蓝	×	×线
r	大红	＋	＋字线
g	绿色	—	实线
b	蓝色	*	星形线
w	白色	：	虚线
k	黑色	—·　（——）	点划线

【实例】

```
t = 1:0.01:6;
y = sin(t);
y1 = sin(t + 0.25);
y2 = sin(t + 0.5);
y3 = cos(t);
y4 = cos(t + 0.25);
y5 = cos(t + 0.5);
plot(t,[y',y1',y2',y3',y4',y5'])
```

运行结果：如图 2.3.1 所示。

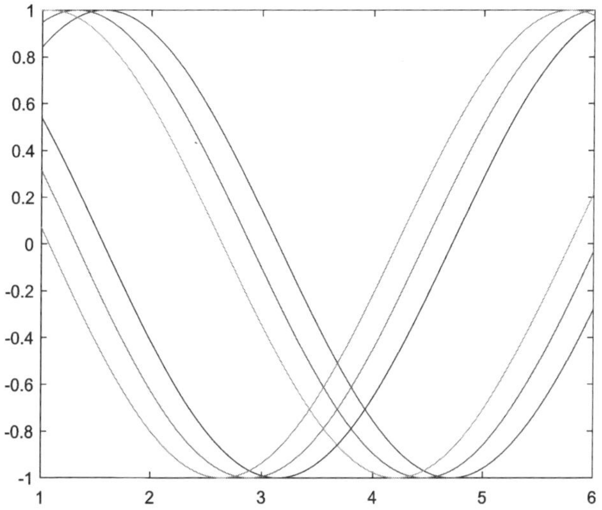

图 2.3.1　单窗口多曲线绘图

(2) 图形绘制辅助操作

① 图形标注及坐标控制

将标题、坐标轴标记、网格线及文字注释加注到图形上，相关函数为

title——给图形加标题；

xlable——给 x 轴加标注；

ylable——给 y 轴加标注；

text——在图形指定位置加标注；

gtext——将标注加到图形任意位置；

grid on(off)——打开、关闭坐标网格线；

legend——添加图例；

axis——控制坐标轴的刻度；

axis([xmin xmax ymin ymax])——设定坐标轴的最大值和最小值；

axis(equal)——将两个坐标轴设为相等；

axis on(off)——显示和关闭坐标轴的标记、标志；

axis auto——将坐标轴设置为返回自动缺省值。

需要注意，除了 legend 函数外，上述其他函数同样适用于三维绘图。

【实例】

```
t = 0:0.1:10;
y1 = sin(t);
y2 = cos(t);
plot(t,y1,'r',t,y2,'b--');
x = [1.7 * pi;1.6 * pi];
y = [-0.3;0.8];                 % 指定位置
s = ['sin(t)';'cos(t)'];
text(x,y,s);                    % 标注
title('正弦和余弦曲线');         % 标题
legend('正弦','余弦')            % 图例
xlabel('时间 t')
ylabel('正弦、余弦')             % 轴标注
grid on                         % 网格
axis square
```

运行结果：如图 2.3.2 所示。

② 图形窗口分割

在实际应用中，MATLAB 提供了 subplot 函数对图形窗口进行分割，以满足用户在一个图形窗口绘制若干个独立图形的需求。分割后，同一图形窗口中的不同图形称为子图。subplot 函数的调用形式为 subplot(m,n,p)，表明将当前图形窗口分为 m×n 个绘图区，且选定第 p 个绘图区为当前活动区。

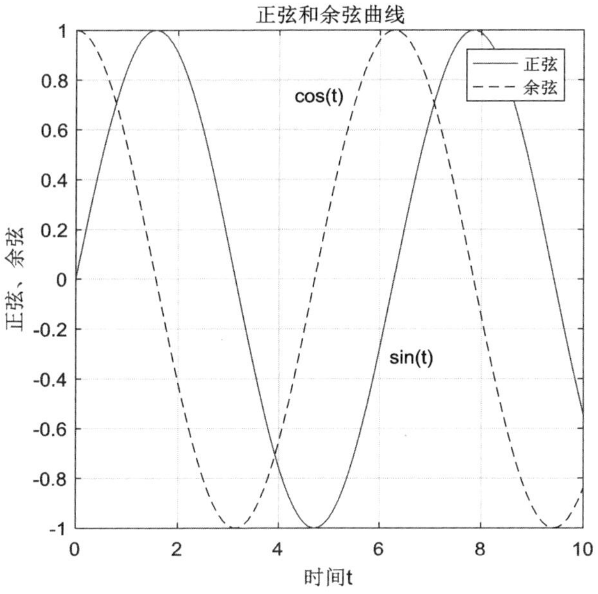

图 2.3.2　图形标注及坐标控制效果图

【实例】

```
clear;
t = 1:0.1:6;
y1 = sin(t);
y2 = cos(t + 0.25);
y3 = sin(t + 0.5);
subplot(3,1,1)
plot(t,y1,'r * ')
subplot(3,1,2)
plot(t,y2,'b○')
subplot(3,1,3)
plot(t,y3,'g + ')
```

运行结果：如图 2.3.3 所示。

2. 三维绘图

工业机器人的工作空间描述的是末端执行器位姿所能到达的空间点集合，利用三维绘图显示则更加直观、易分析。下面介绍利用 MATLAB 下的三维图形函数描绘三维空间下的曲线。

(1) plot3 函数

plot3 为 MATLAB 中最基本的三维图形函数，其调用格式如下：

plot3(x,y,z)——x,y,z 是长度相同的向量；

plot3(X,Y,Z)——X,Y,Z 是维数相同的矩阵；

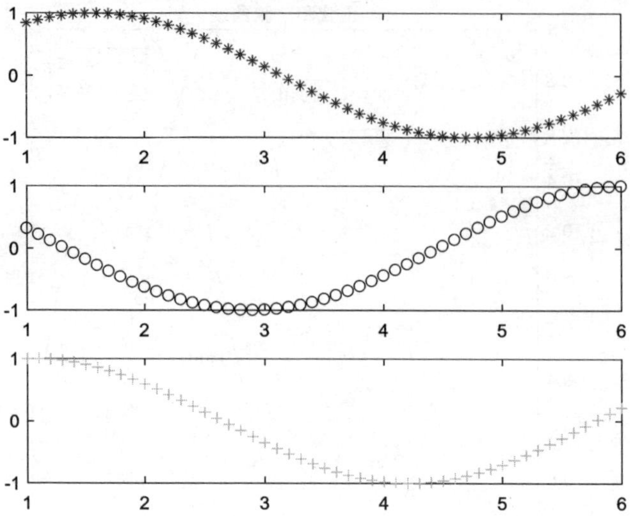

图 2.3.3 图形窗口分割效果图

plot3(x,y,z,'s')——带绘图参数；

plot3(x1,y1,z1,'s1', x2,y2,z2,'s2', …)——

其中，每一组的 x、y、z 组成一组曲线的坐标，参数字符串 s 的意义与 plot 函数相同。当 x、y、z 是同维向量时，x、y、z 对应元素构成一条三维曲线。当 x、y、z 是同维矩阵时，以 x、y、z 对应列元素绘制三维曲线。

【实例】

```
clear;
t = 0:pi/50:10 * pi;
plot3(t,sin(t),cos(t),'r * ')
grid on;
```

运行结果：如图 2.3.4 所示。

(2) 其他常用三维绘图函数

绘制等高线图——contour；

绘制伪彩色图——pcolor；

绘制三维网线图——mesh，meshgrid；

绘制三维曲面图(surf)、柱面图(cylinder)和球面图(sphere)。

【实例】

绘制 $z=x^2+y^2$ 的三维网线图形：

```
clear;
x = - 5:5;
y = x;
[X,Y] = meshgrid(x,y);
```

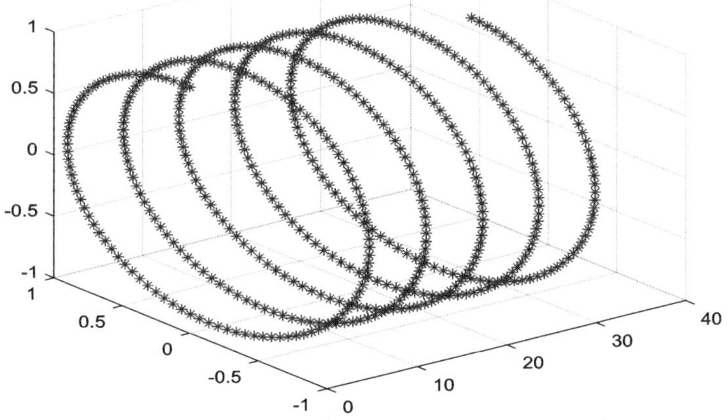

图 2.3.4　plot3 绘图效果

```
Z = X.^2 + Y.^2;
mesh(X,Y,Z)
```

运行结果：如图 2.3.5 所示。

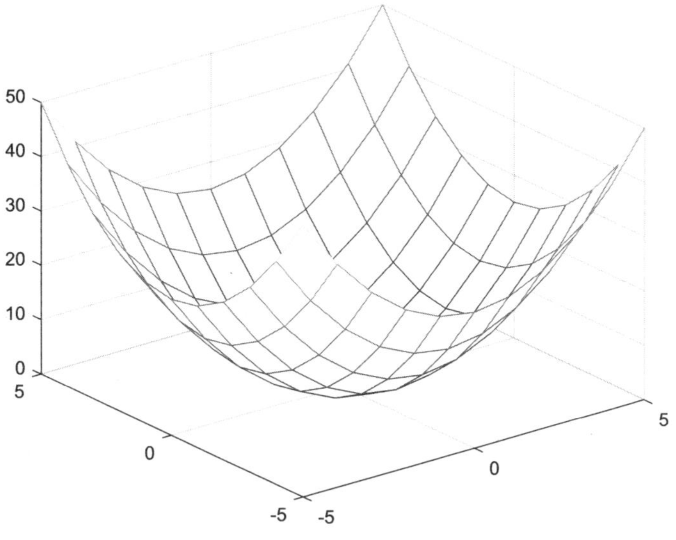

图 2.3.5　mesh 绘图效果

2.3.4　Simulink 工具箱

Simulink 是 MATLAB 最重要的组件之一，具有 Simulation（仿真）和 Link（连接）两个主要功能，它向用户提供一个动态系统图形建模、仿真和综合分析的集成环境。在这个环境中，用户无需书写程序，而只需通过简单直观的鼠标操作，选取适当的库模块，就可构造出复杂的仿真模型，并可随时观察仿真结果和过程。利用 Simulink 进行系统仿真的步骤如下：

① 建立系统仿真模型，包括添加模块、设置模块参数、连接模块等操作；

② 设置系统模型以及仿真参数；

③ 启动 Simulink 仿真并分析仿真结果。

1. Simulink 的启动与退出

(1) Simulink 的启动

Simulink 的启动方法有三种：

① 在 MATLAB 的指令窗中输入 Simulink；

② 单击 MATLAB 主窗口工具栏上的 Simulink 命令按钮；

③ 双击 *.mdl 文件图标。

Simulink 启动后会显示 Simulink 模块库浏览器（Simulink Library Browser）窗口。

(2) Simulink 的退出

关闭所有模型编辑窗口和 Simulink 模块库浏览器窗口即可。

(3) 建立新模型

可以通过以下方法建立 Simulink 新模型。

① 打开模型编辑窗口。有 3 种方法：在 MATLAB 主窗口中选择 File→New→Model 命令，在出现 Simulink 模块库浏览器窗口的同时，还会出现一个名字为 untitled 的模型编辑窗口；或者在 Simulink 模块库浏览器窗口中选择 File→New→Model 命令；或者在 Simulink 模块库浏览器窗口的工具栏中单击 Create a new model 命令按钮。②在模型编辑窗口中，通过鼠标的拖放操作创建一个模型。

2. Simulink 的基本模块

Simulink 的模块库提供了大量模块。在 Simulink 模块库浏览器中单击 Simulink 前面的"+"号，将看到 Simulink 模块库中包含的子模块库（如图 2.3.6 所示）。双击所需要的子模块库，将在右侧窗口中看到相应的基本模块（如图 2.3.7 所示）。选择所需的基本模块，可用鼠标将其拖到模型编辑窗口。同样，在 Simulink 模块库浏览器窗口左侧的 Simulink 栏上单击鼠标右键，在弹出的快捷菜单中单击 Open the 'Simulink' Libray 命令，将打开 Simulink 基本模块库窗口，单击其中的子模块库图标，打开子模块库，即可找到仿真所需的基本模块。

Simulink 模块库的子模块包括：连续系统模块库（Continuous）、离散系统模块库（Discrete）、数学运算模块库（Math）、非线性模块库（Nonlinear）、信号与系统模块库（Signals & System）、接收模块库（Sinks）、输入源模块库（Source）、端口和子系统模块库（Port & Subsystem）、通用模块库（Commonly Used），等等。例如，连续系统模块库（Continuous）和接收模块库（Sinks）分别如图 2.3.7、图 2.3.8 所示。

每一个子模块下又包含不同部分，各部分可实现不同的功能，通过各部分的命名很容易理解其功能。以 Sinks 模块为例（后续实验中较频繁用到此模块），其各部分如

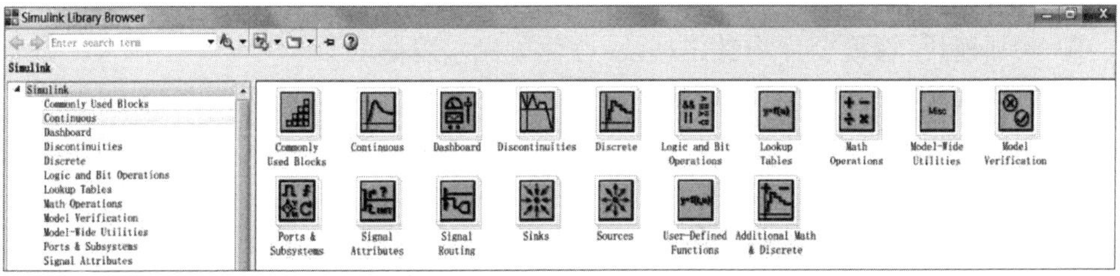

图 2.3.6 Simulink 模块库

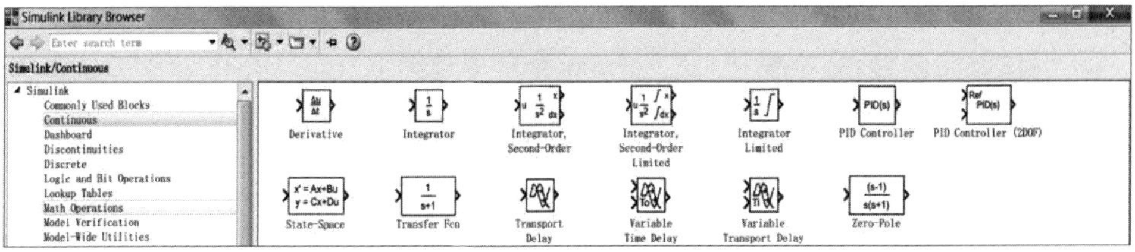

图 2.3.7 Continuous 模块

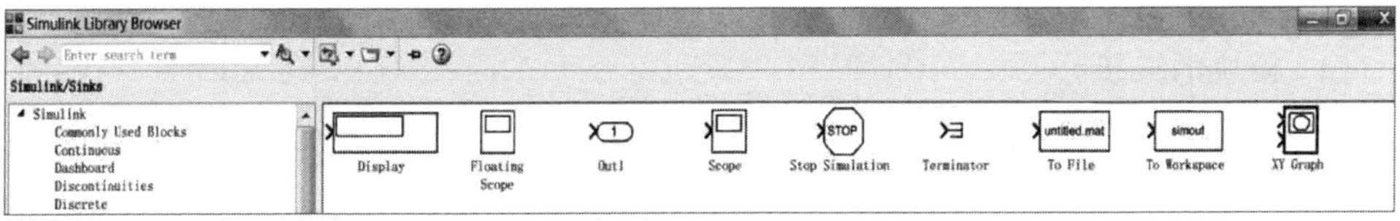

图 2.3.8 Sinks 模块

图 2.3.8 右侧所示，功能如表 2.3.2 所列。

表 2.3.2 Sinks 模块功能表

Sinks 模块中各部分名称	功　能
Scope	示波器，显示实时信号
Display	实时数值显示
XY Graph	显示 X 和 Y 两个信号的关系图
To File	把数据保存为文件
To Workspace	把数据写成矩阵并输出到工作空间
Stop Simulation	输入不为零时终止仿真
Out	输出模块

3. Simulink 模块的操作

模块是建立 Simulink 模型的基本单元。用鼠标将模块拖到模型窗口，再用适当的方式把各个模块连接在一起，就能够建立系统的模型。下面在前面 Simulink 子模块分析的基础上，讨论 Simulink 模块的基本操作。

(1) 模块的编辑

① 添加模块:在模型库中选定模块,按住鼠标左键拖出。

② 选取模块:单击模块,模块四周出现 4 个小黑点。

③ 复制模块:在同一模型窗口内复制时,选中模块,同时按住鼠标左键和 Ctrl 键,将其拖至适当位置后放开鼠标即可;在不同模型窗口间复制时,选中模块,按住鼠标左键,将其移动到相应窗口即可(不用按 Ctrl 键)。

④ 模块大小调整:选中模块,将鼠标移动到 4 个小黑点中的任何一个,光标变化后按住左键拖动即可调整模块大小,此时出现的虚线矩形框表示新模块的大小,拖至需要位置即可。

⑤ 模块方向调整:选中模块,在 Format 菜单中选择 Rotate Block 命令可使模块按顺时针方向旋转 90°,若选择 Flip Block 命令可使模块旋转 180°。

⑥ 模块名的显示:选中模块,在 Format 菜单中选择 Hide Name 命令,模块名就会隐藏;选择 Show Name 命令,模块名就会显示出来。

⑦ 模块名的修改:单击模块名区域,当出现编辑状态光标时可对模块名进行修改。

⑧ 删除模块:选中模块,在菜单中选择 Clear 命令,或者右击模块,在弹出菜单中选择 Cut 或 Clear 命令。

(2) 模块的连接

当设置好各个模块后,需要将所有模块按照一定的顺序连接起来才能组成一个完整的系统模型。涉及的模块连接问题包括:

① 连线:移动鼠标到一个模块的输出端,鼠标会变成十字光标,按住鼠标左键移动到另一模块的输入端会出理另一个十字光标,当两个十字光标出现重影时释放左键,即可完成两个模块的连接。

② 连线的折弯:按住 Shift 键,单击需要折弯处,即可产生折弯点。

③ 给连线加分支:将鼠标移动到分支起点,按住鼠标右键或按住 Ctrl 键和鼠标左键拉出分支,拖到模块输入端释放即可。

④ 改变线型:选中线段,在 Format 菜单下选择相应命令即可。

⑤ 标注连线:双击连线,即可标注连线。

(3) 模块的参数设置

Simulink 中几乎所有模块的参数都允许用户进行设置。

① 双击要设置的模块,或右击要设置的模块,在弹出的快捷菜单中选择相应模块的参数设置命令,就会弹出模块参数对话框。该对话框分为两部分,上面部分是模块的功能说明,下面部分用来进行模块参数设置。

② 选择要设置的模块,在模型编辑窗口的 Edit 菜单中选择相应模块的参数设置命令,也可以打开模块参数对话框。

(4) 模块的属性设置

① 右击要设置属性的模块,在弹出的快捷菜单中选择 Block properties 命令。

② 选择要设置的模块,在模型编辑窗口的 Edit 菜单中选择 Block properties 命令,

打开模块属性对话框。该对话框包括 General、Block Annotation(注释)和 Callbacks 3 个可以相互切换的选项卡。其中,General 选项卡中可以设置 3 个基本属性:Description(说明)、Priority(优先级)、Tag(标记)。

(5) 系统的仿真

1) 设置仿真参数

打开系统仿真模型,从模型编辑窗口的 Simulation 菜单中选择 Simulation Parameters 命令,打开一个仿真参数配置窗,单击左面的选择栏,选择不同的仿真参数对话栏,在其中可以设置不同的仿真参数。

Solver 解算选项:用于设置仿真起始和停止时间,选择微分方程求解算法并为其规定参数,以及选择某些输出选项。

Data Import/Export 选项:用于管理 MATLAB 工作空间的输入和输出。

Diagnostics 选项:用于设置在仿真过程中出现各类错误时发出警告的等级。

Optimization 选项:用于设置一些高级仿真属性,以便更好地控制仿真过程。

Real-time Workshop 选项卡:用于设置若干实时工具中的参数。如果没有安装实时工具箱,则不会出现该选项卡。

2) 启动系统仿真

设置完仿真参数之后,从 Simulation 菜单中选择 Start 项,或在模型编辑窗口中单击 Start Simulation 命令按钮,便可启动对当前模型的仿真。此时,Start 项变成不可选,而 Stop 项变成可选,可用于中途停止仿真。从 Simulation 菜单中选择 Stop 项停止仿真后,Start 项又变成可选。

3) 仿真结果分析

若要观察仿真结果的变化轨迹,可以采用三种方法:

① 把输出结果送到 Scope 模块或者 XY Graph 模块,以观察信号的实时变化。在模型当中使用示波器(Scope 模块)是其中最为简单和常用的方式:在模型窗口选中示波器(Scope 模块)后,双击 Scope 模块,出现示波器窗口,以便可视化分析结果。

② 把仿真结果送到输出端口并作为返回变量,然后使用 MATLAB 命令画出该变量的变化曲线,以便可视化分析结果。

③ 把输出结果送到 To Workspace 模块,将结果直接存入工作空间,然后用 MATLAB 命令画出该变量的变化曲线,以便可视化分析结果。

(6) 仿真实例

设初始状态为 0 的二阶微分方程 $x''+0.2x'+0.4x=2u(t)$,其中 $u(t)$ 是单位阶跃函数,建立系统模型并仿真。按照前面所述步骤,建立系统 Simulink 仿真程序如图 2.3.9 所示。

4. S 函数的设计与调用

利用 Simulink 模块库里的功能模块来建立系统模型往往不能满足现实需要,而利用 S 函数则可以充分发挥 Simulink 的功能。S 函数即系统函数(System Function),是

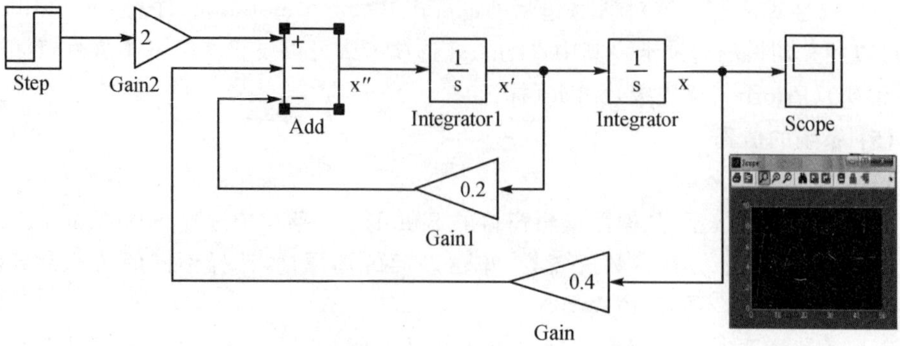

图 2.3.9　仿真程序实例及运行结果

对动态系统的程序描述，适用于连续的、离散的、混合的系统。S 函数可以用 MATLAB 语言编写，此外还可以采用 C、C++、FORTRAN 和 Ada 等语言编写。利用 MATLAB 语言编写的 S 函数就是一个 M 文件。几乎所有的 Simulink 模型都可以用 S 函数描述。用户可以利用 S 函数创建新的模块并修改模块中的参数。此模块可以在一个模型中多次使用。

(1) 基于 MATLAB 语言编写 S 函数

用来定义一个 S 函数的 M 文件必须能够提供系统模型的相关信息。利用 Simulink、DOE Solver 和 S 函数之间的交互作用，可以完成一些特定任务，包括：确定初始条件以及模块特性参数，计算导数值、离散状态变量值以及输出变量值。S 函数的设计主要包括以下步骤：

① 按照 MATLAB 提供的模板编写程序；

② 从 Function & Tables 子库中把 S-Function 系统的功能模块拖拽过来，输入程序的文件名以供调用。

编写 S 函数有一套固定的规则，为此，Simulink 提供了一个用 M 文件编写 S 函数的模板程序。该模板程序存放在 toolbox\simulink\blocks 目录下，文件名为 sfuntmpl.m。用户可以从这个模板程序出发构建自己的 S 函数。该模板程序共有 6 个子程序，子程序前缀为 mdl，供 Simulink 仿真的不同阶段调用。

用 M 文件表示的 S 函数设有标志参数 flag。每一个 flag 对应 S 函数中的一个子程序。Simulink 在仿真的不同阶段，需要调用 S 函数不同的子程序。每一次调用 S 函数，都要给出一个 flag 值，然后执行与该 flag 值对应的子程序，如表 2.3.3 所列。因此，编写 S 函数时，应该根据系统的实际情况，编写相应的子程序调用语句以及相应的子程序，并提供必要的参数。

运行 S 函数之前，为了使 Simulink 能够识别用 M 文件编写的 S 函数，用户必须提供 S 函数的有关信息：输入量、输出量、状态变量个数及其他参数。

表 2.3.3 S函数调用子程序及其对应flag值

仿真阶段	S函数调用子程序	flag值
初始化	mdlInitializeSizes	0
计算连续状态变量导数值	mdlDerivatives	1
更新离散状态变量值	mdlUpdate	2
计算输出值	mdlOutputs	3
计算下一个采样时刻	mdlGetTimeOfNextVarHit	4
结束仿真任务	mdlTerminate	9

S函数的基本输入参数包括：仿真时间 t、状态向量 x、输入向量 u，以及控制仿真调用子程序的标志参数flag。

S函数的基本输出参数包括：sys、x0、str、ts。其中，sys是返回参数的通用表示符号，得到的参数类型取决于flag值；x0表示初始状态，若系统中没有状态变量，则x0将是一个空阵；str对于用M文件编写的S函数是一个空阵；ts是两列矩阵，一列是S函数中各个状态变量的采样周期，另一列是相应采样时间的偏移量。

(2) S函数的命令调用

仿真过程中，S函数要被Simulink多次调用。用M文件表示的S函数就是一种具有特殊调用格式的函数文件，因此用户可以直接使用MATLAB命令调用S函数。例如，用命令[sizes,x0,xstr,ts]=sfunctionfile([],[],[],0)调用名称为sfunctionfile的S函数，便可执行它的初始化程序，获得该S函数描述的系统初始化信息。

把上述S函数描述的系统用内部模块组成的方块图模型表示，并以名称sfunctionfile存盘，此时sfunctionfile是一种mdl文件。输入MATLAB命令[sizes,x0,xstr,ts]=sfunctionfile([],[],[],0)，那么得到的结果与上一条命令相同，只是xstr是由一个字符串元素组成的列向量，不再是空阵。由于sfunctionfile是一种mdl文件，它包含上述S函数M文件的全部信息，当然也包括初始化信息。

2.3.5 MATLAB程序设计原则汇总

将MATLAB中设计和调试程序的原则汇总如下：

- 尽量采用模块化思想编程，即采用主程序调用子程序的方法，所有子程序合并在一起就可以完成全部的操作。
- %后面的内容是程序的注解，要善于运用注解使程序更具可读性。
- 要养成在主程序开头用clear指令清除变量的习惯，以消除工作空间中其他变量对程序运行的影响，但注意在子程序中不要用clear。
- 参数值要集中放在程序的开始部分以便于维护；要学会充分利用MATLAB工

具箱提供的指令执行运算。

- 在程序语句行之后输入“;”来使中间结果不在屏幕上显示,以提高执行速度。
- input 指令可以用来输入一些临时的数据;而对于大量参数,则需建立一个存储参数的子程序,以便在主程序中调用。
- 充分利用 Debugger 来进行程序的调试,并利用其他工具箱或图形用户界面(GUI)的设计技巧,将设计结果集成到一起。
- 设置好 MATLAB 的工作路径,以便程序运行。

第 3 章 工业机器人正运动学

机器人通常采用由一系列关节和连杆构成的空间开式链，可以按照任务需求完成规划的复杂运动。机器人在空间中的运动会造成其各关节变量(如旋转关节的角度、平移关节的位移)的变化。因此，机器人运动学主要研究机器人的末端执行器位置姿态与各关节变量之间的关系。机器人运动学把机器人相对于固定参考系的运动作为时间的函数进行分析研究，即把机器人的空间位移解析地表示为时间的函数，而不考虑引起这些运动的力和力矩。机器人的运动学过程主要解决如下几个问题：

① 机器人位姿分析问题。机器人姿态分析主要用于描述机器人末端执行器的空间位置和末端姿态。

② 机器人关节角度分析问题。机器人关节角度分析是指通过计算机器人各个关节的角度，以确定机器人的运动轨迹。

③ 机器人轨迹分析问题。机器人轨迹分析是对机器人运动轨迹进行精确计算和控制，以达到所需的操作目标。

3.1 正运动学基础知识

机器人运动学分为正运动学和逆运动学，二者可以看作互逆关系。若给定机器人的构型及其所有连杆长度和关节变量等参数，求解末端执行器在空间的位姿描述，这个过程称为机器人运动学分析中的正运动学问题。机器人正运动学的一般模型为

$$\boldsymbol{X} = f(\boldsymbol{q}) \tag{3.1.1}$$

式中，$\boldsymbol{X}$ 为机器人末端执行器的空间位姿信息；$\boldsymbol{q}$ 为机器人各关节变量集合，包括机器人构型、结构参数、关节变量等；$f(\cdot)$为机器人正运动学求解过程。

机器人正运动学问题的求解不仅为分析机器人工作空间提供了可靠的数学模型，还为校准机器人提供了理论基础。可以采用多种方法求解机器人的正运动学问题。在此，主要讲解常用的 D－H 参数法和向量分析法，这两种方法直观且易于学生理解掌握。

3.1.1 数学基础

为了更好地学习工业机器人的运动学问题，首先我们需要具备一些基本的向量和矩阵方面的数学知识，这是后续编程的理论基础。

1. 向量模

设向量 $\boldsymbol{a}=(x,y,z)^{\mathrm{T}}$，则向量的模为

$$|\boldsymbol{a}|=\sqrt{x^2+y^2+z^2} \tag{3.1.2}$$

2. 向量加法

设空间中存在两个向量，分别是向量 $\boldsymbol{a}=(x_1,y_1,z_1)^{\mathrm{T}}$，向量 $\boldsymbol{b}=(x_2,y_2,z_2)^{\mathrm{T}}$，则向量加法关系如图 3.1.1 所示，表达形式为

$$\boldsymbol{a}+\boldsymbol{b}=(x_1+x_2,y_1+y_2,z_1+z_2)^{\mathrm{T}} \tag{3.1.3}$$

可见，空间中两个向量相加后所得结果向量的元素为两个向量对应元素的和。

3. 向量减法

设空间中存在两个向量，分别是向量 $\boldsymbol{a}=(x_1,y_1,z_1)^{\mathrm{T}}$，向量 $\boldsymbol{b}=(x_2,y_2,z_2)^{\mathrm{T}}$，则向量减法关系如图 3.1.2 所示，表达形式为

$$\boldsymbol{a}-\boldsymbol{b}=(x_1-x_2,y_1-y_2,z_1-z_2)^{\mathrm{T}} \tag{3.1.4}$$

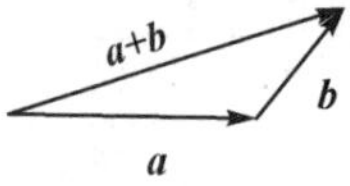

图 3.1.1　向量加法关系

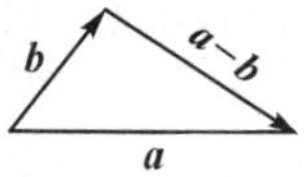

图 3.1.2　向量减法关系

可见，空间中两个向量相减后所得结果向量的元素为两个向量对应元素的差。由图 3.1.2 可知，向量 $\boldsymbol{a}-\boldsymbol{b}$ 的方向由减向量 $\boldsymbol{b}$ 的终点指向被减向量 $\boldsymbol{a}$ 的终点。

4. 向量数乘

设向量 $\boldsymbol{a}=(x,y,z)^{\mathrm{T}}$，$\lambda$ 为实数，则向量与实数的乘积为

$$\lambda\boldsymbol{a}=(\lambda x,\lambda y,\lambda z)^{\mathrm{T}} \tag{3.1.5}$$

5. 数量积

数量积也称为点积、标积或者内积。设空间中存在向量 $\boldsymbol{a}=(x_1,y_1,z_1)^{\mathrm{T}}$，向量 $\boldsymbol{b}=(x_2,y_2,z_2)^{\mathrm{T}}$，两个向量间的夹角为 θ，则这两个向量的数量积为

$$\boldsymbol{a}\cdot\boldsymbol{b}=|\boldsymbol{a}|\cdot|\boldsymbol{b}|\cdot\cos\theta \tag{3.1.6}$$

由此可见，两个向量数量积的几何意义是向量 $\boldsymbol{a}$ 在向量 $\boldsymbol{b}$ 方向上的投影与向量 $\boldsymbol{b}$ 的模的乘积。

6. 向量积

向量积也称为叉积、矢积或者外积。设空间中存在向量 $\boldsymbol{a}=(x_1,y_1,z_1)$，向量 $\boldsymbol{b}=$

(x_2, y_2, z_2)，两个向量间的夹角为 θ，则这两个向量的向量积为

$$\boldsymbol{a} \times \boldsymbol{b} = \boldsymbol{c} = \begin{bmatrix} \boldsymbol{i} & \boldsymbol{j} & \boldsymbol{k} \\ x_1 & y_1 & z_1 \\ x_2 & y_2 & z_2 \end{bmatrix} \tag{3.1.7}$$

式中，向量 $\boldsymbol{c}$ 垂直于 $\boldsymbol{a}$ 和 $\boldsymbol{b}$，其方向由右手系按 $\boldsymbol{a}$、$\boldsymbol{b}$ 和 $\boldsymbol{c}$ 次序确定；$\boldsymbol{i}$，$\boldsymbol{j}$，$\boldsymbol{k}$ 分别为向量 $\boldsymbol{c}$ 在三个轴上的单位向量。向量积的几何意义是 $\boldsymbol{c}$ 垂直于向量 $\boldsymbol{a}$ 和 $\boldsymbol{b}$ 构成的平面，且是以 $|\boldsymbol{b}| \cdot \sin\theta$ 为高、$|\boldsymbol{a}|$ 为底的平行四边形面积。向量积的模为

$$|\boldsymbol{c}| = |\boldsymbol{a}| \cdot |\boldsymbol{b}| \cdot \sin\theta \tag{3.1.8}$$

7. 矩阵的迹

一个 $n \times n$ 矩阵 $\boldsymbol{A}$ 的主对角线上元素 a_{ii} 的总和称为矩阵 $\boldsymbol{A}$ 的迹，即

$$\operatorname{tr}(\boldsymbol{A}) = \sum_{i=1}^{n} a_{ii} \tag{3.1.9}$$

8. 矩阵转置

设 $\boldsymbol{A}$ 为 $m \times n$ 矩阵(即 m 行 n 列的矩阵)，第 i 行第 j 列的元素是 a_{ij}。把 $m \times n$ 矩阵 $\boldsymbol{A}$ 的行换成同序数的列，得到一个 $n \times m$ 矩阵，此矩阵为 $\boldsymbol{A}$ 的转置矩阵，一般记作 $\boldsymbol{A}^{\mathrm{T}}$。

9. 矩阵的逆

$\boldsymbol{E}$ 为单位矩阵(主对角线元素为 1，其余位置为 0)。设 $\boldsymbol{A}$ 是 $n \times n$ 矩阵，若存在另一个 $n \times n$ 矩阵 $\boldsymbol{B}$，满足 $\boldsymbol{AB} = \boldsymbol{BA} = \boldsymbol{E}$，则称矩阵 $\boldsymbol{A}$ 可逆，矩阵 $\boldsymbol{B}$ 为 $\boldsymbol{A}$ 的逆矩阵，一般记作 $\boldsymbol{B} = \boldsymbol{A}^{-1}$。

10. 刚体的惯性张量

惯性张量用于描述刚体相对参考坐标系的转动惯性。设参考坐标系为 $Oxyz$，则刚体相对该坐标系旋转运动的转动惯性可用一个 3×3 的矩阵描述，即刚体的惯性张量 $\boldsymbol{I}$ 为

$$\boldsymbol{I} = \begin{bmatrix} I_{xx} & I_{xy} & I_{xz} \\ I_{yx} & I_{yy} & I_{yz} \\ I_{zx} & I_{zy} & I_{zz} \end{bmatrix} \tag{3.1.10}$$

式中，矩阵 $\boldsymbol{I}$ 的对角元素 I_{xx}、I_{yy}、I_{zz} 分别为绕 x 轴、y 轴、z 轴的转动惯量。设 (x, y, z) 为刚体某个微小质量 $\mathrm{d}m$ 在参考坐标系 $Oxyz$ 中的位置，则刚体的转动惯量 I_{xx}、I_{yy} 和 I_{zz} 为

$$\begin{cases} I_{xx} = \int (y^2 + z^2)\,\mathrm{d}m \\ I_{yy} = \int (x^2 + z^2)\,\mathrm{d}m \\ I_{zz} = \int (x^2 + y^2)\,\mathrm{d}m \end{cases} \tag{3.1.11}$$

刚体的惯性张量中非对角线元素为惯量积，即

$$\begin{cases} I_{xy} = I_{yx} = -\int xy\,\mathrm{d}m \\ I_{xz} = I_{zx} = -\int xz\,\mathrm{d}m \\ I_{yz} = I_{zy} = -\int yz\,\mathrm{d}m \end{cases} \tag{3.1.12}$$

3.1.2 机器人位姿表示方法

为了对机器人运动学进行研究分析，我们需要结合机器人的机构学特点，建立其各连杆之间、机器人与工作环境之间的空间关系。只有在参考坐标系中才能描述机器人位置、姿态等关系。因此，在进行运动学分析前，首先需要了解坐标系的含义以及机器人位姿等表示方法。

1. 机器人参考坐标系

描述机器人位置或姿态涉及的参考坐标系一般包括全局参考坐标系、关节参考坐标系和工具参考坐标系等，它们之间的关系如图 3.1.3 所示。

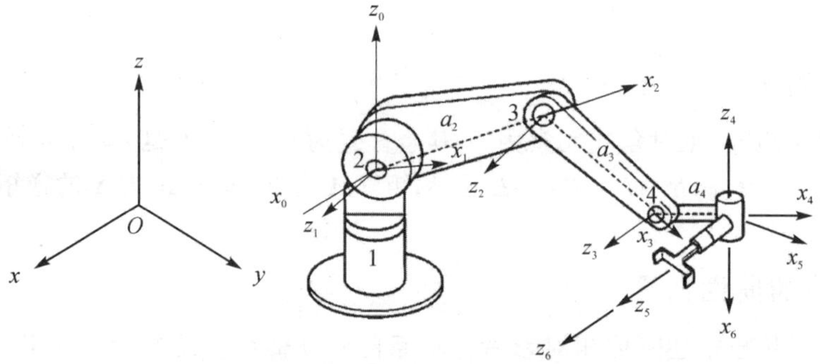

图 3.1.3 机器人参考坐标系

① 全局参考坐标系（简称全局坐标系）：一种空间直角坐标系，由 x、y 和 z 轴所定义。其坐标原点位于机器人的静基座中心位置，三个坐标轴的正方向指向符合右手定则，如图 3.1.3 坐标轴 $x_0y_0z_0$ 定义的坐标系。

② 关节参考坐标系（简称关节坐标系）：关节是工业机器人的关键组成部分，用于连接相邻的机械臂段并实现运动。关节参考坐标系是用于描述机器人每个独立关节运动的空间直角坐标系，如图 3.1.3 坐标轴 $x_1y_1z_1$、$x_2y_2z_2$、$x_3y_3z_3$、$x_4y_4z_4$ 定义的坐标系。

③ 工具参考坐标系（简称工具坐标系）：工业机器人末端执行器作为执行任务工具可实现不同的功能。工具坐标系主要描述机器人末端执行器相对固连末端执行器部件间坐标系的运动情况，如图 3.1.3 坐标轴 $x_5y_5z_5$ 定义的坐标系。

2. 基于向量的机器人位置描述方法

(1) 机器人空间点的位置描述

机器人上的 P 点在空间中的位置可用一个数对表示，即用给定参考坐标系 $Oxyz$

的三个坐标值表示：

$$\boldsymbol{P}^{\mathrm{O}}=p_x\boldsymbol{i}+p_y\boldsymbol{j}+p_z\boldsymbol{k} \tag{3.1.13}$$

式中，上标O指在全局参考坐标系 $Oxyz$ 下的描述形式；p_x、p_y、p_z 分别是机器人上 P 点在参考坐标系 $Oxyz$ 坐标轴中的三个坐标分量；$\boldsymbol{i}$、$\boldsymbol{j}$、$\boldsymbol{k}$ 分别为参考坐标系 $Oxyz$ 三个轴的单位向量。式(3.1.13)也可以写成列向量形式，即

$$\boldsymbol{P}^{\mathrm{O}}=\begin{bmatrix}p_x\\p_y\\p_z\end{bmatrix} \tag{3.1.14}$$

(2) 机器人的空间向量描述

不论是并联机器人还是串联机器人，其杆臂均可以用参考坐标系 $Oxyz$ 中的空间向量描述。设机器人杆臂的空间向量为 $\boldsymbol{L}^{\mathrm{O}}$，其起点为 A，终点为 B，则机器人杆臂空间向量可表示为

$$\boldsymbol{L}^{\mathrm{O}}=(b_x-a_x)\boldsymbol{i}+(b_y-a_y)\boldsymbol{j}+(b_z-a_z)\boldsymbol{k} \tag{3.1.15}$$

式中，$(a_x\ a_y\ a_z)$、$(b_x\ b_y\ b_z)$ 分别是机器人杆臂起点 A 和终点 B 在参考坐标系 $Oxyz$ 中的三个坐标分量。

(3) 基于欧拉角的机器人姿态描述

对机器人姿态的通俗理解就是角度问题，机器人姿态需要借助固连于机器人上的坐标系(如关节坐标系或工具坐标系)进行描述。机器人姿态实质上给出了关节坐标系或工具坐标系与全局参考坐标系之间的变换关系。假设机器人固连坐标系为B系，其坐标轴分别为 n、o、a；全局参考坐标系为A系，其坐标轴分别为 X、Y、Z；B系三个轴的单位向量分别投影到A系三个轴方向，可构建一个 3×3 的方位余弦矩阵 $\boldsymbol{C}_{\mathrm{A}}^{\mathrm{B}}$，表明两个坐标系之间的变换关系：

$$\boldsymbol{C}_{\mathrm{A}}^{\mathrm{B}}=\begin{bmatrix}c_{11}&c_{12}&c_{13}\\c_{21}&c_{22}&c_{23}\\c_{31}&c_{32}&c_{33}\end{bmatrix} \tag{3.1.16}$$

式中，元素 $c_{ij}(i=1,2,3;j=1,2,3)$ 为B系第 i 轴与A系第 j 轴夹角的余弦。方位余弦矩阵 $\boldsymbol{C}_{\mathrm{A}}^{\mathrm{B}}$ 是正交矩阵，描述了A系到B系的姿态变换，且满足

$$\mathrm{Det}(\boldsymbol{C}_{\mathrm{A}}^{\mathrm{B}})=|\boldsymbol{C}_{\mathrm{A}}^{\mathrm{B}}|=1 \tag{3.1.17}$$

$$(\boldsymbol{C}_{\mathrm{A}}^{\mathrm{B}})^{-1}=(\boldsymbol{C}_{\mathrm{A}}^{\mathrm{B}})^{\mathrm{T}}=\boldsymbol{C}_{\mathrm{B}}^{\mathrm{A}} \tag{3.1.18}$$

实际应用中，广泛采用航姿角(航向角、俯仰角、滚转角)确定两个坐标系之间的坐标变换矩阵——方位余弦矩阵。航姿角也称为欧拉角，是三个以一定顺序按右手定则旋转的角度，具有直观的物理含义。需要注意的是，欧拉角的定义不唯一，但对于某种定义的欧拉角，旋转顺序必须是唯一的。

定义如下航姿角：航向角 ψ 为B系的 n 轴在A系 XY 平面投影与 X 轴的夹角；俯仰角 θ 为B系的 n 轴与其在A系 XY 平面投影之间的夹角；滚转角 φ 为绕B系的 n 轴转过的角度，则A系按右手定则以航向角—俯仰角—滚转角顺序旋转后将与B系重

合,定义逆时针旋转角度为正。具体旋转顺序如下:

① 绕A系的 Z 轴旋转航向角 ψ,获得坐标系 $OX'Y'Z'$,两个坐标系之间的姿态变换矩阵为[A],即

$$\begin{bmatrix} X' \\ Y' \\ Z' \end{bmatrix} = [A] \begin{bmatrix} X \\ Y \\ Z \end{bmatrix} = \begin{bmatrix} \cos\psi & \sin\psi & 0 \\ -\sin\psi & \cos\psi & 0 \\ 0 & 0 & 1 \end{bmatrix} \begin{bmatrix} X \\ Y \\ Z \end{bmatrix} \tag{3.1.19}$$

② 绕坐标系 $OX'Y'Z'$ 的 Y' 轴旋转俯仰角 θ,获得坐标系 $OX''Y''Z''$,两个坐标系之间的姿态变换矩阵为[B],即

$$\begin{bmatrix} X'' \\ Y'' \\ Z'' \end{bmatrix} = [B] \begin{bmatrix} X' \\ Y' \\ Z' \end{bmatrix} = \begin{bmatrix} \cos\theta & 0 & -\sin\theta \\ 0 & 1 & 0 \\ \sin\theta & 0 & \cos\theta \end{bmatrix} \begin{bmatrix} X' \\ Y' \\ Z' \end{bmatrix} \tag{3.1.20}$$

③ 绕坐标系 $OX''Y''Z''$ 的 X'' 轴旋转滚转角 φ,获得B系 noa,两个坐标系之间的姿态变换矩阵为[D],即

$$\begin{bmatrix} n \\ o \\ a \end{bmatrix} = [D] \begin{bmatrix} X'' \\ Y'' \\ Z'' \end{bmatrix} = \begin{bmatrix} 1 & 0 & 0 \\ 0 & \cos\varphi & \sin\varphi \\ 0 & -\sin\varphi & \cos\varphi \end{bmatrix} \begin{bmatrix} X'' \\ Y'' \\ Z'' \end{bmatrix} \tag{3.1.21}$$

综上所述,从A系到B系的姿态变换为以上三步的叠加,即满足

$$\begin{bmatrix} n \\ o \\ a \end{bmatrix} = [D]\ [B]\ [A] \begin{bmatrix} X \\ Y \\ Z \end{bmatrix} = \boldsymbol{C}_{\mathrm{A}}^{\mathrm{B}} \begin{bmatrix} X \\ Y \\ Z \end{bmatrix} \tag{3.1.22}$$

由此,可得A系、B系的方位余弦矩阵与姿态角之间的关系为

$$\boldsymbol{C}_{\mathrm{A}}^{\mathrm{B}} = \begin{bmatrix} \cos\theta\cos\psi & \cos\theta\sin\psi & -\sin\theta \\ \cos\psi\sin\theta - \sin\psi\cos\varphi & \sin\psi\sin\theta + \cos\psi\cos\varphi & \cos\theta\cos\varphi \\ \cos\psi\sin\theta + \sin\psi\cos\varphi & \sin\psi\sin\theta - \cos\psi\sin\varphi & \cos\theta\cos\varphi \end{bmatrix} \tag{3.1.23}$$

由图3.1.3可以看出,这个过程中将涉及多个关节坐标系。不同坐标系之间是可以通过坐标变换矩阵进行相互转换的。在机器人研究过程中,人们往往关注工具坐标系相对于全局参考坐标系的姿态。机器人全局参考坐标系(简称为i-Frame)、多关节坐标系(简称为 $\mathrm{a_i}$-Frame)、工具坐标系(简称为b-Frame)之间的变换关系如图3.1.4所示。

从全局参考坐标系(i系)到工具坐标系(b系)的姿态变换矩阵可以视为全局参考坐标系(i系)到关节1坐标系($\mathrm{a_1}$ 系)的姿态变换矩阵为 $\boldsymbol{C}_{\mathrm{i}}^{\mathrm{a_1}}$;从关节1坐标系($\mathrm{a_1}$ 系)到关节2坐标系($\mathrm{a_2}$ 系)的姿态变换矩阵为 $\boldsymbol{C}_{\mathrm{a_1}}^{\mathrm{a_2}}$;以此类推,全局参考坐标系经过多个关节坐标系的变换之后,最终到达工具坐标系(b系)。那么,全局参考坐标系与工具坐标系之间的坐标变换矩阵即为所有姿态变换矩阵的乘积,即

$$\boldsymbol{C}_{\mathrm{i}}^{\mathrm{b}} = \boldsymbol{C}_{\mathrm{a_4}}^{\mathrm{b}} \boldsymbol{C}_{\mathrm{a_3}}^{\mathrm{a_4}} \boldsymbol{C}_{\mathrm{a_2}}^{\mathrm{a_3}} \boldsymbol{C}_{\mathrm{a_1}}^{\mathrm{a_2}} \boldsymbol{C}_{\mathrm{i}}^{\mathrm{a_1}} \tag{3.1.24}$$

(4) 基于四元数的机器人位姿描述

前面介绍了机器人的位置和姿态描述方法,然而机器人的特殊结构导致其运动过

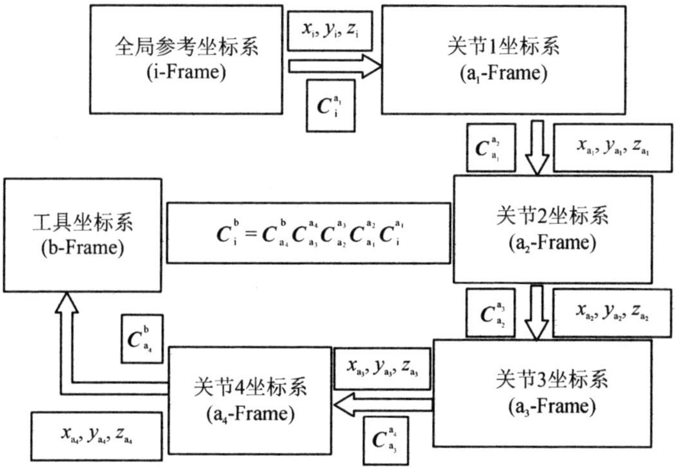

图 3.1.4　机器人各坐标系之间的变换关系

程中相对全局参考坐标系同时存在位置和姿态的变化。因此，在机器人运动过程中采用四元数描述同时存在的位置和姿态变化。假设全局参考坐标系为 A 系，机器人固连的坐标系为 B 系，其坐标轴分别为 n、o、a。B 系相对于 A 系的原点变化用位置矢量 $\boldsymbol{r}^{\mathrm{A}}$ 的四元数形式表示为

$$\{\boldsymbol{r}^{\mathrm{A}}\} = [p_x \quad p_y \quad p_z \quad 1]^{\mathrm{T}} \tag{3.1.25}$$

机器人姿态变化可以用从 A 系到 B 系的方位余弦矩阵的四元数形式表示为

$$\{\boldsymbol{R}_{\mathrm{A}}^{\mathrm{B}}\} = \begin{bmatrix} n_x & o_x & a_x & 0 \\ n_y & o_y & a_y & 0 \\ n_z & o_z & a_z & 0 \\ 0 & 0 & 0 & 0 \end{bmatrix} \tag{3.1.26}$$

则 B 系相对 A 系的位姿可以用四元数形式表示为

$$\{\boldsymbol{B}\} = \{\boldsymbol{R}_{\mathrm{A}}^{\mathrm{B}} \quad \boldsymbol{r}^{\mathrm{A}}\} = \begin{bmatrix} n_x & o_x & a_x & p_x \\ n_y & o_y & a_y & p_y \\ n_z & o_z & a_z & p_z \\ 0 & 0 & 0 & 1 \end{bmatrix} \tag{3.1.27}$$

位姿$\{\boldsymbol{B}\}$可以表示机器人在空间中相对全局参考坐标系 A 系的所有位置和姿态变化。当 B 系与 A 系原点重合且仅有姿态变换时，位姿$\{\boldsymbol{B}\}$为

$$\{\boldsymbol{B}\} = \begin{bmatrix} n_x & o_x & a_x & 0 \\ n_y & o_y & a_y & 0 \\ n_z & o_z & a_z & 0 \\ 0 & 0 & 0 & 0 \end{bmatrix} \tag{3.1.28}$$

当 B 系相对于 A 系仅有位置变化时，位姿$\{\boldsymbol{B}\}$为

$$\{\boldsymbol{B}\}=\begin{bmatrix}1 & 0 & 0 & p_x \\ 0 & 1 & 0 & p_y \\ 0 & 0 & 1 & p_z \\ 0 & 0 & 0 & 1\end{bmatrix} \tag{3.1.29}$$

(5) 机器人坐标变换算子

机器人的各个构件通过关节连接在一起,机器人的运动表现在连杆参数随关节的转动而发生变化。为建立机器人的运动学模型,需要对机器人的构件、关节的位置以及姿态进行描述。在对机器人的运动学分析过程中(如图 3.1.3 所示)将涉及全局参考坐标系、关节坐标系和工具坐标系等多个坐标系。然而,机器人中任一点在不同坐标系下的表示方法是不同的,因此需要解决不同坐标系描述方法间的映射问题。机器人坐标系间的变换关系主要有以下三种。

① 平移坐标变换

平移坐标变换用来描述两个坐标系位置不一致但方向一致的情况。假设全局参考坐标系 A 系到机器人固连坐标系 B 系间只存在平移变换,即坐标系间的方向不变,仅仅原点发生改变,那么对于机器人空间中某点位置在 A 系与 B 系中的描述存在如下关系:

$$\boldsymbol{r}^{\mathrm{A}}=\boldsymbol{r}^{\mathrm{B}}+\boldsymbol{r}_{\mathrm{B}}^{\mathrm{A}} \tag{3.1.30}$$

式中,$\boldsymbol{r}^{\mathrm{A}}$ 和 $\boldsymbol{r}^{\mathrm{B}}$ 分别为机器人上任一点分别在 A 系和 B 系中的位置矢量;$\boldsymbol{r}_{\mathrm{B}}^{\mathrm{A}}$ 为 B 系原点在 A 系中的位置矢量。

设 $\{\boldsymbol{r}^{\mathrm{A}}\}$ 和 $\{\boldsymbol{r}^{\mathrm{B}}\}$ 分别为机器人上任一点在 A 系和 B 系中位置矢量的四元数形式,则式(3.1.30)可表示为齐次变换形式:

$$\{\boldsymbol{r}^{\mathrm{A}}\}=\begin{bmatrix}\boldsymbol{E} & \boldsymbol{r}_{\mathrm{B}}^{\mathrm{A}} \\ 0 & 1\end{bmatrix}\{\boldsymbol{r}^{\mathrm{B}}\} \tag{3.1.31}$$

② 旋转坐标变换

旋转坐标变换用来描述两个坐标系位置一致但方向不一致的情况。假设 A 系与 B 系间只存在旋转变换,且两个坐标系的原点重合,那么在 A 系和 B 系中机器人任一点的位置矢量描述存在如下关系:

$$\boldsymbol{r}^{\mathrm{A}}=\boldsymbol{R}_{\mathrm{B}}^{\mathrm{A}}\boldsymbol{r}^{\mathrm{B}} \tag{3.1.32}$$

式中,$\boldsymbol{R}_{\mathrm{B}}^{\mathrm{A}}$ 为从 B 系到 A 系的方位余弦矩阵。那么,式(3.1.31)的齐次变换形式为

$$\{\boldsymbol{r}^{\mathrm{A}}\}=\begin{bmatrix}\boldsymbol{R}_{\mathrm{B}}^{\mathrm{A}} & 0 \\ 0 & 1\end{bmatrix}\{\boldsymbol{r}^{\mathrm{B}}\}=\{\boldsymbol{R}_{\mathrm{B}}^{\mathrm{A}}\}\{\boldsymbol{r}^{\mathrm{B}}\} \tag{3.1.33}$$

式中,$\{\boldsymbol{r}^{\mathrm{A}}\}$ 和 $\{\boldsymbol{r}^{\mathrm{B}}\}$ 分别为机器人上任一点在 A 系和 B 系中的位置四元数形式;$\{\boldsymbol{R}_{\mathrm{B}}^{\mathrm{A}}\}$ 为旋转齐次变换矩阵。

设 A 系和 B 系原点重合,且 A 系绕 z 轴旋转 θ 后为 B 系,则两个坐标系间的旋转齐次变换矩阵为

$$\{\boldsymbol{R}_{\mathrm{A}}^{\mathrm{B}}(z,\theta)\}=\begin{bmatrix}\cos\theta & -\sin\theta & 0 & 0\\ \sin\theta & \cos\theta & 0 & 0\\ 0 & 0 & 1 & 0\\ 0 & 0 & 0 & 1\end{bmatrix} \tag{3.1.34}$$

③ 复合变换

当两个坐标系的位置和方位均不一致时，需要对二者的坐标进行复合变换来描述其相对位置。假设坐标系 A 系到 B 系既存在平移变换又存在旋转变换，即 A 系和 B 系的方向和坐标原点均不同，那么机器人中任一点的位置矢量在 A 系和 B 系中的描述存在如下关系：

$$\boldsymbol{r}^{\mathrm{A}}=\boldsymbol{R}_{\mathrm{B}}^{\mathrm{A}}\boldsymbol{r}^{\mathrm{B}}+\boldsymbol{r}_{\mathrm{B}}^{\mathrm{A}} \tag{3.1.35}$$

其齐次变换形式为

$$\{\boldsymbol{r}^{\mathrm{A}}\}=\begin{bmatrix}\boldsymbol{R}_{\mathrm{B}}^{\mathrm{A}} & \boldsymbol{r}_{\mathrm{B}}^{\mathrm{A}}\\ 0 & 1\end{bmatrix}=\{\boldsymbol{R}_{\mathrm{B}}^{\mathrm{A}}\}\ \{\boldsymbol{r}^{\mathrm{B}}\} \tag{3.1.36}$$

如图 3.1.4 所示，机器人在全局参考坐标系与工具坐标系之间存在多次坐标变换。因此，可在单次齐次变换的基础上，不断将新的齐次变换矩阵左乘，从而获得全局参考坐标系与工具坐标系间的齐次变换矩阵为

$$\{\boldsymbol{R}_{\mathrm{i}}^{\mathrm{b}}\}=\{\boldsymbol{R}_{\mathrm{a_4}}^{\mathrm{b}}\}\ \{\boldsymbol{R}_{\mathrm{a_3}}^{\mathrm{a_4}}\}\ \{\boldsymbol{R}_{\mathrm{a_2}}^{\mathrm{a_3}}\}\ \{\boldsymbol{R}_{\mathrm{a_1}}^{\mathrm{a_2}}\}\ \{\boldsymbol{R}_{\mathrm{i}}^{\mathrm{a_1}}\} \tag{3.1.37}$$

考虑到方位余弦矩阵 $\boldsymbol{R}_{\mathrm{B}}^{\mathrm{A}}$ 为正交矩阵，因此式(3.1.36)中齐次变换的逆变换则满足

$$\{\boldsymbol{r}^{\mathrm{B}}\}=\begin{bmatrix}\boldsymbol{R}_{\mathrm{A}}^{\mathrm{B}} & -\boldsymbol{R}_{\mathrm{A}}^{\mathrm{B}}\boldsymbol{r}_{\mathrm{B}}^{\mathrm{A}}\\ 0 & 1\end{bmatrix}\{\boldsymbol{r}^{\mathrm{A}}\} \tag{3.1.38}$$

式中，$\boldsymbol{R}_{\mathrm{A}}^{\mathrm{B}}$ 为从 A 系到 B 系的方位余弦矩阵，是方位余弦矩阵 $\boldsymbol{R}_{\mathrm{B}}^{\mathrm{A}}$ 的逆矩阵。

3.2　并联工业机器人正运动学

Delta 并联机器人因结构简单、成本低、精度高、灵活度高等优势，已成为工业现场广泛应用的一类并联工业机器人。若没有特殊说明，本书针对的并联工业机器人均是指 Delta 并联机器人。该机器人主要由动平台、静平台、三个主动臂、三组具有平行四边形结构的从动臂组成，如图 3.2.1(a)所示。由于 Delta 并联机器人特殊的结构设计，为了便于模型分析，其结构可简化为如图 3.2.1(b)所示的几何构型。其中，$A_1A_2A_3$ 为静平台，$B_1B_2B_3$ 为动平台，A_iC_i 为三个主动臂，C_iB_i 为三个从动臂，其中 $i=1,2,3$。设静平台的中心为 O，动平台的中心为 P，R 为静平台的外接圆半径，r 为动平台的外接圆半径，$\triangle A_1A_2A_3$ 和 $\triangle C_1C_2C_3$ 均为正三角形。

对 Delta 并联机器人的几何构型进行等效变形后，基于大家都熟悉且易掌握的向量分析法，可以获得一种简单、快速的 Delta 并联机器人正运动学问题求解方法。

定义 Delta 并联机器人参考坐标系($ox_0y_0z_0$，W 系)原点 o 位于静平台的中心 O 点

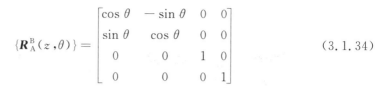

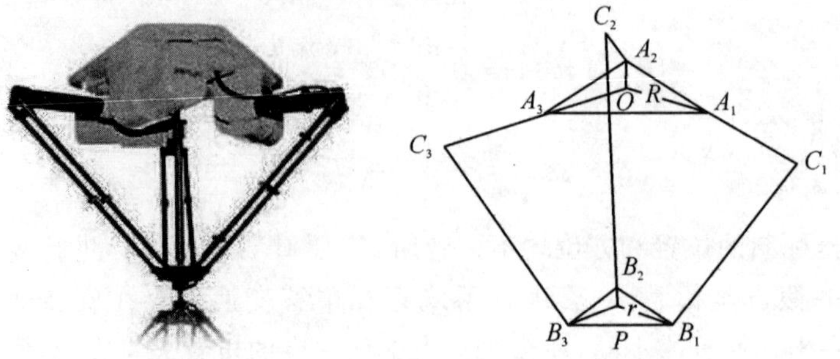

(a) 实物模型　　(b) 几何构型

图 3.2.1　Delta 并联机器人

处，即电机 A_1、A_2、A_3 旋转轴法线的交点。令 ox_0 沿电机 A_1 旋转轴的法线指向电机 A_1，即 OA_1 与 ox_0 重合，oz_0 轴垂直于 $\triangle A_1A_2A_3$ 所在平面并垂直指向上，oy_0 轴由右手定则确定，如图 3.2.2(a)所示。

定义末端执行器坐标系（$pxyz$，E 系）原点 p 位于动平台的中心 P 点，即执行器与三个连杆链接中心（B_1、B_2、B_3）法线的交点，px 指向与 ox_0 平行并与 PB_1 重合，pz 轴垂直于 $\triangle B_1B_2B_3$ 所在平面并垂直指向上，py 轴由右手定则确定，如图 3.2.2 (b)所示。由参考坐标系和末端执行器坐标系的定义可以看出，Delta 并联机器人的机械结构设计使得以下三个条件成立：

① $\triangle A_1A_2A_3$ 和 $\triangle B_1B_2B_3$ 平行，且均为等边三角形；

② O 点和 P 点分别为 $\triangle A_1A_2A_3$ 和 $\triangle B_1B_2B_3$ 的中心；

③ OA_i 与 ox_0 轴之间的夹角（静平台结构角）$\alpha=(i-1)\times 120°$，$i=1,2,3$。

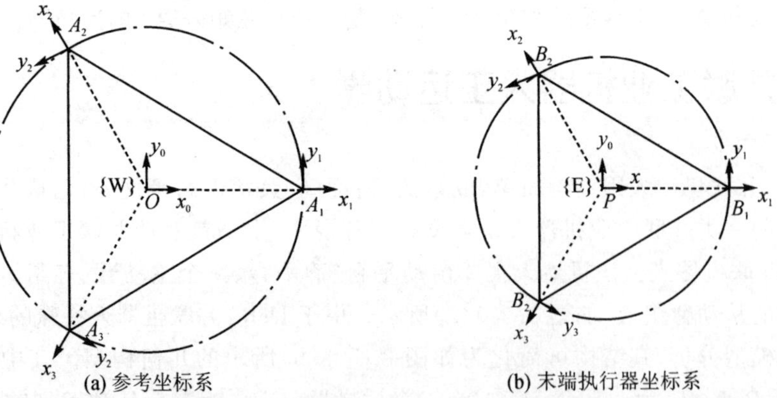

(a) 参考坐标系　　(b) 末端执行器坐标系

图 3.2.2　参考坐标系和末端执行器坐标系定义

设静平台等效三角形外接圆半径 OA_i 和动平台等效三角形外接圆半径 PB_i 的长度分别为 R 和 r，如图 3.2.3(a)所示。令 B_i 点带动连杆，沿 B_iP 方向平行移动，直到 B_i 点和 P 点重合。此时，C_i 点到达 E_i 点，其中，$i=1,2,3$。如图 3.2.3(b)所示，得到四面体 $PE_1E_2E_3$，过 P 点作 PF 垂直于面 $E_1E_2E_3$ 于 F 点。因 $PE_1=PE_2=PE_3$，根据直角三角形全等条件，可得 $FE_1=FE_2=FE_3$，由此推出 F 为$\triangle E_1E_2E_3$ 的外心。

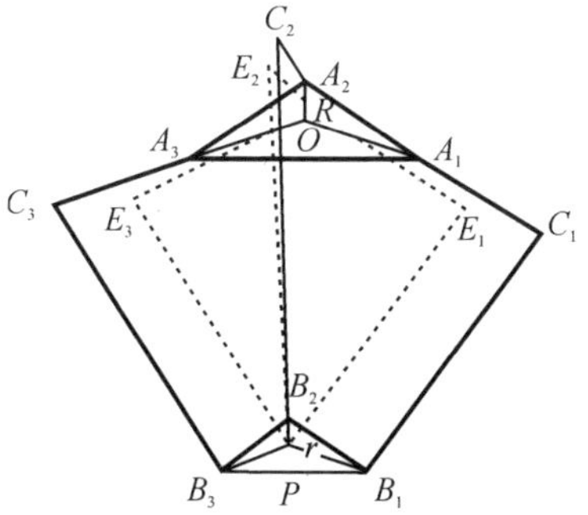

(a) 变形前

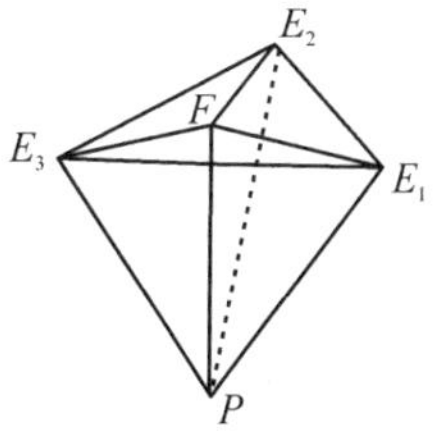

(b) 变形后

图 3.2.3　等效四面体

由 Delta 并联机器人结构设计特点可知，在参考坐标系中，向量 $\overrightarrow{OA_i}$ 点的坐标为

$$\overrightarrow{OA_i}=\begin{bmatrix}R\cos((i-1)\times 120°)\\ R\sin((i-1)\times 120°)\\ 0\end{bmatrix}\tag{3.2.1}$$

经如图 3.2.3 的等效变形后，A_i 点变为 A_i' 点，在参考坐标系中，向量 $\overrightarrow{OA_i'}$的坐标为

$$\overrightarrow{OA_i'}=\begin{bmatrix}(R-r)\cos((i-1)\times 120°)\\ (R-r)\sin((i-1)\times 120°)\\ 0\end{bmatrix}\tag{3.2.2}$$

已知 Delta 并联机器人的主动臂长度为 L_{AC}，主动臂相对参考坐标系 ox_0 轴的夹角(关节变量)为 θ_i，可得向量 $\overrightarrow{OE_i}$ 在参考坐标系中的坐标为

$$\overrightarrow{OE_i}=\begin{bmatrix}(R-r+L_{AC}\cos\theta_i)\cos((i-1)\times 120°)\\ (R-r+L_{AC}\sin\theta_i)\cos((i-1)\times 120°)\\ -L_{AC}\sin\theta_i\end{bmatrix}\tag{3.2.3}$$

根据向量之间的关系可得

$$\begin{cases}\overrightarrow{E_1E_2}=\overrightarrow{OE_2}-\overrightarrow{OE_1}\\ \overrightarrow{E_2E_3}=\overrightarrow{OE_3}-\overrightarrow{OE_2}\\ \overrightarrow{E_3E_1}=\overrightarrow{OE_1}-\overrightarrow{OE_3}\end{cases}\tag{3.2.4}$$

在$\triangle E_1E_2E_3$ 中，过 F 点作 $FG\perp E_1E_2$，如图 3.2.4 所示。

易得 $\overrightarrow{OF}=\overrightarrow{OG}+\overrightarrow{GF}$。由于 $PE_1=PE_2$，可以证明三角形$\triangle PFE_1$ 和三角形$\triangle PFE_2$ 是全等三角形，故 $FE_1=FE_2$，并且 G 为 E_1E_2 的中点，由此可得

$$\overrightarrow{OG}=\frac{1}{2}(\overrightarrow{OE_1}+\overrightarrow{OE_2})\tag{3.2.5}$$

$$\overrightarrow{GF}=\boldsymbol{n}_{GF}\cdot|\overrightarrow{GF}|\tag{3.2.6}$$

式中，$\boldsymbol{n}_{GF}$ 为$\overrightarrow{GF}$ 的单位向量。

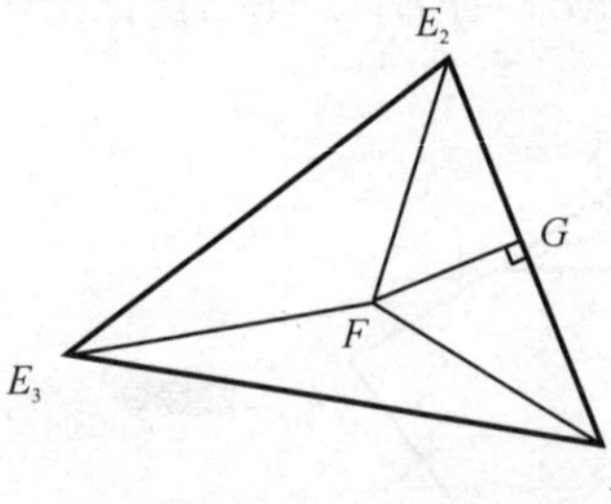

图 3.2.4　几何关系图

因 F 点为$\triangle E_1E_2E_3$ 的外心，由三角形正弦定理可得

$$\frac{|\overrightarrow{E_1E_2}|}{\sin E_3}=2R' \tag{3.2.7}$$

式中，R'为$\triangle E_1E_2E_3$ 的外接圆半径。由三角形面积公式可以计算三角形$\triangle E_1E_2E_3$ 的面积为

$$S=\frac{1}{2}|\overrightarrow{E_2E_3}|\cdot|\overrightarrow{E_3E_1}|\cdot\sin E_3 \tag{3.2.8}$$

结合式(3.2.7)和式(3.2.8)可得

$$R'=|\overrightarrow{FE_1}|=\frac{|\overrightarrow{E_1E_2}|\cdot|\overrightarrow{E_2E_3}|\cdot|\overrightarrow{E_3E_1}|}{4S} \tag{3.2.9}$$

由于三角形$\triangle E_1E_2E_3$ 的边长已知，根据海伦-秦九昭公式，可得三角形面积为

$$S=\sqrt{H(H-|\overrightarrow{E_1E_2}|)(H-|\overrightarrow{E_2E_3}|)(H-|\overrightarrow{E_3E_1}|)} \tag{3.2.10}$$

式中三角形的半周长 H 为

$$H=\frac{|\overrightarrow{E_1E_2}|+|\overrightarrow{E_2E_3}|+|\overrightarrow{E_3E_1}|}{2}$$

可得在三角形$\triangle PGE_1$ 中：

$$|\overrightarrow{GF}|=\sqrt{|\overrightarrow{FE_1}|^2-\frac{|\overrightarrow{E_1E_2}|^2}{4}} \tag{3.2.11}$$

考虑到向量 $\overrightarrow{GF}$ 的单位向量为

$$\boldsymbol{n}_{GF}=\frac{\overrightarrow{E_2E_3}\times\overrightarrow{E_3E_1}\times\overrightarrow{E_1E_2}}{|\overrightarrow{E_2E_3}\times\overrightarrow{E_3E_1}\times\overrightarrow{E_1E_2}|} \tag{3.2.12}$$

向量 $\overrightarrow{FP}$ 的单位向量为

$$\boldsymbol{n}_{FP}=\frac{-\overrightarrow{E_1E_2}\times\overrightarrow{E_2E_3}}{|\overrightarrow{E_1E_2}\times\overrightarrow{E_2E_3}|} \tag{3.2.13}$$

又

$$\overrightarrow{FP}=\boldsymbol{n}_{FP}\cdot|\overrightarrow{FP}| \tag{3.2.14}$$

$$|\overrightarrow{FP}|=\sqrt{|\overrightarrow{PE_1}|^2-|\overrightarrow{FE_1}|^2} \tag{3.2.15}$$

综上所述，已知 Delta 并联机器人的结构和各连杆长度，根据关节角度 θ_i 可唯一确定末端执行器的中心点 P 在参考坐标系中的位置向量 $\overrightarrow{OP}$ 为

$$\begin{aligned}\overrightarrow{OP} &= \overrightarrow{OF} + \overrightarrow{FP} \\ &= \overrightarrow{OG} + \overrightarrow{GF} + \overrightarrow{FP} \\ &= \frac{1}{2}(\overrightarrow{OE_1} + \overrightarrow{OE_2}) + \boldsymbol{n}_{GF} \cdot |\overrightarrow{GF}| + \boldsymbol{n}_{FP} \cdot |\overrightarrow{FP}|\end{aligned} \tag{3.2.16}$$

至此，基于向量法的 Delta 并联机器人的正运动学求解问题推导完毕。

3.3　串联工业机器人正运动学

串联工业机器人是由一系列连杆和关节串联而成的开式运动链机器人，可以通过驱动器控制各个关节的运动从而改变机器人的位姿。多自由度串联工业机器人是由多个连续的可旋转关节构成的机械臂，可以进行各种复杂的工业加工和装配作业。通过设计不同的连杆和关节的串联机构，可构建从三自由度到六自由度的多自由度串联工业机器人。

Dobot 串联工业机器人是典型的三自由度机器人，其机械臂本体可以看作由腰部、肩部、肘部三部分组成，此外还包括控制机械臂本体的伺服电机和相应的连杆机构。Dobot 串联机器人虽然没有控制其腕部运动的电机，但基于独特的结构设计，在连杆与肩部、肘部电机的共同作用下，其末端能够保持水平状态。Dobot 串联机器人的结构如图 3.3.1 所示。

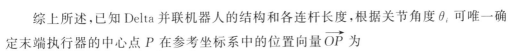

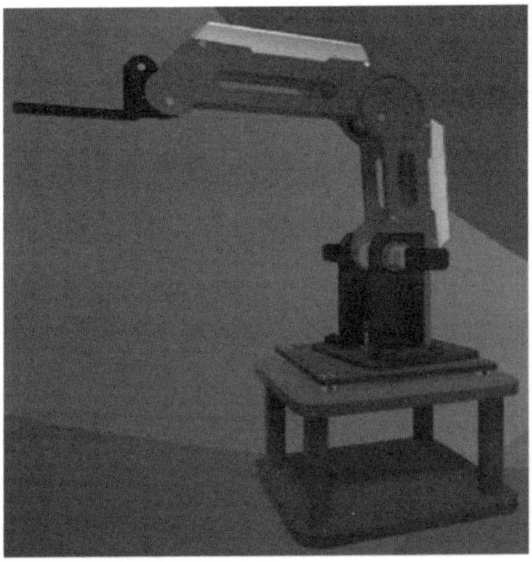

图 3.3.1　Dobot 串联机器人结构图

定义 Dobot 串联机器人的参考坐标系 $oxyz$ 的原点 o 位于基座中心，x 轴、y 轴位于水平面。下面定义三个关节坐标系。

① 机器人关节 1 坐标系的 oz_1 轴与参考坐标系的 oz 轴重合，绕 oz_1 轴旋转角度 ψ，逆时针方向为正；

② 机器人关节 2 坐标系的 oy_2 轴与关节 1 坐标系的 oy_1 重合，绕 oy_2 轴旋转角度 θ，逆时针方向为正(控制主动臂的方向)；

③ 机器人关节 3 坐标系的 oy_3 轴与关节 1 坐标系的 oy_1 反方向重合，绕 oy_3 轴旋转角度 φ，逆时针方向为正(控制从动臂的方向)。

在 Dobot 串联机器人的机械结构设计中，机器人的主动臂与关节 1 相连，可以控制机器人向前倾斜；从动臂与主动臂相连，可以控制从动臂向上倾斜；机器人的最前端是末端执行器。在 Dobot 串联机器人中，同时存在着 B、C、E 三点共线，AD 与 BC 构成平行四边形的机械约束(如图 3.3.2 所示)。这样的机械结构设计可以保证当从动臂初始状态为水平时，如果只有关节 1 处的电机工作，从动臂的水平方向朝向是不会改变的，仅会跟随主动臂在空间中平移；如果需要改变从动臂的水平朝向，只需控制关节 2 坐标系处的电机。这表明通过机械结构的巧妙设计，可以实现 Dobot 串联机器人各关节控制的解耦，从而大大降低控制系统设计的难度。

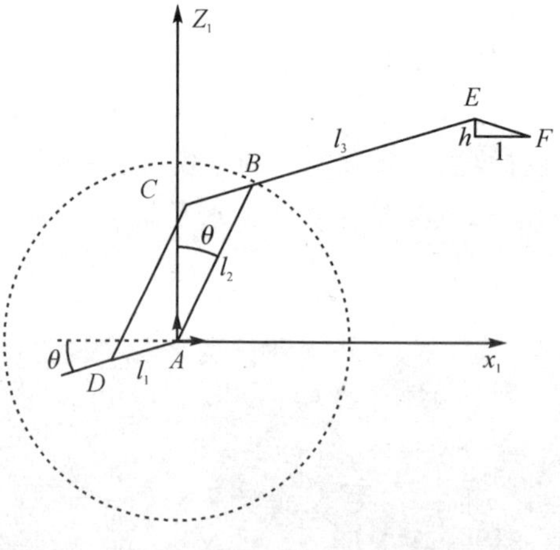

图 3.3.2 Dobot 串联机器人正运动学向量关系图

相比于 Delta 并联机器人，Dobot 串联机器人巧妙的机械结构设计使得基于向量分析法可以很容易获得其正运动学的模型。根据定义的参考坐标系和各关节坐标系，可将如图 3.3.1 的 Dobot 串联机器人结构化简为向量关系图 3.3.2。其中，已知连杆长度 $DA=l_1$，$AB=l_2$，$BE=l_3$，通过向量分析法可以获得 Dobot 串联机器人末端执行器在参考坐标系的位置(x_F^0，y_F^0，z_F^0)。

在关节 1 坐标系中，由图 3.3.2 的 Dobot 串联机器人结构易得

$$x_F^1 = l_2\sin\theta + l_3\cos\varphi + l \tag{3.3.1}$$

$$z_F^1 = l_1 + l_2\cos\theta + l_3\sin\varphi - h \tag{3.3.2}$$

而参考坐标系到关节 1 坐标系的方位余弦矩阵为

$$C_0^1 = \begin{bmatrix} \cos\psi & \sin\psi & 0 \\ -\sin\psi & \cos\psi & 0 \\ 0 & 0 & 1 \end{bmatrix} \tag{3.3.3}$$

故有

$$\begin{bmatrix} x_F^1 \\ y_F^1 \\ z_F^1 \end{bmatrix} = C_0^1 \begin{bmatrix} x_F^0 \\ y_F^0 \\ z_F^0 \end{bmatrix} \tag{3.3.4}$$

求解可得 Dobot 串联机器人末端执行器在参考坐标系内的坐标为

$$\begin{cases} x_F^0 = (l_2\sin\theta + l_3\cos\varphi + l)\cos\psi \\ y_F^0 = (l_2\sin\theta + l_3\cos\varphi + l)\sin\psi \\ z_F^0 = l_1 + l_2\cos\theta + l_3\sin\varphi - h \end{cases} \tag{3.3.5}$$

3.4　工业机器人工作空间

机器人工作空间是机器人的重要性能指标，它决定了机器人末端执行器位姿所能到达的空间点集合，为机器人路径规划和控制提供了准确的可达范围和最大边界。机器人在执行某作业时会因为存在手部不能到达的作业死区而无法有效执行任务，因此，机器人工作空间的形状和大小是十分重要的。机器人的工作空间有三种类型：可达工作空间，即机器人末端可达位置点的集合；灵巧工作空间，即在满足给定位姿范围时机器人末端可达位置点的集合；全工作空间，即给定所有位姿时机器人末端可达位置点的集合。

机器人的工作空间分析方法主要有几何绘图法、解析法、数值法等。几何绘图法直观性强，但易受到自由度的数量限制，且对于三维空间的机器人无法进行准确描述；解析法能够对机器人工作空间的边界进行解析分析，但一般用于分析关节数小于 3 的机器人工作空间；数值法不受机器人关节数的限制，且理论简单，操作性强，适合编程求解，被广泛应用于工业机器人工作空间分析过程中。基于数值法所得机器人工作空间的准确性与取点的多少有很大的关系，本节着重介绍数值法的典型代表——基于蒙特卡洛的工业机器人工作空间分析方法。

机器人的工作空间可用下式描述：

$$W = \{\omega(q_i) : q_i \in Q\} \tag{3.4.1}$$

式中，$W \in R^3$ 为机器人的三维工作空间；q_i 为机器人关节角度变量，$i = 1,2,\cdots,N$，表示机器人 N 个关节中的第 i 个关节；$\omega(q_i)$ 为描述机器人正运动学的关节角度变量函数；Q 为关节角度变化范围。

对于关节数量大于 3 的工业机器人，基于概率统计理论的蒙特卡洛抽样的工作空间分析方法更加简单高效。蒙特卡洛方法作为一种重要的数值分析方法，通过在概率空间中进行随机抽样构建样本，以近似求解目标问题。其中，从一个概率分布中随机抽取一个样本的采样过程是蒙特卡洛方法的基础。由此可见，蒙特卡洛方法基于随机数逼近数学、物理或工程技术中非常复杂且难以得到解析解问题的数值近似解，其特点是计算结果的正确概率随着随机抽样数的增多而逐渐加大；但是在没有获得正确的结果前，无法确定目前的结果是否正确。

设机器人的关节角度运动范围为 $q_{i,\min}\leqslant q_i\leqslant q_{i,\max}(i=1,2,\cdots,N)$，在关节角度运动范围内，产生已知概率分布的随机关节角变量，构建式(3.4.1)中描述的机器人正运动学的关节角度变量函数，在此基础上计算得到机器人末端执行器位姿的工作空间。上述方法即为基于蒙特卡洛的工业机器人工作空间分析法。具体步骤如下：

第一步：确定机器人每个关节的角度运动范围。

第二步：利用蒙特卡洛抽样方法，依据某种分布在关节角度运动范围的概率空间中进行随机抽样，获得随机关节角度样本。

第三步：基于机器人的正运动学模型，按式(3.4.1)计算与随机关节角度值对应的机器人末端执行器位姿。

第四步：描绘机器人所有关节角度样本值对应的末端执行器位姿，从而得到机器人的工作空间云图。

3.5 正运动学模型求解验证

以 Delta 并联机器人为例，阐明机器人正运动学模型求解的验证过程。在此基础上，基于正运动学分别完成分析 Delta 并联机器人和 Dobot 串联机器人的工作空间实验。

首先，利用 MATLAB 的 Simulink 模块搭建一个 Delta 并联机器人机构，并按照3.2节推导的式3.2.1～式3.2.16编写 Delta 并联机器人正运动学求解程序。然后，比较程序运行结果与搭建的 Delta 并联机器人模型的运动输出，验证并联机器人正运动学求解方法的正确性。利用 Simulink 中 SimMechanics 搭建 Delta 并联机器人模块，运行该模块后可以得到如图3.5.1所示的 Delta 并联机器人。

在 Simulink 模块中搭建测试程序，如图3.5.2所示。

测试输入角度表达式如下：

$$\begin{cases} q_1=0.2\sin(1.3t) \\ q_2=0.15\sin(t) \\ q_3=0.1\sin(0.8t) \end{cases}$$

程序运行后，示波器中机器人末端执行器的三轴坐标值结果如图3.5.3所示。将通过机器人正运动学求解计算出来的位置坐标值与通过输入驱动 Delta 模型得出的位置坐标值进行比较，可以看出机器人正运动学求解计算出的位置结果与 Delta 模型的运行结果基本一致，由此可验证机器人正运动学求解的正确性。

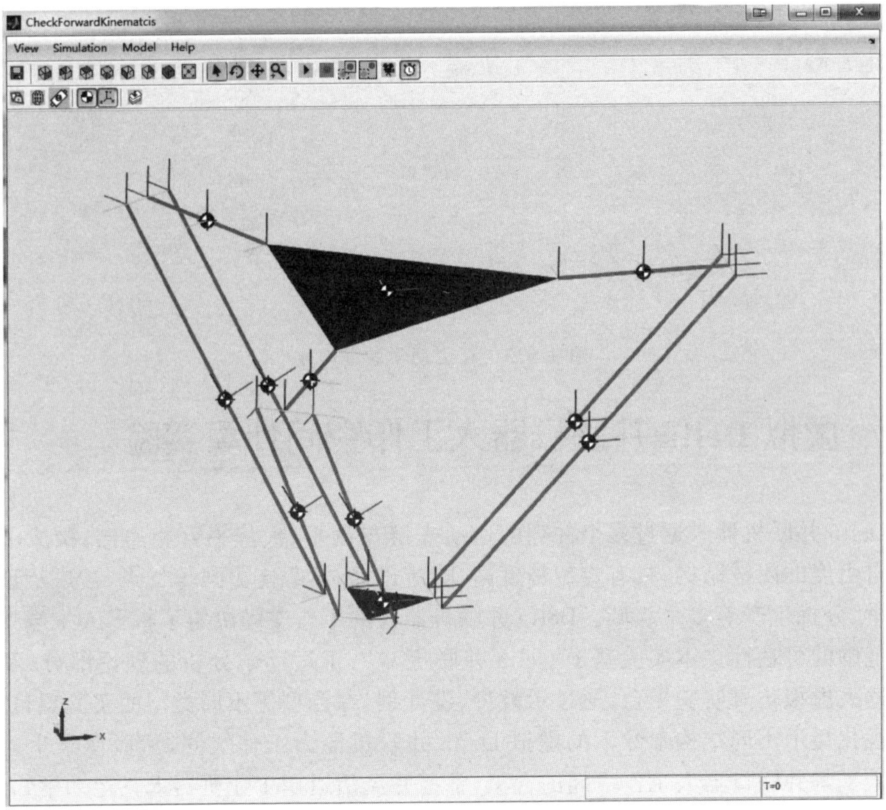

图 3.5.1　Delta 并联机器人

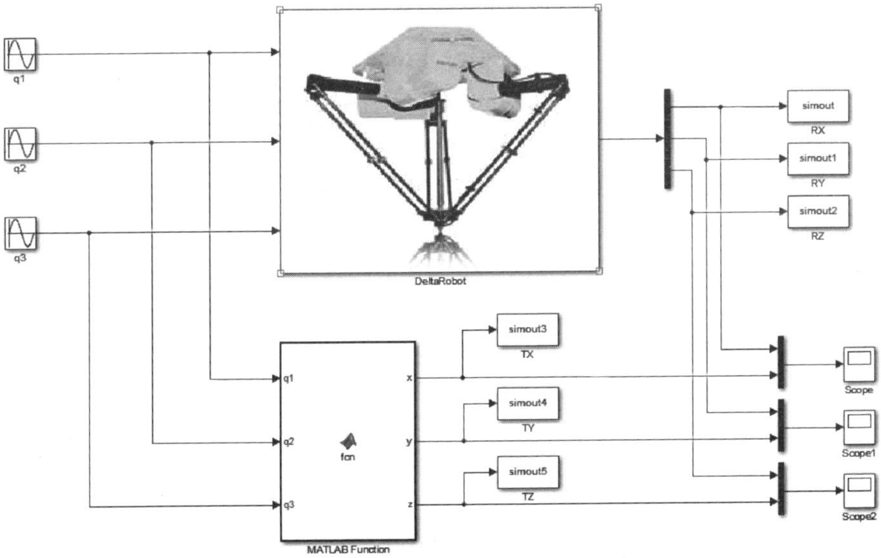

图 3.5.2　测试程序

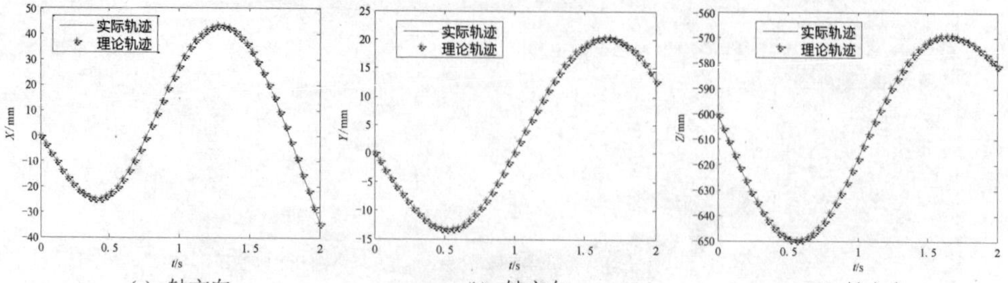

(a) x轴方向　　(b) y轴方向　　(c) z轴方向

图 3.5.3　正运动学验证结果

3.6　虚拟 Delta 并联机器人工作空间计算实验

Delta 并联机器人通过多个并列的运动支链与动平台、静平台相连接，构成了具有多个自由度的闭链结构，具有定位精度高、响应迅速、负载能力强等优点，被广泛地应用在医学、分拣生产等多个领域。Delta 并联机器人的工作空间决定了机器人末端执行器工作范围的可达性。本实验基于 Delta 并联机器人正运动学分析的理论部分，利用工业机器人虚拟仿真实验平台，通过示教型、设计型、综合型等不同类型的实验项目，计算并可视化显示不同结构参数下的虚拟 Delta 并联机器人工作空间，从而使学生通过实验深入了解并联机器人工作空间的含义，掌握并灵活运用工业机器人正运动学知识点，以及学习掌握如何基于蒙特卡洛抽样方法计算机器人工作空间。

3.6.1　虚拟 Delta 并联机器人工作空间分析

在实验过程中，首先结合人体手臂对比分析 Delta 并联机器人单个主动臂与从动臂形成的链式结构，如图 3.6.1 所示，Delta 并联机器人的静平台可以看作人体手臂的肩部，主动臂类似人体手臂的大臂，从动臂类似人体手臂的小臂，主动臂和从动臂的交接处类似人体手臂的肘关节，机器人的动平台相当于人体的腕关节，动平台下安装的末端执行器相当于人体的手部。

众所周知，不同人的手臂长度是不同的，且不同人手臂的灵活度具有差异性。受人体手臂长度、肘关节、腕关节的角度范围等因素的限制，人体手部的可触及区域是有限空间，这个有限空间集合就是人体手臂所能到达的工作空间。与此类似，Delta 并联机器人末端执行器在空间内能够到达的地方也与其结构参数密切相关，为此形成了机器人工作空间的概念。在本实验中，Delta 并联机器人工作空间就是指末端执行器所有运动点所能达的空间点集合。实际工程中，为什么在执行任务前首先要明确机器人的工作空间呢？

图 3.6.2 为我们展示的是 Delta 并联机器人在不同领域的具体应用情况，以及在机器人虚拟仿真实验平台上的运行情况。由左面四幅图可以看出，当并联机器人的末端执行器在可达的工作空间内部时，可以根据应用场合的要求执行并且完成任务。然

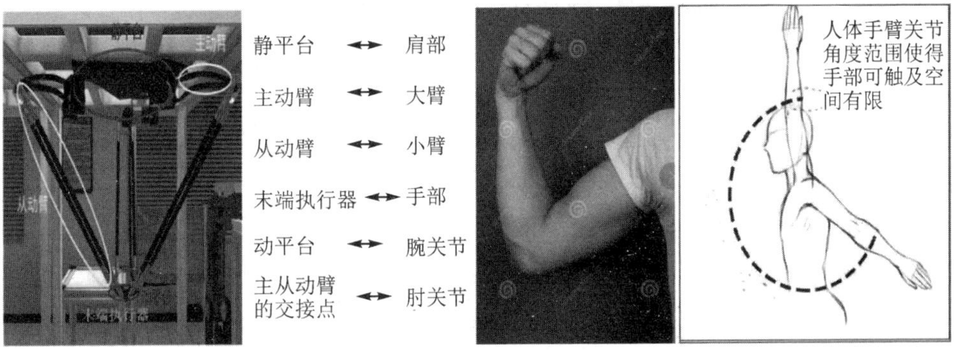

图 3.6.1 虚拟并联机器人工作空间类比示意图

而，由右面虚拟仿真实验平台的运行结果可以看出，当并联机器人的末端执行器操作空间超出正常工作空间时，可能导致机器人本体产生机械结构变形、实体结构断裂等不可预期的问题，这会造成不可挽回的巨大损失。因此，分析并联机器人的工作空间是机器人设计过程中必须首要考虑的问题。下面章节将结合 Delta 并联工业机器人正运动学理论知识点以及 3.4 节总结的工业机器人工作空间分析方法，详述虚拟 Delta 并联机器人工作空间计算流程与实现过程。

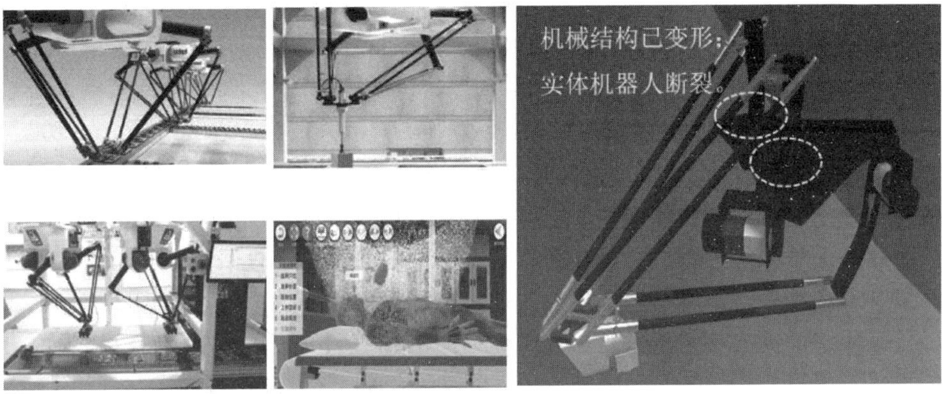

图 3.6.2 虚拟并联机器人工作空间必要性

3.6.2 虚拟 Delta 并联机器人工作空间计算流程

如前所述，已知 Delta 并联机器人各关节角度等运动参数以及连杆等结构参数，求解机器人末端执行器的位置和姿态，就是并联机器人的正运动学求解问题，这是计算虚拟 Delta 并联机器人工作空间的理论基础。结构参数主要包括静平台半径、动平台半径、主动臂长度、从动臂长度；运动参数主要是指运动过程中主动臂与参考坐标系平面的夹角，即机器人关节角度。本实验中虚拟 Delta 并联机器人的三个关节角的默认范围为[－30,100](单位：度)。

计算虚拟 Delta 并联机器人工作空间的参数条件如图 3.6.3 所示，也可以看成是计算虚拟 Delta 并联机器人工作空间的仿真条件。其中，静平台半径、动平台半径、主动臂长度、从动臂长度可以采用机器人虚拟仿真实验平台上的默认参数。实际上，这些默认参数与等比例的实体 Delta 并联机器人结构参数一一对应。当然，也可以自行改变虚拟 Delta 并联机器人的结构参数，一种方法是在虚拟仿真实验平台上的机器人结构参数设置界面改变数值；另一种方法是在编程过程中修改结构参数文件。

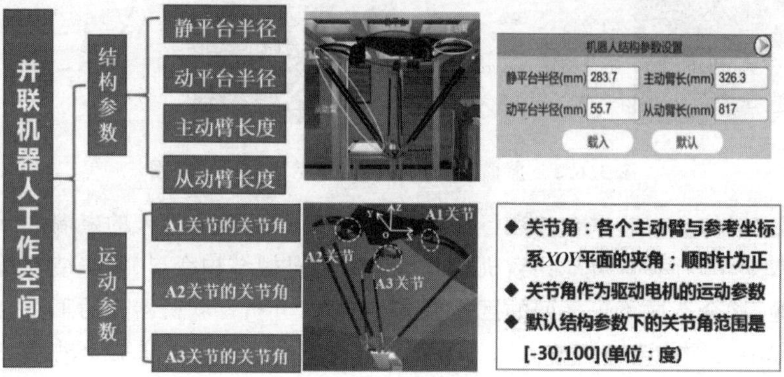

图 3.6.3　计算虚拟 Delta 并联机器人工作空间的仿真条件

机器人工作空间可以看作由无数个离散位置点的空间包络形成的。机器人的结构参数固定后，机器人的工作空间主要由运动参数决定。此时，每给定一组并联机器人的三个关节角，基于前面推导的机器人正运动学求解式(3.2.16)，便可得到机器人末端执行器与该组关节角对应的一个空间位置点。当在三个关节角默认范围[－30 100](单位：度)内随机抽样时，将会得到与随机抽样关节角对应的空间位置点。例如，假设随机抽样点数为 10 万，那么经过 Delta 并联机器人的正运动学求解，可以得到与关节角抽样值对应的 10 万个空间位置点，从而形成 Delta 并联机器人的工作空间云图。这就是基于蒙特卡洛方法计算机器人工作空间的整体思路。具体计算流程如图 3.6.4 所示。

为了便于学生理解与掌握机器人工作空间的计算过程，图 3.6.4 以流程图的形式详细描述了虚拟 Delta 并联机器人工作空间的计算过程。其中，左侧部分通过文字形式概括性地描述了虚拟 Delta 并联机器人工作空间的计算流程；右侧部分结合理论推导式(3.2.1)～式(3.2.16)细化了虚拟 Delta 并联机器人工作空间的计算过程。主要操作步骤如下：

步骤 1：完成结构参数的初始化，并且设定每个关节角的运动范围，默认关节角的运动范围为[－30，100](单位：度)。

步骤 2：根据实际需要和计算需求明确抽样点数(例如 10 万)。抽样点数越多，计算量越大。

步骤 3：利用 MATLAB 环境下的随机函数 rand 在关节角范围内实现随机抽样。

rand 函数可自动生成介于 0 和 1 之间的随机实数，可在 MATLAB 提供的子程序中按照如下方式调用该函数：

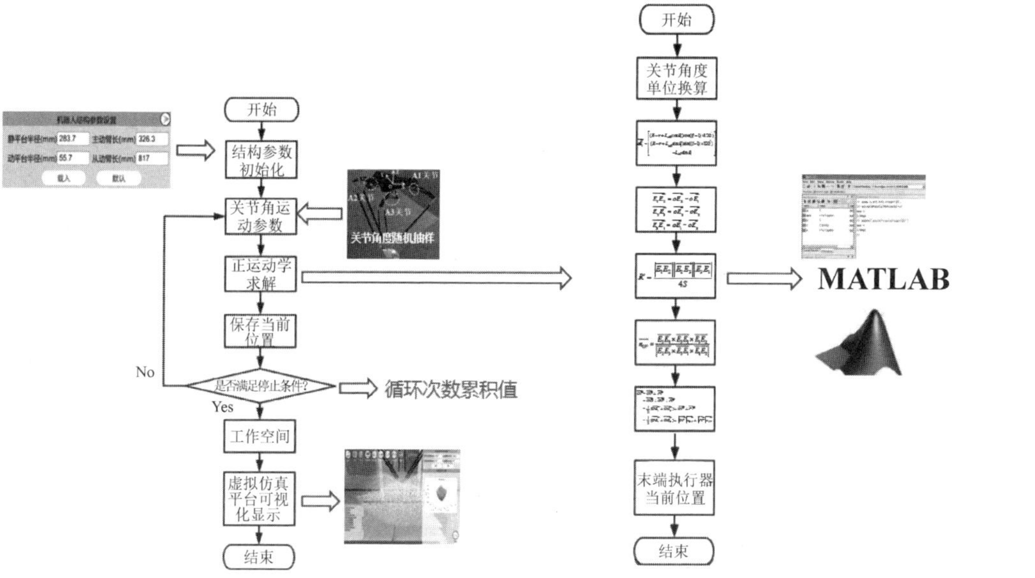

图 3.6.4 虚拟并联机器人工作空间计算流程

- 输入语句 X=rand,结果返回区间(0,1)内均匀分布的随机实数。
- 输入语句 X=rand(n),结果返回 $n\times n$ 的随机矩阵。
- 输入语句 X=rand(m,n),结果返回 $m\times n$ 的随机矩阵。
- 输入语句 X=rand(m,n,p,…),结果返回由随机数组成的 $m\times n\times p\times\cdots$ 维数组。
- 输入语句 X=rand(size(m)),结果返回与 m 相同尺寸的随机矩阵。

步骤 4:以抽样点数为条件,构造循环计算过程。每随机抽取一组关节角度,就基于 Delta 并联机器人正运动学求解计算末端执行器的空间位置,直到循环次数累计值等于抽样点数。

步骤 5:获得所有抽样关节角下的末端执行器空间坐标值,利用 plot3 语句可以在 MATLAB 环境下描绘 Delta 并联机器人的工作空间云图,也可以与机器人虚拟仿真实验平台对接实现可视化显示。

3.6.3 虚拟 Delta 并联机器人工作空间计算编程实现

根据图 3.6.4,可以在 MATLAB 环境下编写并联机器人工作空间计算的功能子函数。为了便于理解,结合 3.6.2 小节所述五个步骤给出了与流程图对应的程序伪代码形式,如图 3.6.5 所示。

由图 3.6.5 可见,Delta 并联机器人工作空间计算功能子函数主要包括函数名和函数体部分。

(1) 在 MATLAB 中,function 表明定义子函数。函数名称应该简明直接,能够反映该函数的功能。并联机器人工作空间计算功能子函数名称为 WorkSpace,该函数的

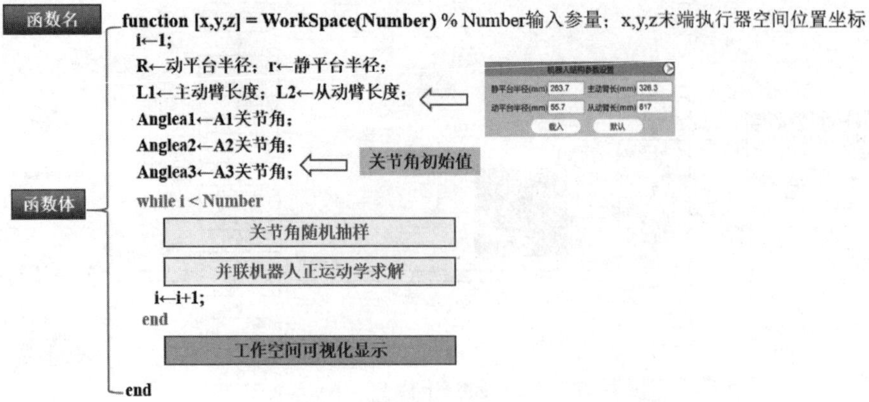

图 3.6.5　虚拟并联机器人工作空间实现结构

功能是基于机器人正运动学方程计算得到并联机器人的工作空间。

(2) Number 是 WorkSpace 子函数的输入参数变量，表示设定的蒙特卡洛关节角随机抽样点数(在此设定为 10 万)。建议将 Number 定义为全局变量或者采用宏定义形式，便于随机点数发生变化时修改程序。

(3) x、y 和 z 是 WorkSpace 子函数的输出参数变量，表示基于并联机器人正运动学方程计算得到的末端执行器的空间位置坐标。

(4) 程序开始 function 与程序最后 end 之间的函数体描述了该函数实现的功能。其中，在变量初始化过程中，机器人的结构参数可以视为默认值，也可以自行设定；三个关节角的范围为[－30,100](单位：度)。在完成结构参数以及关节角初始化基础上，以 Number 作为条件进入 while 循环过程；每次循环计算时，利用 MATLAB 自带的 rand 函数在关节角范围内随机选择抽样值，经并联机器人正运动学求解得到与所选择关节角对应的工作空间位置点，同时运行"i＋＋"；直至达到设定的 Number 值而退出 while 循环过程。求出所有位置点后可以利用 MALAB 下的 plot3 作图语句或者与机器人虚拟仿真实验平台对接，可视化呈现工作空间云图。

3.6.4　虚拟 Delta 并联机器人工作空间可视化操作

1. 不同类型的虚拟 Delta 并联机器人工作空间计算实验

在进行虚拟 Delta 并联机器人工作空间可视化操作前，首先要在 MATLAB 下编写并且正确运行 WorkSpace(Number)子函数。然后，按照 1.4.2 小节介绍的工业机器人虚拟仿真实验平台基本操作流程进入机器人虚拟仿真实验平台主界面，选择"工作空间"项，即可进入如图 3.6.6 所示界面。

虚拟 Delta 并联机器人工作空间计算实验的步骤如下：

(1) 图 3.6.6 所示界面右上侧的"属性面板"给出了并联机器人的动/静平台和主/从动臂结构参数列表，可以通过"载入"或者"默认"方式导入结构参数，也可以自行改变

图 3.6.6　虚拟 Delta 并联机器人工作空间可视化界面

机器人的结构参数。当想要改变机器人结构参数时，输入结构参数并单击“确认”。

(2) 单击界面左上方的“连接服务”便可以建立机器人虚拟仿真实验平台与 MATLAB 下 WorkSpace(Number)子函数的数据接口。

(3) 单击界面左上方的“模拟运行”，机器人虚拟仿真实验平台调用 WorkSpace (Number)子函数进行计算，并把计算结果进行可视化显示。

由于工作空间的计算过程采用了蒙特卡洛多点抽样方法，需要一定的时间才能完成计算信息的交互与传输，因此，计算过程中将提示用户“预估运算时长 2～5 分钟”(具体计算时间取决于计算机性能)，工作空间的计算过程进度在“服务信息”窗口告知。

面向不同层次的学生需求，计算机虚拟仿真实验平台根据实验内容的不同开放度设置了“示教型”、“设计型”和“综合型”三种类型。其中，“示教型”不需与参数交互，直接“模拟运行”便可观察结果；“设计型”可以通过界面多次修改结构参数，然后直接“模拟运行”便可直观地分析机器人工作空间；“综合型”开放度较大，需要学生自行设置机器人结构参数，编程设计机器人工作空间计算方法，在 MATLAB 环境下完成工作空间的求解，分析工作空间分布与结构参数的关系。

2. 虚拟 Delta 并联机器人工作空间“综合型”实验操作实例

在 1.4.2 小节已经提示用户下载了 Sever_MATLAB 软件包，该软件包包括 Sever_MATLAB. exe 小程序、针灸机器人、写字机器人等 Demo 程序包。每次结果可视化对接前，一定要首先启动软件包中的 Sever_MATLAB. exe 小程序，小程序启动后一直保持最小化状态不要关闭。以针灸机器人为例，并联工业机器人工作空间“综合型”实验的可视化操作具体实施步骤如下：

(1) 在 MATLAB 环境下，打开 Demo 模块 WorkSpaceLevel2. m。例如，若下载的 Sever_MATLAB 软件包位于 C 盘下，那么运行路径为：C\Server_MATLAB\针灸实验\工作空间\Level2\ WorkSpaceLevel2. m。

（2）结合并联机器人正运动学的推导结果，按照3.6.2、3.6.3小节介绍的流程和要求，编写WorkSpaceLevel2.m程序，在MATLAB环境下完成程序的编译与调试。

（3）进入工业机器人虚拟仿真实验平台，选择“针灸机器人”（并联机器人），按照前文所述进入“工作空间”界面，选择“综合型”实验类型，单击“连接服务”，通过可视化五彩工作空间图验证工作空间计算程序的正确性。

最终，在机器人的末端执行器的有效工作区域形成工作空间的三维五彩图，直观地显示并联机器人工作空间的有效范围。图3.6.7(a)右侧参数设置选项区域下面是利用MATLAB的plot3函数画出的机器人工作空间的三维立体结果，便于进行定量分析。将鼠标在显示页面内旋转，可以在不同方位下观察工作空间分布情况，如图3.6.7(b)所示，使用户可以更深入了解工作空间与机器人机械结构参数之间的相关性。

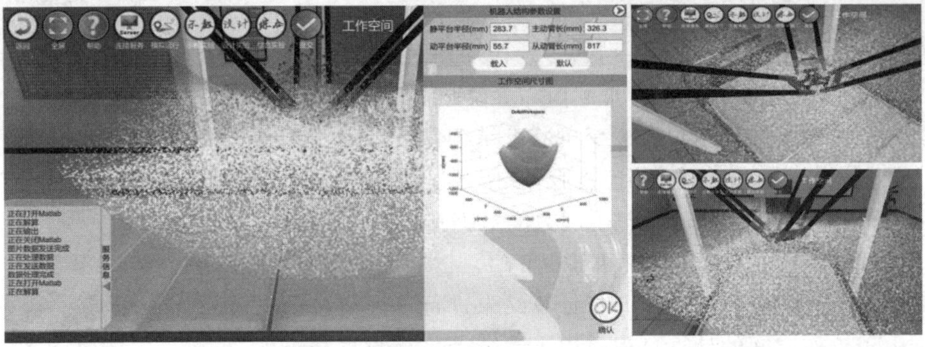

(a) 工作空间结果　　(b) 多角度工作空间

图3.6.7　并联机器人工作空间可视化结果

3.7　虚拟Dobot串联机器人工作空间分析实验

Dobot串联机器人具有工作空间大的优点，被广泛应用在汽车生产、焊接等多个领域。确定Dobot串联机器人的有效工作空间，可以保证其安全地执行任务。通过虚拟Dobot串联机器人工作空间分析实验，在示教型、设计型、综合型不同层次的实验环境下，学生可以采用自主设计方法计算不同结构参数的Dobot串联机器人工作空间，将其与Delta并联机器人的工作空间进行对比，从而更加深入地了解串联机器人工作空间的深刻含义，灵活运用串联工业机器人正运动学知识点，掌握基于蒙特卡洛方法的串联机器人工作空间分析过程。

3.7.1　虚拟Dobot串联机器人工作空间必要性分析

在虚拟Dobot串联机器人组装实验的基础上，已经明确了Dobot串联机器人的机械结构。与并联机器人类似，同样可将Dobot串联机器人的机械结构与人体手臂进行对应，如图3.7.1所示，回转主体可看作是腰部，串联机器人的大臂和小臂类似人体的大臂和小臂，臂头相当于人体的手部。

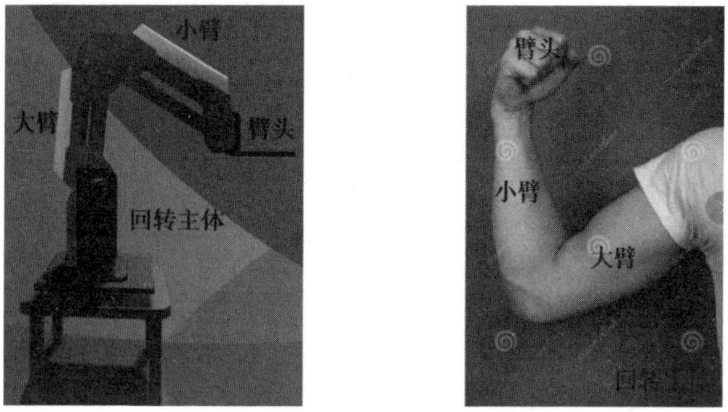

图 3.7.1　虚拟串联机器人工作空间类比示意图

Dobot 串联机器人的臂头在空间内能够到达的地方与其结构参数密切相关。本节实验中串联机器人臂头所有运动点所能到达空间点的集合就是串联机器人的工作空间。

由图 3.7.2 可以看出，当串联机器人在可达的工作空间内部时，可以根据应用场合的要求执行焊接、抓取、打孔等任务。然而，当串联机器人的操作空间超出正常工作空间时，将会产生机械结构变形、实体结构断裂等严重问题。与前文分析并联工业机器人工作空间方法类似，下面将结合串联工业机器人正运动学以及蒙特卡洛抽样工作空间分析方法，详述 Dobot 串联机器人工作空间的计算流程与实现过程。

图 3.7.2　虚拟串联机器人工作空间必要性

3.7.2　虚拟 Dobot 串联机器人工作空间计算及实现

串联机器人运动学分析的也是工作空间内连杆与关节的参数变化关系。虚拟 Dobot 串联机器人结构参数包括：回转主体高度、大臂长度、小臂长度、臂头长度；运动参数包括驱动电机的三个关节角。依据式(3.3.5)计算虚拟 Dobot 串联机器人工作空间的参数如图 3.7.3 所示。其中，回转主体高度、大臂长度、小臂长度、臂头长度采用默认参数，这些默认参数与实体 Dobot 串联机器人结构参数一一对应；本书中 Dobot 串联机器人三个关节角的默认范围分别为[-45,85],[-85,25],[-90,90](单位:度)。实验过程中,也可以自行设定虚拟 Dobot 串联机器人的结构参数,保存后载入即可。蒙特卡洛方法求解工作空间的离散循环点数默认值为 10 万。

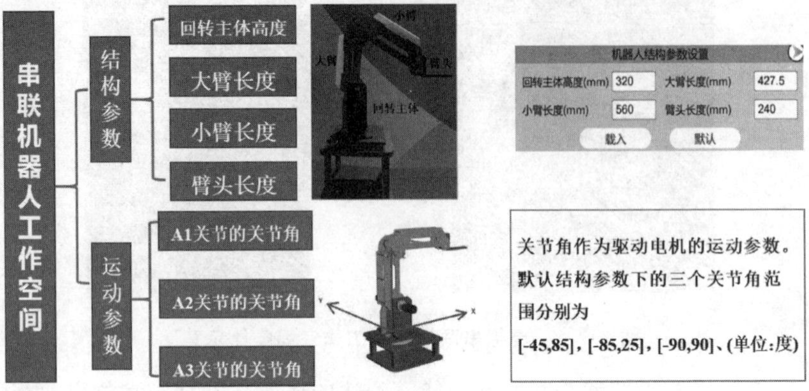

图 3.7.3　虚拟串联机器人工作空间仿真条件

串联机器人结构参数确定后,每给定一组运动参数(三个关节角),基于串联机器人正运动学求解,就可得到臂头在空间直角坐标系下的一个位置点。因此,可将串联机器人的连续工作空间离散化为无数个位置点,利用蒙特卡洛法求解 Dobot 串联机器人的离散工作空间。与 Delta 并联机器人工作空间求解步骤类似,基于蒙特卡洛方法的 Dobot 串联机器人工作空间求解步骤可参见 3.6.2 小节中的步骤 1~步骤 4。设计的虚拟 Dobot 串联机器人工作空间计算流程如图 3.7.4 所示,然后构建与 3.6.3 小节类似的虚拟 Dobot 串联机器人工作空间实现框架。

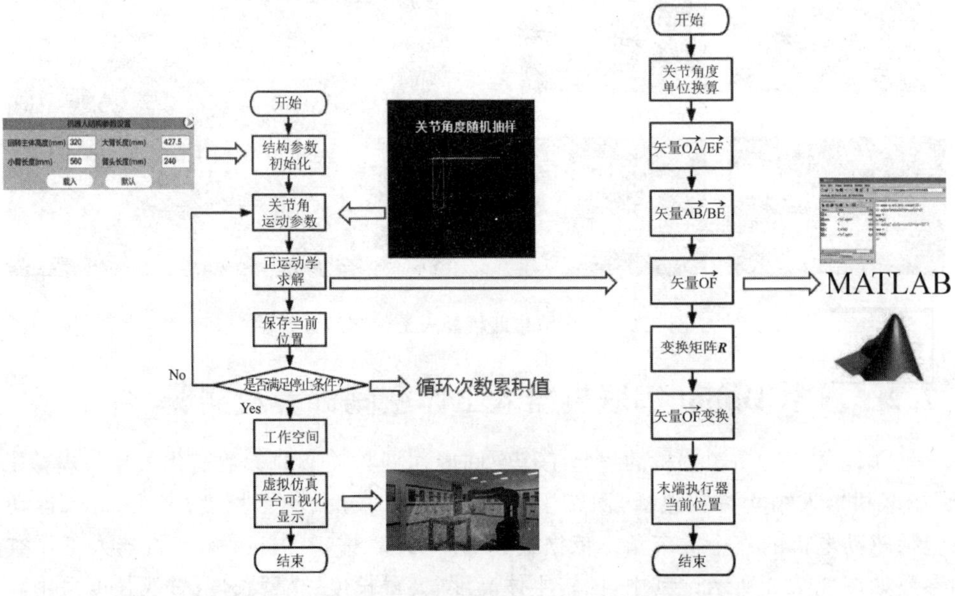

图 3.7.4　虚拟串联机器人工作空间计算流程

图 3.7.4 详细描述了虚拟 Dobot 串联机器人工作空间的计算过程。左侧部分通过文字形式概括描述了虚拟 Dobot 串联机器人工作空间的计算流程，与虚拟 Delta 并联机器人工作空间的计算流程相比，不同之处在于结构参数和关节角运动参数的初始化，以及正运动学具体求解过程；右侧部分结合理论推导公式细化了虚拟 Dobot 串联机器人工作空间的实现流程。

3.7.3　虚拟 Dobot 串联机器人工作空间可视化操作

按照 1.4.2 小节工业机器人虚拟仿真实验平台基本操作流程进入工业机器人虚拟仿真实验平台主界面后，选择“写字任务”下的“工作空间”项，即可进入如图 3.7.5 所示的虚拟 Dobot 串联机器人工作空间主界面。

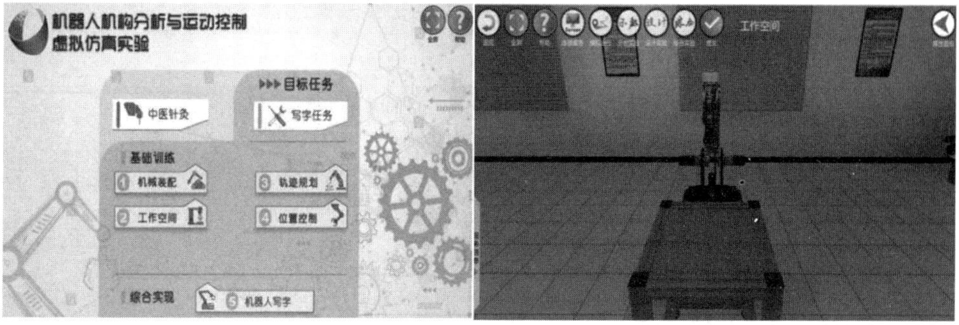

图 3.7.5　虚拟 Dobot 串联机器人工作空间主界面

串联机器人工作空间的计算步骤如下：

(1) 图 3.7.5 界面右侧的“属性面板”给出了串联机器人的结构参数列表，可以通过“载入”或者“默认”方式导入相关参数，也可以自行输入串联机器人的结构参数。

(2) 单击界面左上方的“连接服务”，便可以建立工业机器人虚拟仿真实验平台与 MATLAB 的数据接口。

(3) 单击左上方的“模拟运行”，工业机器人虚拟仿真实验平台后台就会调用 MATLAB 进行计算，并把计算结果可视化显示。

由于工作空间的计算过程采用了蒙特卡洛抽样方法，存在 10 万余点的信息交互与传输，需要一定的计算时间才能完成，因此计算过程中将提示用户“预估运算时长 2～5 分钟”(具体计算时间取决于计算机性能)，计算过程进度在“服务信息”窗口告知。同样地，在虚拟 Dobot 串联机器人工作空间实验环节，根据实验内容的不同开放度设置了“示教型”、“设计型”和“综合型”三种类型，不同类型实验的目的在前文并联机器人工作空间实验中已进行说明。基于 3.3.1 小节、3.3.2 小节和 3.3.3 小节理论知识完成“综合型”的串联机器人工作空间计算如下。

同样地，每次运行程序前首先启动 Sever_MATLAB.exe 软件。以写字任务为例，“综合型”串联工业机器人工作空间计算流程包括：

(1) 将 Sever_MATLAB 软件包内写字任务资源项目下的 Demo 模块 Work-

SpaceLevel2.m 所在路径复制到 MATLAB 的当前目录显示处；

(2) 按照 3.6.3 小节所述的流程和要求编写 WorkSpaceLevel2.m 程序，在 MATLAB 环境下完成编译及调试直至不报错；

(3) 将运行正确的 WorkSpaceLevel2.m 程序复制到\Server_MATLAB\写字实验\工作空间\Level2 目录下；

(4) 进入工业机器人虚拟仿真实验平台，选择"写字任务"(串联机器人)，按照前文所述步骤进入"工作空间"，从而可视化验证编写的串联机器人工作空间计算程序的正确性。

最终，可以在工业机器人虚拟仿真实验平台上得到串联机器人的工作空间三维图(如图 3.7.6 所示)，直观地给出串联机器人工作空间的有效范围，使学生将基于矢量法的正运动学求解过程应用到机器人工作空间分析中，更加深入地了解工作空间与机器人机械结构参数之间的关系。

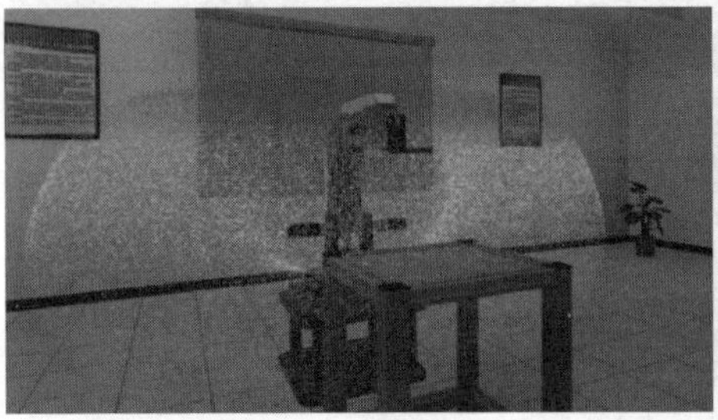

(a) 工作空间结果

(b) 多角度工作空间

图 3.7.6 串联机器人工作空间可视化结果

第 4 章

工业机器人逆运动学

4.1 逆运动学概念

机器人运动学描述了机器人末端执行器的空间位姿与机器人各关节变量之间的关系。已知机器人的结构参数和各关节变量，求机器人末端执行器的空间位姿是机器人正运动学问题；与此相反，已知机器人末端执行器的空间位姿信息，求解对应的机器人关节变量的过程是机器人逆运动学问题。结合上述基本概念，机器人逆运动学的一般模型为

$$\boldsymbol{q}=f^{-1}(\boldsymbol{M}) \tag{4.1.1}$$

式中，$\boldsymbol{M}$ 为机器人末端执行器的空间位姿，$\boldsymbol{q}$ 为机器人各关节变量的集合，f^{-1} 表示正运动学模型的逆。

机器人逆运动学是机器人轨迹规划和控制的基础。这是因为机器人需要根据工作空间内设计的末端执行器轨迹路径，通过逆运动学求解获得机器人的关节变量，从而实现机器人的运动控制。然而，并联/串联工业机器人特殊的结构和非线性正运动学特性，使得机器人的逆运动学模型呈现显著的非线性和非唯一性。在实际应用过程中，需要根据应用场合和条件，选择合适的逆运动学模型。下面将在第 3 章正运动学模型的基础上，综合考虑低年级大学生已有的知识架构，基于解析法分别推导 Delta 并联工业机器人和 Dobot 串联工业机器人的逆运动学模型，并通过相应的实验设计验证所求逆运动学模型的正确性。

4.2 并联工业机器人逆运动学分析

在推导 Delta 并联工业机器人逆运动学模型过程中，设 Delta 并联工业机器人的参考坐标系（$ox_0y_0z_0$，W 系）和末端执行器坐标系（$pxyz$，E 系）的定义与第 3 章相同。简化后，Delta 并联工业机器人的等效结构如图 4.2.1 所示。

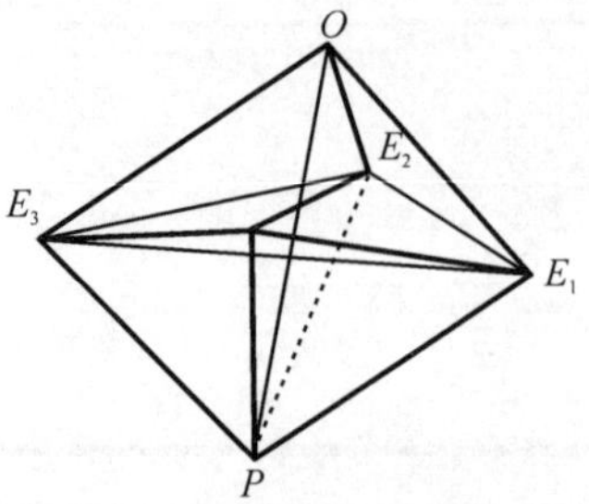

图 4.2.1　Delta 并联工业机器人等效结构图

由图 4.2.1 可见，O 和 P 分别是 Delta 并联工业机器人静平台和动平台的中心点。OE_1、OE_2、OE_3 对应 Delta 并联工业机器人的三个主动臂，PE_1、PE_2、PE_3 对应 Delta 并联工业机器人的三个从动臂。动平台中心点 P 在参考坐标系中的位置可用向量 $\overrightarrow{OP}$ 表示：

$$\overrightarrow{OP}=[x \quad y \quad z]^{\mathrm{T}} \tag{4.2.1}$$

由 Delta 并联工业机器人的等效结构和式(3.2.3)可知：

$$\begin{aligned}\overrightarrow{E_iP}&=\overrightarrow{OP}-\overrightarrow{OE_i}\\&=\begin{bmatrix}x-(L+L_{\mathrm{a}}\cos\theta_i)\cos\alpha_i\\y-(L+L_{\mathrm{a}}\cos\theta_i)\sin\alpha_i\\z+L_{\mathrm{a}}\sin\theta_i\end{bmatrix}\end{aligned} \tag{4.2.2}$$

式中，$\alpha_i=(i-1)\times120°$为静平台结构角；θ_i 为 Delta 并联工业机器人的关节变量，即三个主动臂相对参考坐标系 ox_0 轴的夹角；$L_{\mathrm{a}}=L_{AC}$ 为主动臂的长度；$L=R-r$ 为静平台等效三角形外接圆半径 R 与动平台等效三角形外接圆半径 r 之差。

已知 Delta 并联机器人的从动臂长度 $|\overrightarrow{E_iP}|=L_{\mathrm{b}}$，可得

$$[x-\cos\alpha_i(L+L_{\mathrm{a}}\cos\theta_i)]^2+[y-\sin\alpha_i(L+L_{\mathrm{a}}\cos\theta_i)]^2+[z+L_{\mathrm{a}}\sin\theta_i]^2=L_{\mathrm{b}}^2\quad(i=1,2,3) \tag{4.2.3}$$

将式(4.2.3)表示成方程组的形式，可得

$$\begin{cases}(L-x+L_{\mathrm{a}}\cos\theta_1)^2+y^2+(z+L_{\mathrm{a}}\sin\theta_1)^2=L_{\mathrm{b}}^2\\\left[x+\dfrac{1}{2}(L+L_{\mathrm{a}}\cos\theta_2)\right]^2+\left[y-\dfrac{\sqrt{3}}{2}(L+L_{\mathrm{a}}\cos\theta_2)\right]^2+(z+L_{\mathrm{a}}\sin\theta_2)^2=L_{\mathrm{b}}^2\\\left[x+\dfrac{1}{2}(L+L_{\mathrm{a}}\cos\theta_3)\right]^2+\left[y+\dfrac{\sqrt{3}}{2}(L+L_{\mathrm{a}}\cos\theta_3)\right]^2+(z+L_{\mathrm{a}}\sin\theta_3)^2=L_{\mathrm{b}}^2\end{cases} \tag{4.2.4}$$

令 $t_i=\tan(\theta_i/2)$，则方程组(4.2.4)可变换为如下一元方程形式：

$$K_it_i^2+U_it_i+V_i=0\quad(i=1,2,3) \tag{4.2.5}$$

式中：

$$\begin{cases}K_1=L^2-2L\cdot L_a-2L\cdot x+L_a^2+2L_a\cdot x-L_b^2+x^2+y^2+z^2\\K_2=L^2-2L\cdot L_a+L\cdot x-\sqrt{3}L\cdot y+L_a^2-L_a\cdot x+\sqrt{3}L_a\cdot y-L_b^2+x^2+y^2+z^2\\K_3=L^2-2L\cdot L_a+L\cdot x+\sqrt{3}L\cdot y+L_a^2-L_a\cdot x-\sqrt{3}L_a\cdot y-L_b^2+x^2+y^2+z^2\end{cases}\tag{4.2.6}$$

$$U_i=4L_a\cdot z\quad(i=1,2,3)\tag{4.2.7}$$

$$\begin{cases}V_1=L^2+2L\cdot L_a-2L\cdot x+L_a^2-2L_a\cdot x-L_b^2+x^2+y^2+z^2\\V_2=L^2+2L\cdot L_a+L\cdot x-\sqrt{3}L\cdot y+L_a^2-L_a\cdot x-\sqrt{3}L_a\cdot y-L_b^2+x^2+y^2+z^2\\V_3=L^2+2L\cdot L_a+L\cdot x+\sqrt{3}L\cdot y+L_a^2+L_a\cdot x+\sqrt{3}L_a\cdot y-L_b^2+x^2+y^2+z^2\end{cases}\tag{4.2.8}$$

根据中学阶段所学知识可知，当 K_i 为零时，式(4.2.5)为一元一次方程，由式(4.2.7)可知 U_i 不可能为零，此时可以获得式(4.2.5)的唯一解；当 K_i 不为零时，式(4.2.5)为一元二次方程，由公式法可知其解有三种情况：

① 当式(4.2.5)无解时，根据给定的机器人末端执行器位置无法获得对应的机器人关节角度，即机器人末端执行器无法到达给定位置；

② 当式(4.2.5)有重根时，给定的机器人末端执行器位置对应的每个主动臂关节均有且仅有一个对应的关节角度；

③ 当式(4.2.5)有两个不同的根时，给定的机器人末端执行器位置对应的每个主动臂关节均有两种关节角度的可能，如图 4.2.2 所示，此时 Delta 并联工业机器人给定末端位置对应的关节角度共有 $2^3=8$ 种可能解。

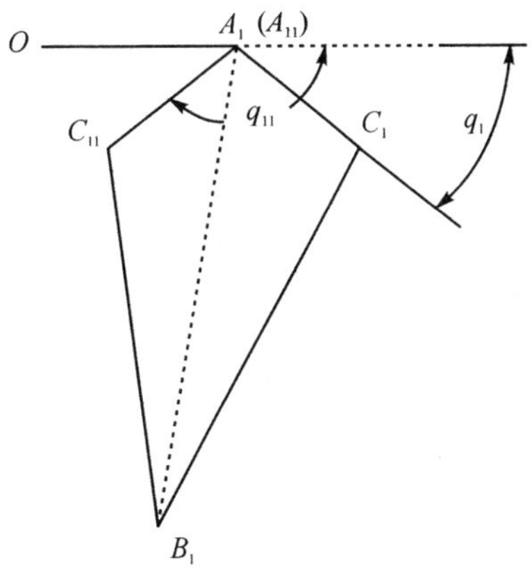

图 4.2.2　不同位形图

如图 4.2.2 所示，主动臂处于 A_1C_1 状态称为右手位形，主动臂处于 $A_{11}C_{11}$ 状态称为左手位形。可以分析出左手位形的关节角与右手位形的关节角呈互补关系，即左手位形的关节角与右手位形的关节角之和为 180°。在实际应用过程中，由于左手位形容易造成杆件干涉，不符合机器人的运动学特性，因此不予考虑。虽然判断位形的方法很多，但是工程中广泛以是否减小关节转动角度作为判断依据。在 8 种位形中，只有一种真正符合实际的运动规律，即 3 个主动臂均处于右手位形。

4.3　串联工业机器人逆运动学分析

设 Dobot 串联工业机器人的参考坐标系($oxyz$)、关节坐标系 1、关节坐标系 2 和关节坐标系 3 的定义与第 3 章相同。考虑到 Dobot 串联工业机器人机械结构设计的特点

(如图 4.3.1 所示),基于向量分析法可得 Dobot 串联工业机器人的逆运动学模型。

设已知末端执行器 F 点在参考坐标系的位置(x_F^0, y_F^0, z_F^0)如图 4.3.1 所示,由第 3 章 Dobot 串联工业机器人的参考坐标系定义可知,关节 1 的旋转角度 ψ 的主值为

$$\psi_0 = \arctan \frac{y_F^0}{x_F^0} \tag{4.3.1}$$

可以根据象限判断获得关节 1 的旋转角度真值为

$$\psi = \begin{cases} \psi_0 & x_F^0 > 0, y_F^0 > 0 \quad \text{或} \quad x_F^0 > 0, y_F^0 < 0 \\ 180° + \psi_0 & x_F^0 < 0, y_F^0 > 0 \quad \text{或} \quad x_F^0 < 0, y_F^0 < 0 \end{cases} \tag{4.3.2}$$

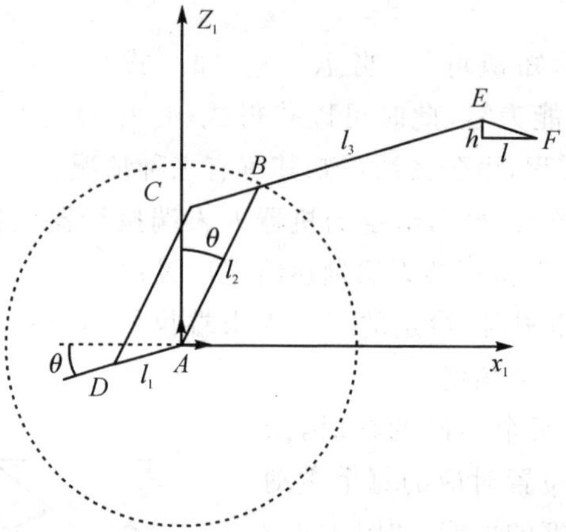

图 4.3.1 逆运动学矢量分析图

由关节 1 的旋转角度可得参考坐标系到关节 1 坐标系的方位余弦矩阵为

$$\boldsymbol{C}_0^1 = \begin{bmatrix} \cos\psi & \sin\psi & 0 \\ -\sin\psi & \cos\psi & 0 \\ 0 & 0 & 1 \end{bmatrix} \tag{4.3.3}$$

此时,末端执行器 F 点在关节 1 坐标系的位置($x_F^1, 0, z_F^1$)为

$$\begin{bmatrix} x_F^1 \\ 0 \\ z_F^1 \end{bmatrix} = \boldsymbol{C}_0^1 \begin{bmatrix} x_F^0 \\ y_F^0 \\ z_F^0 \end{bmatrix} \tag{4.3.4}$$

由图 4.3.1 可以看出,在关节 1 坐标系中,由 F 点坐标可得 E 点坐标位置(x_E^1,0,z_E^1)为

$$\begin{bmatrix} x_E^1 \\ 0 \\ z_E^1 \end{bmatrix} = \begin{bmatrix} x_F^1 - l \\ 0 \\ z_F^1 + h \end{bmatrix} \tag{4.3.5}$$

式中,l 为末端执行器的长度;h 为末端执行器的高度。设图 4.3.1 中 B 点在关节 1 坐标系中的坐标为($x_B^1, 0, z_B^1$),已知 Dobot 串联工业机器人机械结构中主动臂平行四边

形的边长 l_2 和从动臂长度 l_3，可得

$$\begin{cases}(x_B^1)^2+(z_B^1)^2=l_2^2\\(x_E^1+x_B^1)^2+(z_E^1-z_B^1)^2=l_3^2\end{cases} \tag{4.3.6}$$

求解式(4.3.6)可得 B 点坐标的四组解。

在关节1坐标系中，由 B 点坐标 $(x_B^1,0,z_B^1)$ 可得关节2的旋转角度 θ 的主值为

$$\theta_0=\arctan\frac{x_B^1}{z_B^1} \tag{4.3.7}$$

将 B 点坐标的四组解分别带入式(4.3.7)，取使得 θ 最小的值为主值。根据象限判断获得关节2的旋转角度真值为

$$\theta=\begin{cases}\theta_0 & z_B^1>0,x_B^1>0 \quad \text{或} \quad z_B^1>0,x_B^1<0\\180^\circ+\theta_0 & z_B^1<0,x_B^1>0 \quad \text{或} \quad z_B^1<0,x_B^1<0\end{cases} \tag{4.3.8}$$

由图4.3.1可知，CBE 为直线，且 $ABCD$ 为平行四边形，可得关节3的旋转角度 ϕ 的主值为

$$\phi_0=\arctan\frac{\Delta z^1}{\Delta x^1}=\arctan\frac{(z_E^1-z_{B\min}^1)}{(x_E^1-x_{B\min}^1)} \tag{4.3.9}$$

式中 $(x_{B\min}^1,0,z_{B\min}^1)$ 是使得关节2旋转角度主值最小的 B 点坐标值。同样根据象限判断获得关节3旋转角度的真值

$$\phi=\begin{cases}\phi_0 & \Delta x^1>0,\Delta z^1>0 \quad \text{或} \quad \Delta x^1>0,\Delta z^1<0\\180^\circ+\phi_0 & \Delta x^1<0,\Delta z^1>0 \quad \text{或} \quad \Delta x^1<0,\Delta z^1<0\end{cases} \tag{4.3.10}$$

至此，已从理论层面上分析并推导出并联/串联工业机器人的逆运动学问题。

4.4 虚拟 Delta 并联机器人逆运动学验证实验

工业机器人的运动学分为正运动学和逆运动学两部分。如前所述，在机器人机械结构参数确定的前提下，已知机器人的关节角度求解其末端执行器的位置是正运动学过程，已知机器人末端执行器的空间位置求解其关节角度是逆运动学过程。在现实应用过程中，例如在利用机器人做分拣任务时，更多的情况是我们已知传送带上物品的空间位置，要将空间位置按照要求的运动轨迹转化为工业机器人的控制参数，控制机器人安全高效地完成分拣任务，这就需要首先解决工业机器人的逆运动学求解问题。因此，虚拟 Delta 并联机器人逆运动学验证实验一方面引导学生充分认识正运动学和逆运动学之间的“互逆”关系，另一方面使学生掌握 Delta 并联机器人的逆运动学求解过程，能够验证并联机器人逆运动学求解的正确性。

4.4.1 虚拟 Delta 并联机器人逆运动学实现流程

本实验中，Delta 并联机器人的逆运动学求解过程就是给定机器人末端执行器位置

$\boldsymbol{X}_n$,求解三个输入关节角度 $\boldsymbol{q}$ 的值。其中,$\boldsymbol{X}_n=[x\ y\ z]^{\mathrm{T}}$ 为机器人末端执行器的空间位置坐标,$\boldsymbol{q}=[q_1\ q_2\ q_3]^{\mathrm{T}}$ 为驱动 Delta 并联机器人主动臂的三个关节角度。前面章节已经推导了 Delta 并联机器人逆运动学依据的理论知识点,如式(4.2.4)~式(4.2.8),这也是开展逆运动学验证实验的基础。

作为闭链式结构的 Delta 并联机器人,其逆运动学求解不是唯一的,所以要合理地选择正确的解。虚拟 Delta 并联机器人逆运动学实现流程设计如图 4.4.1 所示。

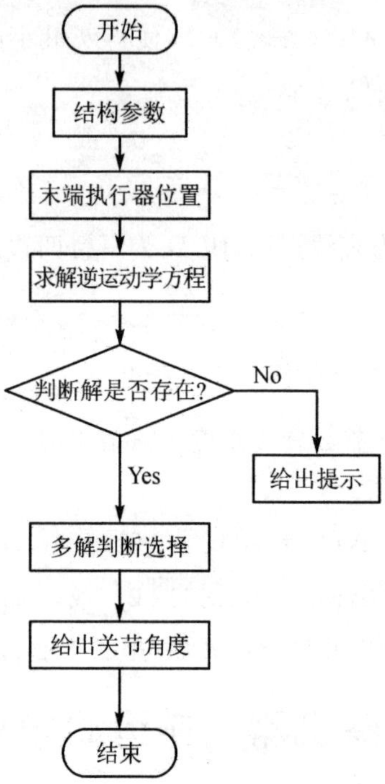

图 4.4.1　并联机器人逆运动学求解流程

由图 4.4.1 中流程可以看出,虚拟 Delta 并联机器人逆运动学求解与正运动学恰恰相反。将虚拟 Delta 并联机器人的逆运动学求解子程序命名为 Delta_InverseKinematics,MATLAB 下的子函数伪代码设计如下:

```
function [q1,q2,q3] = Delta_InverseKinematics(x,y,z)
    Step 1:结构参数初始化
    Step 2:依据理论推导相关公式,求解并联机器人逆运动学的解
    Step 3:判断逆解的存在性
    Step 4:选择正确的逆解结果
    Step 5:输出计算结果
end
```

由伪代码结构可见,函数名为 Delta_InverseKinematics,该函数的功能就是完成虚

拟 Delta 并联机器人的逆运动学求解。其中，机器人末端执行器的空间位置坐标(x，y，z)是输入形参，三个关节角度(q1，q2，q3)是输出形参。

函数体主要包括五步：在第 1 步的结构参数初始化过程中，用户可以采用默认的结构参数，也可以通过文本文件或者在程序中自行修改参数；第 2～4 步是该子程序的主要部分，最终得到计算结果。

4.4.2　虚拟 Delta 并联机器人逆运动学验证步骤

为了验证虚拟 Delta 并联机器人逆运动学求解的正确性，在 MATLAB 环境下设计了如图 4.4.2 所示的可视化 GUI 界面(由虚拟仿真资源包提供，应用时可自行下载)。该界面可通过在 MATLAB 指令窗口运行程序 Delta_kinematics. p 实现。

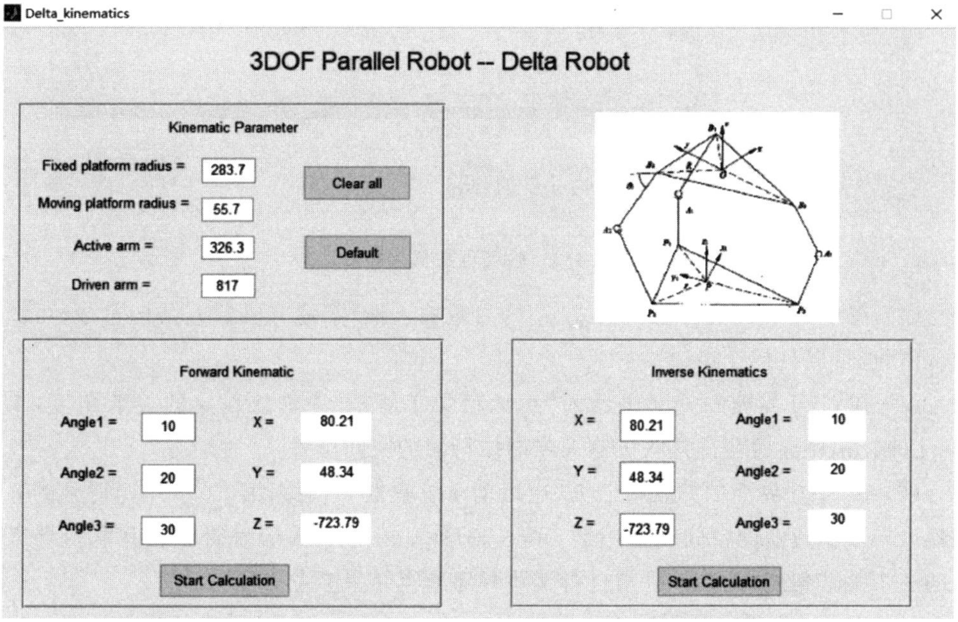

图 4.4.2　并联机器人逆运动学验证的可视化 GUI 界面

通常需要结合虚拟 Delta 并联机器人的正运动学分析过程验证其逆运动学求解问题。因此，可视化 GUI 界面主要包含三个部分：Kinematic Parameter(并联机器人结构参数输入框)、Forward Kinematic(并联机器人正运动学求解框)、Inverse Kinematics(并联机器人逆运动学求解框)。虚拟 Delta 并联机器人逆运动学验证步骤具体如下：

(1) 启动 MATLAB 软件，打开并联机器人逆运动学验证程序 Delta_InverseKinematics. m。虚拟仿真资源包提供了该程序的 Demo，若不想基于 Demo 程序，也可以按照第 2 章中所述方法自行创建与并联机器人逆运动求解相关的 M 文件。

(2) 按照 4.4.1 小节并联机器人逆运动学求解流程和伪代码结构，在 Delta_Inve-

rseKinematics. m 文件下编写程序,并完成程序的编译与调试。

(3) 保证 MATLAB 当前路径是已开发 GUI 程序 Delta_kinematics. p 所在路径,在 MATLAB 指令窗口输入 run Delta_kinematics. p(如图 4. 4. 3 所示),则可以打开 GUI 界面(如图 4. 4. 2 所示)。

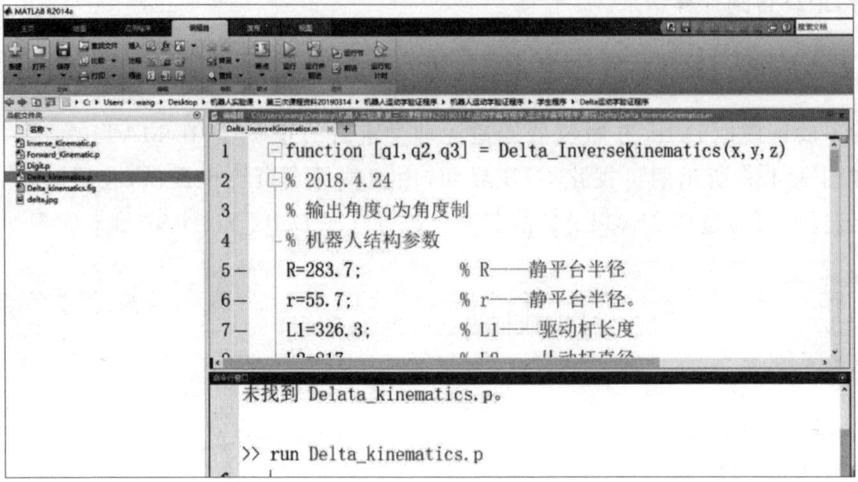

图 4. 4. 3　验证可视化界面启动

(4) 在 GUI 界面的并联机器人“结构参数输入框”中输入机器人结构参数,可以是默认值,也可以自行设定。

(5) 在 GUI 界面的并联机器人“正运动学求解框”中输入设定的关节角度,单击 Start Calculation 后获得并联机器人末端执行器的空间位置。

(6) 在 GUI 界面的并联机器人“逆运动学求解框”中输入第(5)步计算得到的并联机器人末端执行器的空间位置参数,单击 Start Calculation 后获得驱动并联机器人电机的三个关节角度(此结果可与自行编写程序所得结果参考对比)。

(7) 运行自行编写的程序 Delta_InverseKinematics. m,得到基于并联机器人逆运动学求解的关节角度。与第(6)步计算得到的关节角度参考值相比较,验证虚拟 Delta 并联机器人逆运动学求解的正确性。若两组结果一致,表明逆运动学求解结果正确;若两组结果不一致,表明编写的程序存在逻辑问题,需要仔细修改。

4.5　虚拟 Dobot 串联机器人逆运动学验证实验

Dobot 串联机器人逆运动学分析是对该机器人进行轨迹设计以及准确控制的重要环节。以虚拟 Dobot 串联机器人为对象,编写其逆运动学分析程序,使学生可以充分掌握 Dobot 串联机器人逆运动学的求解过程,认识到逆运动学求解结果的多值性,能够设计验证串联机器人逆运动学求解正确性的方法。

4.5.1　虚拟 Dobot 串联机器人逆运动学实现流程

已知 Dobot 串联机器人的结构参数以及臂头位置 $\boldsymbol{X}_n=[x\ y\ z]^{\mathrm{T}}$，求解驱动串联机器人的三个关节角度的值 $\boldsymbol{q}=[q_1\ q_2\ q_3]^{\mathrm{T}}$，这就是 Dobot 串联机器人逆运动学求解问题。结合前面章节推导的 Dobot 串联机器人逆运动学求解过程，虚拟 Dobot 串联机器人逆运动学解算流程如图 4.5.1 所示。

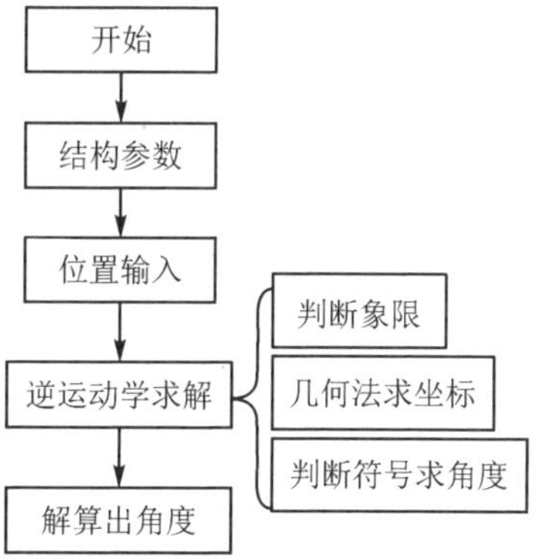

图 4.5.1　串联机器人逆运动学求解流程

由图 4.5.1 可以看出，虚拟 Dobot 串联机器人逆运动学求解与其正运动学求解过程相反。虚拟 Dobot 串联机器人逆运动学计算子程序可以命名为 Dobot_InverseKinematics，该子程序的输入参数为臂头的空间位置，输出参数为驱动电机的三个关节角度。与 Delta 并联机器人逆运动学解算伪代码类似，Dobot 串联机器人逆运动学计算子程序的伪代码框架为

```
function [q1,q2,q3] = Dobot_InverseKinematics(x,y,z)
    Step 1：串联机器人结构参数
    Step 2：求解串联机器人逆运动学的解
    Step 3：判断逆解所在象限
    Step 4：选择正确的逆解
    Step 5：输出计算结果
end
```

虚拟 Dobot 串联机器人逆运动学子程序 Dobot_InverseKinematics 的函数体包含 5 步。其中，第 2 步、第 3 步、第 4 步参考式(4.3.1)、式(4.3.7)、式(4.3.9)。为了便于学生快速编写程序，虚拟仿真资源包提供了 Dobot_InverseKinematics.m 文件的 Demo。

4.5.2　虚拟 Dobot 串联机器人逆运动学验证步骤

为了验证虚拟 Dobot 串联机器人逆运动学求解的正确性，在 MATLAB 环境下设计了如图 4.5.2 所示的可视化 GUI 界面（由虚拟仿真资源包提供，应用时可自行下

载),该界面可通过在 MATLAB 指令窗口运行子程序 DobotRobot. p 实现。

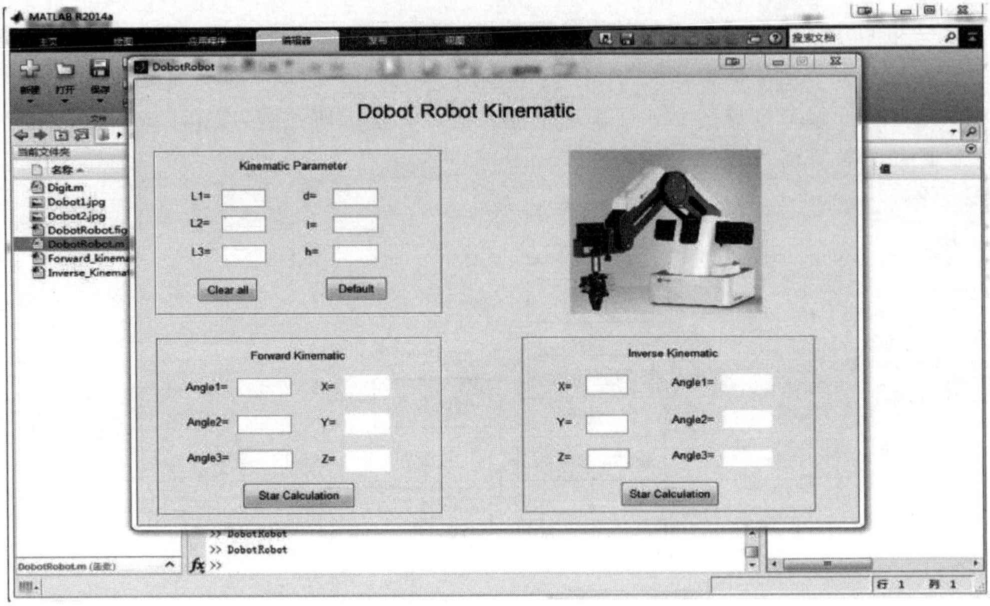

图 4.5.2　串联机器人逆运动学验证的可视化 GUI 界面

由图 4.5.2 可见,虚拟 Dobot 串联机器人逆运动学验证可视化 GUI 界面主要包含三个部分:Kinematic Parameter(串联机器人结构参数输入框)、Forward Kinematic(串联机器人正运动学求解框)、Inverse Kinematic(串联机器人逆运动学求解框)。虚拟 Dobot 串联机器人逆运动学验证步骤具体如下:

(1) 启动 MATLAB 软件,并在指定路径下打开 Demo 资源 Dobot_InverseKinematics. m 文件;

(2) 按照本节前述流程、伪代码结构,在 Demo 基础上,自主编写串联机器人逆运动学求解程序 Dobot_InverseKinematics,直至程序编译通过;

(3) 在 MATLAB 的指令窗口中运行 DobotRobot. p 程序,打开如图 4.5.2 所示的 GUI 界面;

(4) 在 GUI 界面的串联机器人"结构参数输入框"中默认载入或自主输入结构参数;

(5) 在 GUI 界面的串联机器人"正运动学求解框"中输入某一关节角度,单击 Start Calculation 后获得串联机器人臂头的空间位置信息;

(6) 在 GUI 界面的串联机器人"逆运动学求解框"中输入第(5)步计算得到的串联机器人臂头的空间位置参数,单击 Start Calculation 后获得驱动串联机器人电机的三个关节角度,同时运行自行编写的程序 Dobot_InverseKinematics. m,得到基于串联机器人逆运动学求解的关节角度;

(7) 结合第(5)步与第(6)步,比较设定的关节角度与逆运动学所求关节角度的一致性，从而验证虚拟 Dobot 串联机器人逆运动学求解的正确性。

4.6 基于运动轨迹的机器人逆运动学验证实验

考虑到用户初学阶段不容易确定机器人末端执行器在有效工作空间的位置点，因此 4.4 节和 4.5 节主要是借助 GUI 界面利用单个测试点的方式验证机器人逆运动学的求解问题。此外，还可以通过对比不同平台下机器人末端执行器运动轨迹重合度的方式，验证机器人逆运动学求解。

在 Simulink 中搭建如图 4.6.1 所示的逆运动学验证程序模块，自定义函数产生末端执行器的轨迹(如图 4.6.1 左侧部分所示)，将自编逆运动学求解程序运行结果与搭建的 Delta 机器人模型进行对比验证。在此，利用门型轨迹进行测试。

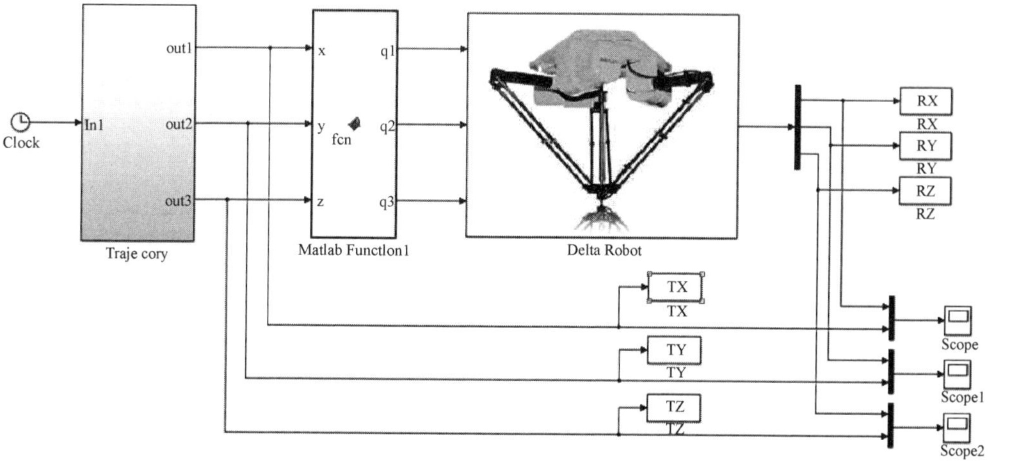

图 4.6.1 逆运动学验证程序模块

当采用门型轨迹作为测试数据时，示波器 Scope、Scope1、Scope2 中显示的机器人末端执行器位置结果如图 4.6.2 所示。其中，x 与 z 方向的实际轨迹基本与理论轨迹重合，而 y 方向上实际轨迹与理论轨迹之间存在极小量级的误差，这是因为搭建的 Delta 模型进行了仿真，此误差在允许范围内。

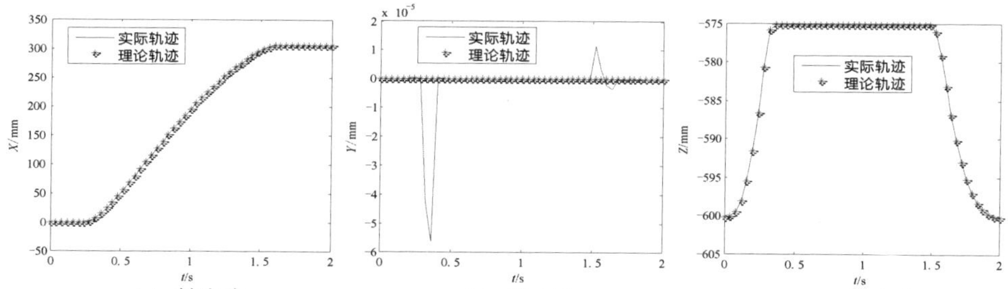

(a) x轴方向 (b) y轴方向 (c) z轴方向

图 4.6.2 逆运动学位置验证结果

第 5 章 工业机器人轨迹规划

5.1 轨迹规划概述

5.1.1 轨迹规划问题

工业机器人在工作空间内执行给定任务时，一般有两种作业模式：(1)点位作业模式，例如把物品拿起后放到指定位置。该模式要求对于选定轨迹插值点上的位置、速度和加速度给出一组显式约束。(2)连续路径作业模式，又称为轮廓运动模式。与点位作业模式仅关注起点和终点的运动状态不同，连续路径作业模式重视完成任务过程中的运动状态轮廓。

为了保证工业机器人在执行指定作业模式过程中平稳运动，工业机器人的末端执行器和关节在起点与终点之间的运动状态(如位置、速度、加速度等)要具有连续性。然而，从工业机器人正逆运动学模型的高阶性、非线性及多解性可知，即使工业机器人在工作空间内完成特定任务，也可能出现末端执行器或关节在起点与终点之间运动状态不连续的现象，从而导致执行任务过程中机器人出现振动或冲击等不平稳运动。不平稳运动会加剧机械部件的磨损，影响工业机器人执行任务的精度、可靠性和使用寿命。另一方面，在工业生产过程中，常要求机器人以最短时间完成指定作业任务从而提高生产效率，或以最低能耗完成任务从而降低生产成本。因此，为了控制工业机器人以平稳运动完成指定任务，同时满足降低生产成本和提高生产效率等工业生产过程的需求，工业机器人的末端执行器或关节应按照合理设计的轨迹运动，这就涉及机器人轨迹规划的问题。

所谓机器人轨迹规划，是指根据作业任务的需求，确定机器人在完成任务过程中其末端执行器或关节在起点和终点间的运动轨迹、以及各轨迹点的位置、速度、加速度等状态的解决方案。轨迹规划可以保证机器人运动过程的平稳性，避免机械部件的磨损、振动和冲击，提高工业机器人的控制精度和工作效率、降低控制能耗等，从而得到最优的控制结果。轨迹规划是工业机器人控制的基础，将直接影响控制的精确性、快速性和可靠性。

5.1.2　轨迹规划形式

机器人轨迹规划按照运动轨迹所在坐标系的不同可以分为两类：一类是关节坐标系内的轨迹规划，另一类是参考坐标系内的轨迹规划。

关节坐标系内的轨迹规划一般适用于工业机器人的点位作业模式。给定工业机器人在参考坐标系下若干关键点位置，由工业机器人逆运动学获得相应位置点在关节坐标系内的关节角度（关节量）。根据关节角运动（角速度和角加速度）约束，获得关节量随时间变化的运动方程，从而实现对关节量的控制。也就是说，机器人关节坐标系内的轨迹规划，一般先给定轨迹上若干个点，将其经运动学反解（即逆运动学求解）映射到关节空间，对关节空间中的相应点建立运动方程，然后按这些运动方程对关节进行插值，从而满足机器人工作空间内的安全运动要求。由于在关节坐标系内进行轨迹规划是通过控制关节量实现控制机器人的，因此具有精度高、易于保证机器人运动的连续性和稳定性等优势。然而，随着机器人关节数量的增加，工业机器人正运动学模型的复杂度增大，对于多关节工业机器人来说，参考坐标系内末端执行器的运动轨迹直观性差，保持参考坐标系内末端执行器运动轨迹连续的复杂度高，此时多在关节坐标系内进行轨迹规划。

参考坐标系内的轨迹规划适用于连续路径作业模式。给定参考坐标系下末端执行器运动轨迹上若干关键点的位置、速度、加速度约束，获得末端执行器位置、速度、加速度随时间变化的运动方程。由该运动方程和工业机器人逆运动学获得关节坐标系内关节运动角度，从而通过控制关节量实现满足连续路径作业需求的末端执行器运动轨迹。与在关节坐标系内进行轨迹规划不同，在参考坐标系内进行轨迹规划时，工业机器人末端执行器的运动轨迹比较直观。但是，由于工业机器人逆运动模型的非线性和多解性，尤其对于多关节工业机器人来说，难以保证其关节量不存在非连续的奇异点，从而无法保证工业机器人控制的连续性和稳定性。因此，在参考坐标系内轨迹规划过程中，应综合考虑末端执行器运动轨迹和多关节机器人中各关节量的连续性，必要时需在参考坐标系中指定末端执行器运动轨迹的中间点，以便避开各关节量的奇异点。

无论是关节坐标系内轨迹规划还是参考坐标系内的轨迹规划，目前解决工业机器人轨迹规划问题有两种方案：一种是轨迹函数法，即设计运动轨迹函数，使得位置、速度（一阶导数）和加速度（二阶导数）是连续函数；另一种是轨迹优化法，该方法结合工业机器人任务需求及其正逆运动学模型，以时间最短或能耗最低为性能指标，通过智能优化算法寻找连续性约束条件下的最优运动轨迹。轨迹函数法简单易实现，适用于所有类型的工业机器人，在工业生产过程中得到了广泛应用；但其难以满足工业机器人的高准确性和灵活性等特定需求，仅用于执行简单任务的工业机器人。轨迹优化法能够满足工业生产过程中执行复杂任务工业机器人的特定需求，但需根据工业机器人的机械和运动学特点进行单独设计，适用工业机器人类型有限，设计复杂度高，实现难度大。

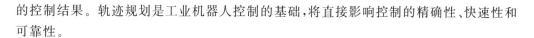

下面主要以工程上广泛应用的轨迹函数法为例，分析关节坐标系内轨迹规划和参考坐标系内轨迹规划的实现原理。讨论过程中涉及的坐标系定义均与前面章节相同。

5.2 关节坐标系内的轨迹规划

假设工业机器人根据任务需求，其末端执行器在参考坐标系内按顺序经过的关键轨迹点位置向量为

$$[\boldsymbol{p}_0 \quad \boldsymbol{p}_1 \quad \boldsymbol{p}_2 \quad \cdots \quad \boldsymbol{p}_{k-1} \quad \boldsymbol{p}_k \quad \boldsymbol{p}_{k+1} \quad \cdots \quad \boldsymbol{p}_{n-1} \quad \boldsymbol{p}_n] \tag{5.2.1}$$

式中，$\boldsymbol{p}_k$ 为工业机器人执行任务的第 k 个关键轨迹点的位置向量；$\boldsymbol{p}_0$ 和 $\boldsymbol{p}_n$ 分别为工业机器人执行任务的起点和终点位置向量。由工业机器人逆运动学可获得关节坐标系内对应顺序的关节角度为

$$[\theta_{0i} \quad \theta_{1i} \quad \theta_{2i} \quad \cdots \quad \theta_{(k-1)i} \quad \theta_{ki} \quad \theta_{(k+1)i} \quad \cdots \quad \theta_{(n-1)i} \quad \theta_{ni}] \tag{5.2.2}$$

式中，i 表示第 i 个关节坐标系内的关节角度。

假设式(5.2.2)中任意两个相邻关节角度 θ_{ki} 和 $\theta_{(k+1)i}$ 及其角速度约束为

$$\begin{cases} \theta_{ki} = \theta(0) = \theta_0 \\ \theta_{(k+1)i} = \theta(t_f) = \theta_f \end{cases} \tag{5.2.3}$$

$$\begin{cases} \dot{\theta}_{ki} = \dot{\theta}(0) = 0 \\ \dot{\theta}_{(k+1)i} = \dot{\theta}(t_f) = 0 \end{cases} \tag{5.2.4}$$

式中，t_f 为关节角度从 θ_{ki} 变化到 $\theta_{(k+1)i}$ 所需要的时间。满足式(5.2.3)和式(5.2.4)约束条件的相邻关节角度间随时间变化的角运动 $\theta(t)$ 可由最高三次多项式的函数描述，即

$$\theta(t) = a_0 + a_1 t + a_2 t^2 + a_3 t^3 \tag{5.2.5}$$

式中，a_0、a_1、a_2 和 a_3 为三次多项式函数的系数。由式(5.2.5)可得相邻关节角度间随时间变化的角速度 $\dot{\theta}(t)$ 和角加速度 $\ddot{\theta}(t)$ 分别满足

$$\dot{\theta}(t) = a_1 + 2a_2 t + 3a_3 t^2 \tag{5.2.6}$$

$$\ddot{\theta}(t) = 2a_2 + 6a_3 t \tag{5.2.7}$$

在式(5.2.5)和式(5.2.6)中分别取 $t=0$ 和 $t=t_f$，由式(5.2.3)和式(5.2.4)可得三次多项式函数的系数与相邻关节角度和角速度约束条件间满足

$$\begin{cases} \theta_0 = a_0 \\ \theta_f = a_0 + a_1 t_f + a_2 t_f^2 + a_3 t_f^3 \end{cases} \tag{5.2.8}$$

$$\begin{cases} 0 = a_1 \\ 0 = a_1 + 2a_2 t_f + 3a_3 t_f^2 \end{cases} \tag{5.2.9}$$

求解式(5.2.8)和式(5.2.9)可得，满足式(5.2.3)角速度和式(5.2.4)角加速度约束条件的三次多项式函数系数为

$$\begin{cases} a_0 = \theta_0 \\ a_1 = 0 \\ a_2 = \dfrac{3}{t_f^2}(\theta_f - \theta_0) \\ a_3 = -\dfrac{2}{t_f^3}(\theta_f - \theta_0) \end{cases} \tag{5.2.10}$$

将式(5.2.10)分别代入式(5.2.5)、式(5.2.6)和式(5.2.7)，可得满足式(5.2.3)和式(5.2.4)约束条件下相邻关节角度、角速度和角加速度随时间变化的轨迹函数为

$$\theta(t) = \theta_0 + \frac{3}{t_f^2}(\theta_f - \theta_0)t^2 - \frac{2}{t_f^3}(\theta_f - \theta_0)t^3 \tag{5.2.11}$$

$$\dot{\theta}(t) = \frac{6}{t_f^2}(\theta_f - \theta_0)t - \frac{6}{t_f^3}(\theta_f - \theta_0)t^2 \tag{5.2.12}$$

$$\ddot{\theta}(t) = \frac{6}{t_f^2}(\theta_f - \theta_0) - \frac{12}{t_f^3}(\theta_f - \theta_0)t \tag{5.2.13}$$

若任意两个相邻关节角度 θ_{ki} 和 $\theta_{(k+1)i}$ 满足式(5.2.3)，而角速度约束非零，即满足

$$\begin{cases} \dot{\theta}_{ki} = \dot{\theta}(0) = \dot{\theta}_0 \\ \dot{\theta}_{(k+1)i} = \dot{\theta}(t_f) = \dot{\theta}_f \end{cases} \tag{5.2.14}$$

考虑角速度约束式(5.2.14)，由相邻关节角度间随时间变化的角速度运动式(5.2.6)，可得

$$\begin{cases} \dot{\theta}_0 = a_1 \\ \dot{\theta}_f = a_1 + 2a_2 t_f + 3a_3 t_f^2 \end{cases} \tag{5.2.15}$$

综合式(5.2.8)、式(5.2.11)、式(5.2.12)、式(5.2.13)和式(5.2.15)，可得满足式(5.2.3)和式(5.2.14)约束条件下相邻关节角度、角速度和角加速度随时间变化的轨迹函数为

$$\theta(t) = \theta_0 + \dot{\theta}_0 t + \left(\frac{3b_1}{t_f^2} - \frac{b_2}{t_f}\right)t^2 + \left(\frac{b_2}{t_f^2} - \frac{2b_1}{t_f^3}\right)t^3 \tag{5.2.16}$$

$$\dot{\theta}(t) = \dot{\theta}_0 + \left(\frac{6b_1}{t_f^2} - \frac{2b_2}{t_f}\right)t + \left(\frac{3b_2}{t_f^2} - \frac{6b_1}{t_f^3}\right)t^2 \tag{5.2.17}$$

$$\ddot{\theta}(t) = \left(\frac{6b_1}{t_f^2} - \frac{2b_2}{t_f}\right) + \left(\frac{6b_2}{t_f^2} - \frac{12b_1}{t_f^3}\right)t \tag{5.2.18}$$

式中，$b_1 = \theta_f - \theta_0 - \dot{\theta}_0 t_f$；$b_2 = \dot{\theta}_f - \dot{\theta}_0$。

进一步假设任意两个相邻关节角度 θ_{ki} 和 $\theta_{(k+1)i}$ 及其角速度不仅满足约束条件式(5.2.3)和式(5.2.14)，其角加速度还满足如下条件

$$\begin{cases} \ddot{\theta}_{ki} = \ddot{\theta}(0) = \ddot{\theta}_0 \\ \ddot{\theta}_{(k+1)i} = \ddot{\theta}(t_f) = \ddot{\theta}_f \end{cases} \tag{5.2.19}$$

同时满足式(5.2.3)、式(5.2.14)和式(5.2.19)约束条件的相邻关节角度间随时间变化的角运动可由最高五次多项式的函数描述，即

$$\theta(t)=a_0+a_1t+a_2t^2+a_3t^3+a_4t^4+a_5t^5 \tag{5.2.20}$$

式中，多项式系数与角度、角速度和角加速度约束条件之间满足

$$\begin{cases}\theta_0=a_0\\ \theta_f=a_0+a_1t_f+a_2t_f^2+a_3t_f^3+a_4t_f^4+a_5t_f^5\end{cases} \tag{5.2.21}$$

$$\begin{cases}\dot{\theta}_0=a_1\\ \dot{\theta}_f=a_1+2a_2t_f+3a_3t_f^2+4a_4t_f^3+5a_5t_f^4\end{cases} \tag{5.2.22}$$

$$\begin{cases}\ddot{\theta}_0=2a_2\\ \ddot{\theta}_f=2a_2+6a_3t_f+12a_4t_f^2+20a_5t_f^3\end{cases} \tag{5.2.23}$$

当第 i 个关节坐标系内包含如式(5.2.2)所示的 n 个关节角度时，若每个关节角度均引入角度、角速度和角加速度三个约束条件，则在第 i 个关节坐标系内随时间变化的角运动轨迹可由最高 $3n-1$ 阶多项式描述。可见，随着约束条件的增加，描述角运动的函数方程阶次增高，如此可有效提高规划轨迹的精度和细致度。然而，高复杂度的规划轨迹对控制系统性能要求较高，这增加了控制系统的实现难度和成本。

因此，在实际工程应用中，为了降低控制系统的设计难度和成本，对于第 i 个关节坐标系内由多个点构成的轨迹规划问题来说，一般采用分段低阶多项式函数替代高阶多项式函数。

设由三个关节量$[\theta_{(k-1)i}\ \ \theta_{ki}\ \ \theta_{(k+1)i}]=[\theta_0\ \ \theta_v\ \ \theta_g]$构成一段轨迹，要求不在中间关节量处停留，且在中间关节量处角加速度连续，如图 5.2.1 所示。

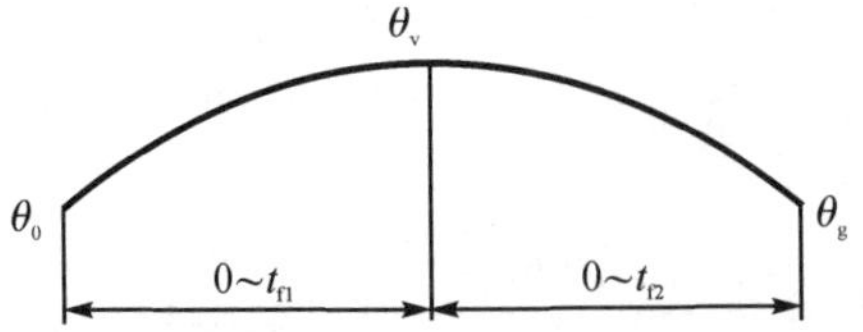

图 5.2.1 轨迹约束关系

从关节角度 θ_0 运动到 θ_v 所需时间段为$[0\ \ t_{f1}]$，其角运动用三次多项式函数描述为

$$\theta_1(t)=a_{10}+a_{11}t+a_{12}t^2+a_{13}t^3 \tag{5.2.24}$$

从关节角度 θ_v 运动到 θ_g 所需时间区间为$[0\ \ t_{f2}]$，其角运动同样用三次多项式函数描述为

$$\theta_2(t)=a_{20}+a_{21}t+a_{22}t^2+a_{23}t^3 \tag{5.2.25}$$

由轨迹规划要求可知，轨迹中的三个关节量间满足角度、角速度和角加速度的约束条件为

$$\begin{cases}\theta_1(0)=\theta_0\\\theta_1(t_{f1})=\theta_v\\\theta_2(0)=\theta_v\\\theta_2(t_{f2})=\theta_g\end{cases}\tag{5.2.26}$$

$$\begin{cases}\dot{\theta}_1(0)=0\\\dot{\theta}_2(t_{f2})=0\\\dot{\theta}_1(t_{f1})=\dot{\theta}_2(0)\end{cases}\tag{5.2.27}$$

$$\ddot{\theta}_1(t_{f1})=\ddot{\theta}_2(0)\tag{5.2.28}$$

考虑到关节角度约束式(5.2.26)，由分段角度运动函数式(5.2.24)和式(5.2.25)可得

$$\theta_0=a_{10}\tag{5.2.29}$$

$$\theta_v=a_{10}+a_{11}t_{f1}+a_{12}t_{f1}^2+a_{13}t_{f1}^3\tag{5.2.30}$$

$$\theta_v=a_{20}\tag{5.2.31}$$

$$\theta_g=a_{20}+a_{21}t_{f2}+a_{22}t_{f2}^2+a_{23}t_{f2}^3\tag{5.2.32}$$

由角速度约束，可得

$$0=a_{11}\tag{5.2.33}$$

$$0=a_{21}+2a_{22}t_{f2}+3a_{23}t_{f2}^2\tag{5.2.34}$$

$$a_{21}=a_{11}+2a_{12}t_{f1}+3a_{13}t_{f1}^2\tag{5.2.35}$$

进一步由角加速度约束，可得

$$a_{22}+3a_{23}t_{f2}=a_{12}+3a_{13}t_{f1}\tag{5.2.36}$$

将式(5.2.29)、式(5.2.31)和式(5.2.33)分别代入式(5.2.30)和式(5.2.32)可得

$$\frac{\theta_v-\theta_0}{t_{f1}^2}=a_{12}+a_{13}t_{f1}\tag{5.2.37}$$

$$\frac{\theta_g-\theta_v}{t_{f2}}=a_{21}+a_{22}t_{f2}+a_{23}t_{f2}^2\tag{5.2.38}$$

将式(5.2.34)代入式(5.2.38)，并令

$$d_1=\frac{\theta_v-\theta_0}{t_{f1}^2}$$

$$d_2=\frac{\theta_g-\theta_v}{t_{f2}^2}$$

可得

$$d_2=-a_{22}-2a_{23}t_{f2}\tag{5.2.39}$$

将式(5.2.33)和式(5.2.34)代入式(5.2.35)可得

$$-2a_{22}t_{f2}-3a_{23}t_{f2}^2=2a_{12}t_{f1}+3a_{13}t_{f1}^2\tag{5.2.40}$$

将式(5.2.37)两边同乘以 $2t_{f1}$ 后加 $a_{13}t_{f1}^2$，同时将式(5.2.39)两边同乘 $2t_{f2}$ 后加 $a_{23}t_{f2}^2$，代入式(5.2.40)有

$$2d_2t_{f2}+a_{23}t_{f2}^2=2d_1t_{f1}+a_{13}t_{f1}^2\tag{5.2.41}$$

将式(5.2.37)两边加 $2a_{13}t_{f1}$，同时将式(5.2.39)两边取负后加 $a_{23}t_{f2}$，代入式(5.2.36)有

$$a_{23}=\frac{d_1+d_2+2a_{13}t_{f1}}{t_{f2}} \tag{5.2.42}$$

将式(5.2.42)代入式(5.2.41)有

$$a_{13}=\frac{3d_2t_{f2}-2d_1t_{f1}+d_1t_{f2}}{t_{f1}^2-2t_{f1}t_{f2}} \tag{5.2.43}$$

由式(5.2.37)和式(5.2.39)可得

$$a_{12}=d_1-a_{13}t_{f1} \tag{5.2.44}$$

$$a_{22}=-d_2-2a_{23}t_{f2} \tag{5.2.45}$$

由式(5.2.34)有

$$a_{21}=-2a_{22}t_{f2}-3a_{23}t_{f2}^2 \tag{5.2.46}$$

至此，由式(5.2.29)、式(5.2.31)、式(5.2.33)、式(5.2.42)、式(5.2.43)、式(5.2.44)、式(5.2.45)和式(5.2.46)可确定满足约束条件式(5.2.26)、式(5.2.27)和式(5.2.28)的分段角运动轨迹。

可见，对于第 i 个关节坐标系内由多个点构成的轨迹规划问题，可在轨迹不同的运动段采用不同的低次多项式函数，然后将它们平滑过渡而连接在一起，以满足各点的边界条件。

然而，对于低成本工业机器人来说，基于三次多项式函数解决满足多点边界条件的多关节点轨迹规划问题仍然过于复杂。考虑到简化关节电机的控制，在关节坐标系轨迹规划中，工程上广泛应用的低阶函数是S型函数。对于电机控制来说，最简单易行的轨迹是线性轨迹，即任意两个相邻关节角度 θ_{ki} 和 $\theta_{(k+1)i}$ 间角运动为线性，满足

$$\theta(t)=a_0+a_1t \tag{5.2.47}$$

然而，若在关节角度边界 $t=0$ 和 $t=t_f$ 处，角速度约束满足式(5.2.4)或式(5.2.14)，则在边界处会出现角速度不连续以及角加速度无穷大的问题。该问题可采用如图5.2.2所示的S型函数解决，即相邻关节角度间以线性角运动为主，并在边界点附近用抛物线平滑过渡。

在典型的S型轨迹函数形式中，设a点为相邻关节量起点附近的抛物线与直线的过渡点，b点为相邻关节量终点附近的直线与抛物线的过渡点，那么S型轨迹可以看做是由起始段 $[\theta_0\ \ \theta_a]$、平稳段 $[\theta_a\ \ \theta_b]$ 和终止段 $[\theta_b\ \ \theta_f]$ 三段组成。假设任意两个相邻关节角度 θ_{ki} 和 $\theta_{(k+1)i}$ 内的S型轨迹函数满足的约束条件为

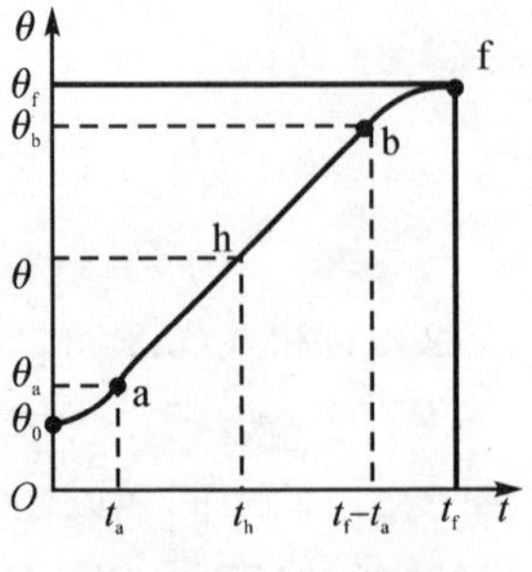

图 5.2.2　S型函数

约束1：相邻关节角度满足式(5.2.3)。

约束2：起始段和终止段的角加速度为常值，且大小相等、方向相反，即起始段为匀加速段，其角加速度为 c_2；终止段为匀减速段，其角加速度为 $-c_2$。

约束 3:起始段和终止段的运行时间均为 t_a。

约束 4:平稳段的角速度为常值 ω;

约束 5:θ_h 为轨迹的中点,对应运行时间 t_h 为总运行时间 t_f 的一半。

由这些 S 型函数的约束特点,可得起始段$[\theta_0 \quad \theta_a]$角运动方程为

$$\theta(t)=c_0+\frac{1}{2}c_2t^2 \quad t\in[0 \quad t_a] \tag{5.2.48}$$

终止段$[\theta_b \quad \theta_f]$的角运动方程为

$$\theta(t)=c_1-\frac{1}{2}c_2t^2 \quad t\in[t_f-t_a \quad t_f] \tag{5.2.49}$$

结合 S 轨迹图,$[\theta_a,\theta_b]$的角运动方程为

$$\theta(t)=a_0+\omega t \quad t\in[t_a \quad t_f-t_a] \tag{5.2.50}$$

式中,c_0、c_1、c_2、a_0 为满足 S 型函数轨迹约束的系数。ω 为平稳段轨迹角速度常值参数。

将 $t=0$ 时的关节角度 θ_0 代入式(5.2.48)可得

$$c_0=\theta_0 \tag{5.2.51}$$

由式(5.2.48)可知

$$\dot{\theta}(t)=c_2t \quad t\in[0 \quad t_a] \tag{5.2.52}$$

因 $\dot{\theta}(t_a)=\omega$,代入式(5.2.52)可得

$$c_2=\frac{\omega}{t_a} \tag{5.2.53}$$

由式(5.2.48)和式(5.2.53)可得满足约束条件的起始段角运动描述为

$$\theta(t)=\theta_0+\frac{\omega}{2t_a}t^2 \quad t\in[0 \quad t_a] \tag{5.2.54}$$

因 θ_a 为起始段和平稳段的交接点,由式(5.2.50)和式(5.2.54)可得

$$a_0=\theta_0-\frac{1}{2}\omega t_a \tag{5.2.55}$$

则满足约束条件的平稳段角运动描述为

$$\theta(t)=\theta_0-\frac{1}{2}\omega t_a+\omega t \quad t\in[t_a \quad t_f-t_a] \tag{5.2.56}$$

将 $t=t_f$ 时的关节角 θ_f 代入式(5.2.49)可得

$$c_1=\theta_f+\frac{\omega}{2t_a}t_f^2 \tag{5.2.57}$$

则满足约束条件的终止段角运动描述为

$$\theta(t)=\theta_f+\frac{\omega}{2t_a}t_f^2-\frac{\omega}{2t_a}t^2 \quad t\in[t_f-t_a \quad t_f] \tag{5.2.58}$$

由式(5.2.54)、式(5.2.56)和式(5.2.58)可知,满足约束条件的起始段、平稳段、终止段的角运动描述均与起始段的运行时间 t_a 有关。将约束条件 5 代入平稳段角运动式(5.2.56),可得起始段的运行时间 t_a 与边界条件之间的关系为

$$t_{\mathrm{a}}=\frac{\theta_0-\theta_{\mathrm{f}}+\omega t_{\mathrm{f}}}{\omega} \tag{5.2.59}$$

至此,完成了关节坐标系下基于S型函数的机器人轨迹规划推导。

5.3 参考坐标系内的轨迹规划

参考坐标系内的轨迹规划是直接针对工业机器人末端执行器按顺序经过的关键轨迹点进行轨迹设计的。由式(5.2.1)可知,参考坐标系内的关键轨迹点由位置向量描述。为了降低控制系统实现的难度,与关节坐标系内关节标量间轨迹规划不同,位置向量间的轨迹一般采用直线或圆弧描述。当直线或圆弧轨迹无法满足任务需求时,一般采用分段直线或圆弧的方式逼近复杂轨迹。因此,直线插补和圆弧插补成为工业机器人参考坐标系下的基本轨迹规划方法。

5.3.1 基于直线插补的轨迹规划

基于空间直线插补的轨迹规划是指在已知该直线始末两个点位置和姿态条件下,求各轨迹中间点(插补点)的位置和姿态的过程。

假设相邻轨迹点在参考坐标系内的位置向量描述为 $\boldsymbol{p}_{k-1}=P_0(X_0,Y_0,Z_0)$ 和 $\boldsymbol{p}_k=P_{\mathrm{e}}(X_{\mathrm{e}},Y_{\mathrm{e}},Z_{\mathrm{e}})$。末端执行器在两个轨迹点之间以速度 v 做匀速直线运动,如图5.3.1所示。

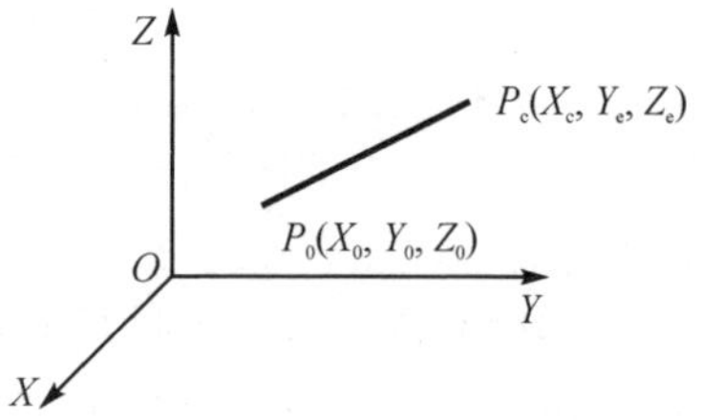

图5.3.1 参考坐标系内直线轨迹

设末端执行器的控制时间间隔为 t_{s},则在该控制时间间隔内,末端执行器的位移为

$$d=vt_{\mathrm{s}} \tag{5.3.1}$$

若相邻轨迹点间的距离为 L,则控制末端执行器以匀速直线运动从轨迹点 $\boldsymbol{p}_{k-1}$ 到 $\boldsymbol{p}_k$ 的总执行步数为

$$N=1+\frac{L}{d} \tag{5.3.2}$$

在单位控制时间间隔内,直线轨迹在参考坐标系中各个轴的增量为

$$\begin{cases}\Delta X=\dfrac{(X_{\mathrm{e}}-X_0)}{N}\\[2mm]\Delta Y=\dfrac{(Y_{\mathrm{e}}-Y_0)}{N}\\[2mm]\Delta Z=\dfrac{(Z_{\mathrm{e}}-Z_0)}{N}\end{cases} \tag{5.3.3}$$

由式(5.3.3)可得,已知各轴增量后,第 $i+1$ 步的控制点坐标可表示为

$$\begin{cases}X_{i+1}=X_i+i\Delta X\\Y_{i+1}=Y_i+i\Delta Y\\Z_{i+1}=Z_i+i\Delta Z\end{cases}\tag{5.3.4}$$

式中，$i=0,1,2,\cdots,N$。由此可见，采用式(5.3.4)的累积方式可以控制末端执行器以匀速直线运动从轨迹点 $\boldsymbol{p}_{k-1}$ 一步步到达 $\boldsymbol{p}_k$。

5.3.2 基于圆弧插补的轨迹规划

基于圆弧插补的轨迹规划包括基于平面圆弧插补和基于空间圆弧插补两种方式。

如图5.3.2所示，若末端执行器在式(5.2.1)中相邻三个轨迹点间以速度 v 沿圆弧运动，圆弧半径为 R。设三个相邻轨迹点间非共线，且均位于参考坐标系的 OXY 平面上。

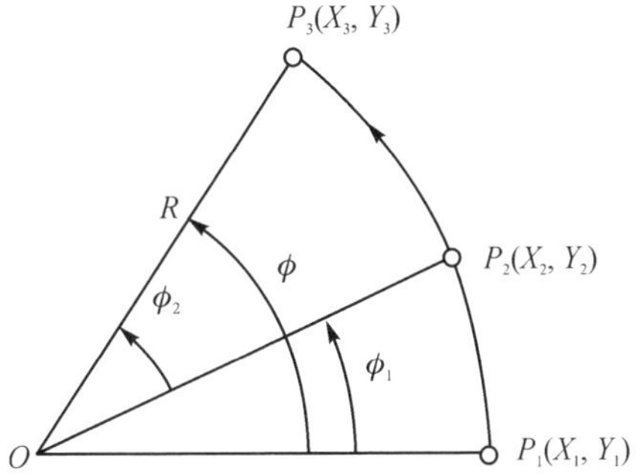

图5.3.2 参考坐标系内平面圆弧轨迹

可知，参考坐标系内的三个相邻非共线轨迹点坐标分别为 $\boldsymbol{p}_{k-1}=P_1(X_1,Y_1,0)$、$\boldsymbol{p}_k=P_2(X_2,Y_2,0)$ 和 $\boldsymbol{p}_{k+1}=P_3(X_3,Y_3,0)$。设机器人末端执行器的控制时间间隔为 t_s，则在单位控制时间间隔内，末端执行器的角位移为

$$\Delta\theta=\frac{vt_s}{R}\tag{5.3.5}$$

定义轨迹点 $\boldsymbol{p}_{k-1}$ 和 $\boldsymbol{p}_k$ 间对应圆心角为 ϕ_1，$\boldsymbol{p}_k$ 和 $\boldsymbol{p}_{k+1}$ 间对应圆心角为 ϕ_2，有

$$\phi_1=\arccos\left\{\frac{[(X_2-X_1)^2+(Y_2-Y_1)^2-2R^2]}{2R^2}\right\}\tag{5.3.6}$$

$$\phi_2=\arccos\left\{\frac{[(X_3-X_2)^2+(Y_3-Y_2)^2-2R^2]}{2R^2}\right\}\tag{5.3.7}$$

控制末端执行器以匀速圆弧运动，从 $\boldsymbol{p}_{k-1}$ 到 $\boldsymbol{p}_{k+1}$ 点的总执行步数为

$$N=1+\frac{\phi}{\Delta\theta}\tag{5.3.8}$$

式中，圆心角 $\phi=\phi_1+\phi_2$。在控制末端执行器沿圆弧匀速运动过程中(如图5.3.3所示)，第 i 步到第 $i+1$ 步的控制点坐标满足

$$
\begin{cases}
X_{i+1}=R\cos(\theta_i+\Delta\theta)=X_i\cos\Delta\theta-Y_i\sin\Delta\theta \\
Y_{i+1}=R\sin(\theta_i+\Delta\theta)=Y_i\cos\Delta\theta+X_i\sin\Delta\theta \\
\theta_{i+1}=\theta_i+\Delta\theta
\end{cases}
\tag{5.3.9}
$$

式中

$$
X_i=R\cos\theta_i
$$
$$
Y_i=R\sin\theta_i
$$

依据式(5.3.9)可以控制末端执行器在参考坐标系下以匀速圆弧运动从轨迹点 $\boldsymbol{p}_{k-1}$ 经 $\boldsymbol{p}_k$ 一步步到达 $\boldsymbol{p}_{k+1}$。

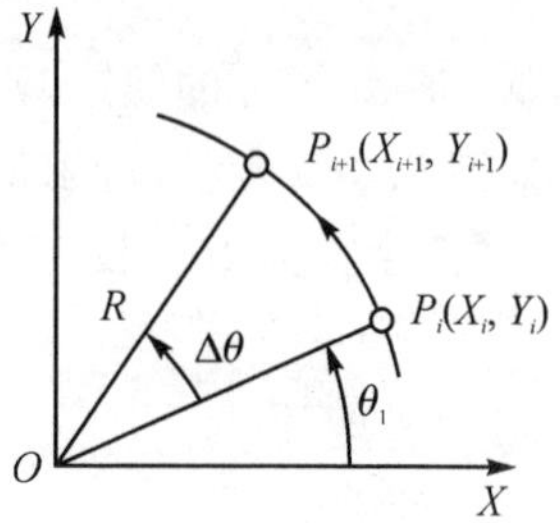

图 5.3.3　圆弧轨迹单步运动关系

若三个非共线相邻轨迹点位于参考坐标系的任意平面内，位置向量分别为 $\boldsymbol{p}_{k-1}=P_1^{\mathrm{O}}(X_1^{\mathrm{O}},Y_1^{\mathrm{O}},Z_1^{\mathrm{O}})$，$\boldsymbol{p}_k=P_2^{\mathrm{O}}(X_2^{\mathrm{O}},Y_2^{\mathrm{O}},Z_2^{\mathrm{O}})$和 $\boldsymbol{p}_{k+1}=P_3^{\mathrm{O}}(X_3^{\mathrm{O}},Y_3^{\mathrm{O}},Z_3^{\mathrm{O}})$。其中，上标 O 表示坐标是基于参考坐标系。在三个非共线轨迹点所在平面建立正交坐标系 R，如图 5.3.4 所示，使得三个轨迹点在 R 坐标系内的位置满足 $\boldsymbol{p}_{k-1}=P_1^{\mathrm{R}}(X_1^{\mathrm{R}},Y_1^{\mathrm{R}},0)$、$\boldsymbol{p}_k=P_2^{\mathrm{R}}(X_2^{\mathrm{R}},Y_2^{\mathrm{R}},0)$和 $\boldsymbol{p}_{k+1}=P_3^{\mathrm{R}}(X_3^{\mathrm{R}},Y_3^{\mathrm{R}},0)$。

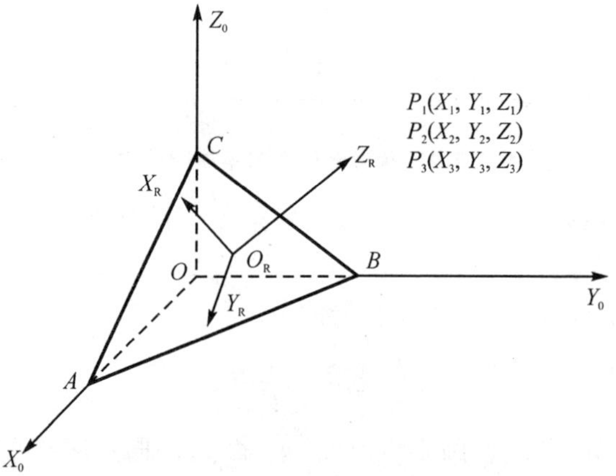

图 5.3.4　R 坐标系与参考坐标系 O 的关系

在 R 坐标系内，采用式(5.3.9)计算第 i 步到第 $i+1$ 步的控制坐标点 $P_{i+1}^{\mathrm{R}}(X_{i+1}^{\mathrm{R}},Y_{i+1}^{\mathrm{R}},0)$。设 R 坐标系到参考坐标系 O 的坐标变换矩阵为 $\boldsymbol{C}_{\mathrm{R}}^{\mathrm{O}}$，经式(5.3.10)坐标变换后可得参考坐标系内第 i 步到第 $i+1$ 步的控制坐标点为

$$
\begin{bmatrix} X_{i+1}^{\mathrm{O}} \\ Y_{i+1}^{\mathrm{O}} \\ Z_{i+1}^{\mathrm{O}} \end{bmatrix}=\boldsymbol{C}_{\mathrm{R}}^{\mathrm{O}}\begin{bmatrix} X_{i+1}^{\mathrm{R}} \\ Y_{i+1}^{\mathrm{R}} \\ 0 \end{bmatrix}
\tag{5.3.10}
$$

综上所述，直线插补和圆弧插补的工业机器人参考坐标系下的轨迹规划方法流程如图 5.3.5 所示。

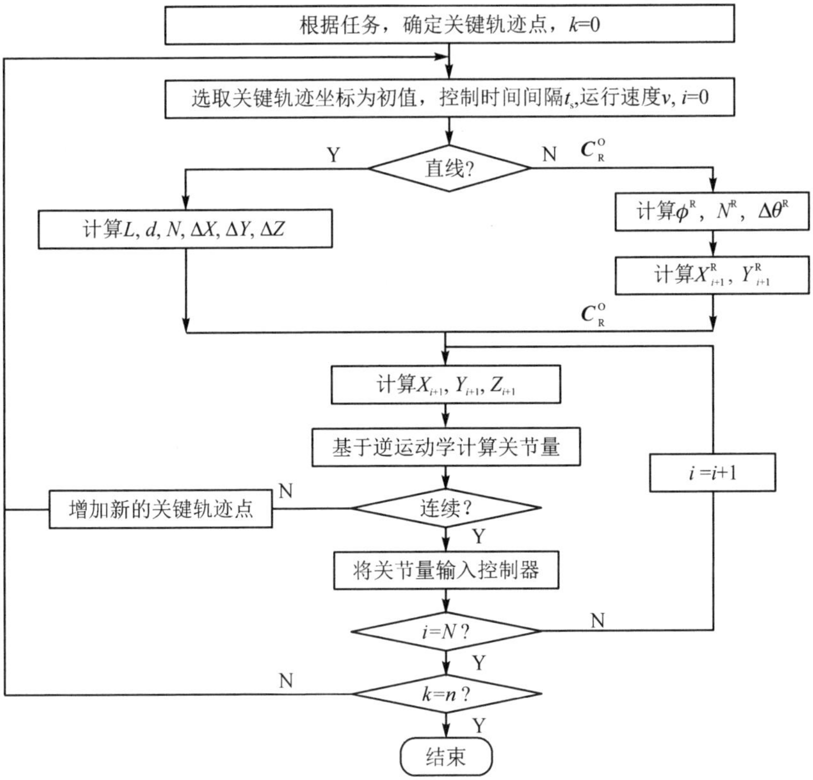

图 5.3.5 参考坐标系轨迹规划流程

5.4 虚拟 Delta 并联机器人轨迹规划仿真实验

实际应用中，通常需要根据 Delta 并联机器人的现场作业要求和实际约束条件确定并联机器人的运动轨迹类型，然后在关节坐标系(关节空间)和参考坐标系(笛卡儿空间)分别完成轨迹规划过程。在机器人学中，笛卡儿空间与关节空间是相对的概念：笛卡儿空间关注的是末端执行器的位置和方向；关节空间关注的是机器人的关节角度，两者通过机器人逆向运动学和正向运动学相互转换。为了充分了解机器人执行任务时末端执行器的运动情况，本实验主要关注笛卡儿空间内(也就是参考坐标系下)的 Delta 并联机器人轨迹规划过程。

本实验在 5.3 节轨迹规划理论知识的基础上，完成笛卡儿空间内并联工业机器人末端执行器的运动路径与时间函数的映射，基于 Delta 并联机器人的运动学反解，在运动过程中经过多次采样求出三个关节角度与时间的函数关系。当运动轨迹比较复杂时，对运动轨迹进行分段插补，从而实现适合特定的连续轨迹控制，最后借助虚拟仿真实验平台可视化显示并联工业机器人轨迹规划结果。通过本仿真实验，学生能够深入理解并联机器人轨迹规划的意义和设计流程，扎实掌握参考坐标系下的并联工业机器人典型门型轨迹设计过程，为并联工业机器人的精确轨迹跟踪控制奠定良好基础。

5.4.1 工业机器人典型门型轨迹分析

门型轨迹是工业机器人应用领域中使用比较广泛的运动轨迹，各种形式的运动轨迹都是由门型轨迹为基础变化而来的。例如，机器人在执行上下料、码垛等复杂搬运任务时的运动轨迹，都是将这些由门型轨迹变化而来的运动轨迹串联而成的。

在食品、医药等行业，机器人的主要任务是实现生产线的自动化分拣。其分拣过程如图 5.4.1(a)所示，任务流程可以划分为三个阶段：在传送带 1 上拾取目标物品；转移目标物品；把目标物品放置到传送带 2 上的指定位置。根据实际的生产要求，机器人需要平稳、快速、准确地将目标物品从传送带 1 中拾取并放置在传送带 2 中。为了提高机器人的工作效率，需要尽可能缩短单次拾放时间。

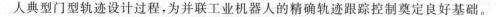

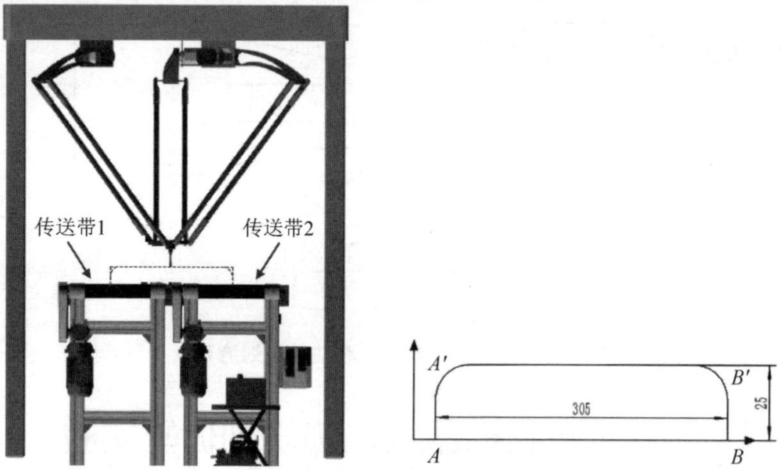

(a) 分拣过程 (b)

图 5.4.1 门型轨迹原理图

如图 5.4.1(b)所示，典型的门型轨迹意味着：机器人执行搬运任务过程中，需要将一个物体从 A 点移动到 B 点时，为了避免物体受到摩擦、碰撞，机器人从 A 点拿取物体后需要先将物体垂直向上提起一段距离后再移动，提起后的位置为 A'点。为了尽可能缩短搬运时间，机器人应将物体先移动到目标点上方的 B'点，然后轻轻放置于 B 点。因此机器人搬运过程形成了门型的轨迹：$A \to A' \to B' \to B$，整个轨迹运动过程中机器人的末端执行器存在静止、加速、匀速、减速四个阶段。而为了实现下一次的抓取，机器人一般会沿着同样轨迹反向回到 A 点，即 $B \to B' \to A' \to A$。

5.4.2 虚拟 Delta 并联机器人门型轨迹设计

Delta 并联机器人在笛卡儿空间内的门型轨迹规划就是根据门型规划路径选取合适的运动规律函数来分段描述门型运动轨迹，随后选取各段的位置关键点进行直线轨迹插补或者圆弧轨迹插补。

笛卡儿空间内 Delta 并联机器人的典型门型轨迹规划实现框图如图 5.4.2 所示。

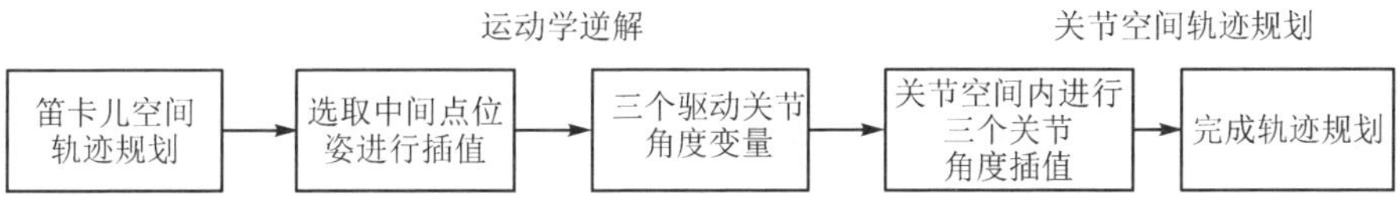

图 5.4.2　笛卡儿空间内 Delta 并联机器人轨迹规划实现框图

综合考虑并联机器人的结构等约束性条件，虚拟 Delta 并联机器人在笛卡儿空间内的典型门型轨迹设计主要包括以下关键环节。

1. 门型轨迹设计中的坐标系及相关轨迹参数

由工业机器人虚拟仿真实验平台下的并联机器人机构分析可知，Delta 并联机器人的主动臂是在三个电机的驱动下运动的，对于不同轴向的电机分别利用红色、绿色和蓝色加以区别。门型轨迹设计中的坐标系及相关轨迹参数如图 5.4.3 所示。

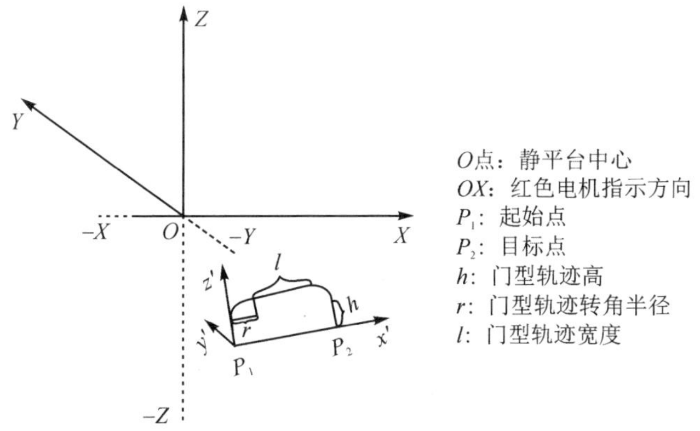

图 5.4.3　门型轨迹坐标系及参数

由图 5.4.3 可见，以 Delta 并联机器人的静平台中心 O 为原点，红色电机指示方向为 X 轴正方向，在静平台平面上确定 Y 轴正方向，最后通过右手定则确定 Z 轴正方向，从而建立笛卡儿空间下的机器人 $OXYZ$ 参考坐标系。为了方便设计门型轨迹，需在已建立的 $OXYZ$ 参考坐标系基础上，构建门型轨迹坐标系，设置门型轨迹的起始点 P_1 与目标点 P_2，并以起始点 P_1 为原点 o'，P_1P_2 连线为 x' 轴正方向，过 P_1 点的 P_1P_2 连线的垂线为 y' 轴方向，通过右手定则建立 $o'x'y'z'$ 坐标系，在此定义为用户坐标系。在用户坐标系下分析门型轨迹比较简单。门型轨迹的相关参数包括：门高 h、门型转角半径 r、门型轨迹宽度 l 以及门型轨迹的总长度 L。

2. 基于多项式拟合的门型轨迹插补过程

结合实际运动情况分析每一段轨迹后发现，机器人末端执行器的门型轨迹基本都要经历“停止—加速—匀速—减速—停止”的过程。一般而言，机器人在轨迹起始点 P_1 与目标点 P_2 处于静止状态，此时的约束性条件是速度和加速度均为零。为了保证机器人末端执行器在执行任务时轨迹的平稳性和连续性，需充分考虑轨迹中间位姿插入点的速度、加速度、加加速度应满足的其他约束性条件。

例如，在机器人末端执行器沿门型轨迹运动的过程中，L 表示门型轨迹的总长度，T 为完成一次轨迹运动的总时间。为了便于处理，将长度值、时间量同时进行归一化处理，将归一化后的总长度与总时间视为无量纲的单位值“1”。此时，令 S 和 τ 分别表示门型轨迹归一化后对应的长度和时间。为了保证机器人操作时的安全性与连续性，轨迹归一化后起始点和目标点的位移、速度、加速度，以及中间位姿插入点(0.4 时刻)的加速度需满足以下关系：

$$\begin{cases} S(0)=0 \\ S(1)=1 \\ \dot{S}(1)=0 \\ \dot{S}(0)=0 \\ \ddot{S}(1)=0 \\ \ddot{S}(0)=0 \\ \ddot{S}(0.4)=0 \end{cases} \tag{5.4.1}$$

采用六次多项式进行轨迹的插补：

$$S(\tau)=a_6\tau^6+a_5\tau^5+a_4\tau^4+a_3\tau^3+a_2\tau^2+a_1\tau+a_0 \tag{5.4.2}$$

可见，多项式中存在 7 个待定系数。原则上通过构建 7 个方程可以求解这些系数。将式(5.4.1)的约束条件代入式(5.4.2)后，便可求解出多项式的系数。

3. 求解轨迹插补点的空间坐标位置

在用户坐标系 $Oxyz$ 下讨论下述问题。已知：L 表示门型轨迹总长度；P_1、P_2 分别表示起始点与目标点；P_{1x}、P_{1z} 分别为起始点的 x、z 坐标；P_{2x}、P_{2z} 分别为目标点的 x、z 坐标。在坐标系 $Oxyz$ 中，以 P_1 向 P_2 所在门型高的垂线方向为 x 轴正向，根据起始点与目标点的空间坐标相对位置，可以将门型轨迹分为以下三种情况(如图 5.4.4、图 5.4.5、图 5.4.6 所示)。

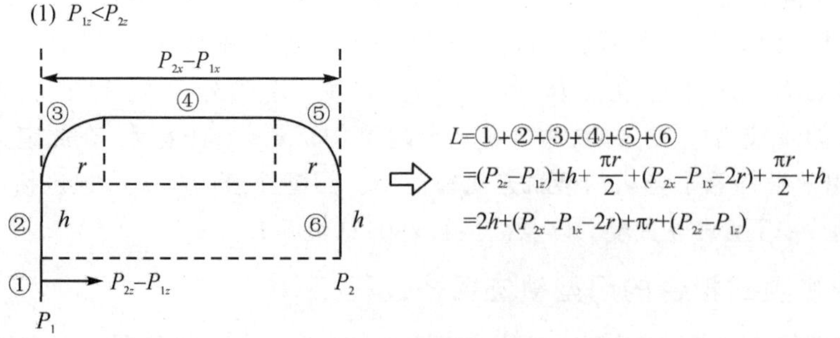

图 5.4.4　情况 1 门型轨迹

在已建坐标系 $Oxyz$ 下，利用门高 h、门型转角半径 r、起始点与目标点的坐标，描述如图 5.4.4、图 5.4.5、图 5.4.6 所示三种情况的门型轨迹总长度 L：

(2) $P_{2z}<P_{1z}$

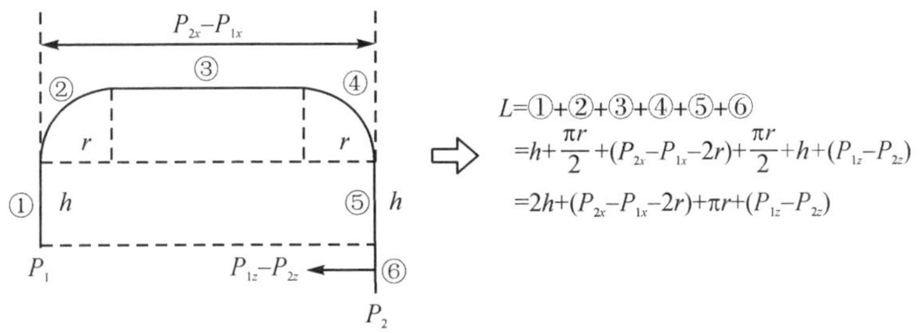

图 5.4.5　情况 2 门型轨迹

(3) $P_{1z}=P_{2z}$

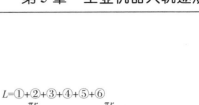

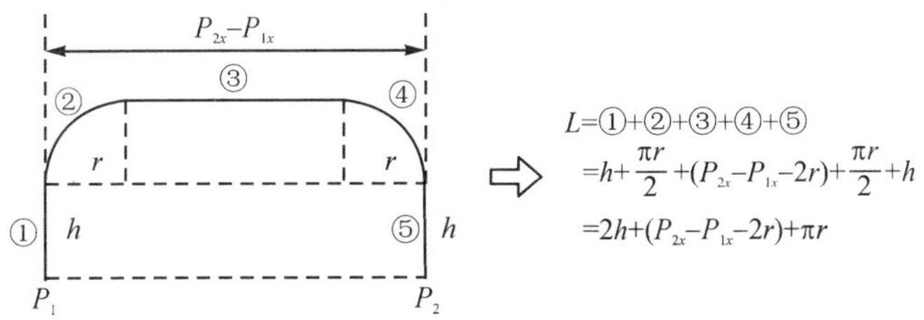

图 5.4.6　情况 3 门型轨迹

① 第 1 种情况下：起始点 P_1 与目标点 P_2 的 z 坐标值不同。目标点 P_2 的 z 坐标值大于起始点 P_1 的 z 坐标值。整条门型轨迹总长度 L 由六段组成。起始点 P_1 上方的门高包含两部分：目标点 P_2 上方门高、目标点与起始点的 z 坐标差值。

② 第 2 种情况下：起始点 P_1 与目标点 P_2 的 z 坐标值不同。目标点 P_2 的 z 坐标值小于起始点 P_1 的 z 坐标值。整条门型轨迹总长度 L 由六段组成。起始点 P_2 上方的门高包含两部分：目标点 P_1 上方门高、起始点与目标点的 z 坐标差值。

③ 第 3 种情况下：起始点 P_1 与目标点 P_2 的 z 坐标值相同。整条门型轨迹总长度 L 由五段组成。

5.4.3　虚拟 Delta 并联机器人可视化轨迹规划实现与结果分析

轨迹规划是进行并联机器人高精度运动控制的前提。机器人虚拟仿真资源提供的 Demo 程序为 MenTra.m，MATLAB 下该子程序的伪代码如下：

```
function [NX,NY,NZ] = MenTra(Para)
```

Step 1：参数初始化

　　起始点、目标点、门型轨迹参数、总时间、采样频率等

Step 2：多项式拟合

　　依据式(5.4.1)和式(5.4.2)

Step 3：给出归一化后的门型轨迹描述形式

依据情况 1、情况 2、情况 3 的各种情况

Step 4:写出各分段中轨迹点的表达形式

Step 5:坐标变换

构建参考坐标系与用户坐标系之间的坐标变换矩阵

Step 6:输出计算结果

获得参考坐标系下的轨迹位置描述

end

由上述伪代码结构可见,实现门型轨迹规划的函数名为 MenTra。其中,Para 是函数的输入参数;NX,NY,NZ 是参考坐标系下机器人末端执行器的轨迹位置点坐标,是函数的输出参数。根据该伪代码结构以及 5.4.2 小节介绍的主要环节,编写程序完成 Server_MATLAB 资源包“针灸机器人”目录下的 MenTra.m 文件,调试通过后利用 plot3 绘图函数在 MATLAB 下画出门型轨迹,以便分析是否满足设计要求。

另一方面,为了能够直接观察虚拟 Delta 并联机器人的轨迹规划结果,除了利用 plot3 绘制轨迹外,还可以与工业机器人虚拟仿真实验平台对接可视化显示,便于提高学生对不同轨迹类型的认识,以及采用不同多项式插值拟合方法完成多点轨迹优化的能力。首先启动 Sever_MATLAB.exe 小程序并保持最小化状态。虚拟 Delta 并联机器人可视化轨迹规划具体操作流程如下:

(1) 进入工业机器人虚拟仿真实验平台“针灸机器人”主界面,选择“轨迹规划”模块(如图 5.4.7 所示)。

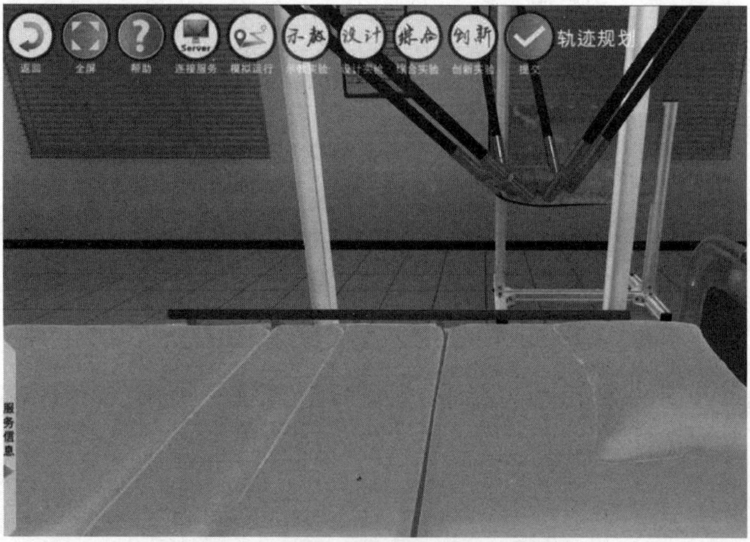

图 5.4.7 并联机器人“轨迹规划”界面

由图 5.4.7 可见,机器人轨迹规划实验包括“示教型”“设计型”“综合型”“创新型”四种类型,这四类实验的显著性区别在于程序设计的开放度不同,以便满足不同层次学生的学习需求。其中,“示教型”适用于初学者,此类型实验无需与参数产生交互,直接“模拟运行”就可以观察结果;“设计型”需借助界面与参数交互,即通过界面设置调整参

数以及多点多类型轨迹,“模拟运行”后总结分析轨迹规划的过程;“综合型”需要学生基于提供的 Demo 在 MATLAB 下完成 MenTra.m 程序的设计与调试,并掌握不同类型的轨迹特性,设计平滑插值方法,完成轨迹规划过程;“创新型”属于高层次的实验类型,学生要自主开发轨迹规划过程的全部内容。以下以“综合型”实验为例,阐明可视化对接过程。

(2)“属性面板”给出了轨迹规划的相关参数,如图 5.4.8 所示。其中,“坐标位置”选项区域呈现的是每一段轨迹中需要设定的参考坐标系下的轨迹点坐标参数(单位:mm)。除了前面分析的典型门型轨迹外,常用的还有椭圆型轨迹等,任意两点之间的轨迹类型可以根据需要自主选择。轨迹类型确定后,相关类型轨迹的参数信息将体现在“结构参数”中。

图 5.4.8 “属性面板”界面

(3)在“坐标位置”选项区域设定轨迹初始点、多个插入点、目标点的三维坐标值(红点表示起始点,蓝点表示插入点和目标点),用户可根据实际需求确定插入点的个数,单击“+”可以增加插入点个数(本工业机器人虚拟仿真实验平台最多提供 5 个插入点的坐标信息),单击“-”可以删除已经添加的插入点。

(4)确定两点之间的轨迹类型,并在“结构参数”选项区域设置参数。如果选择门型轨迹,需要确定的参数包括:门高(单位:mm)、转角半径(单位:mm);如果选择椭圆型轨迹,需要确定的参数包括:短半径长度(单位:mm)。机器人的结构参数可以载入已保存的信息、选择默认设定信息或者由用户自行输入。注意:工业机器人虚拟仿真实验平台下选择的轨迹类型应与程序设计中的轨迹类型一致,否则 MATLAB 程序对接机器人虚拟仿真实验平台时将报错。

(5)确保 MATLAB 下自主编写的 MenTra.m 文件成功运行后,单击工业机器人虚拟仿真实验平台下的“连接服务”与“模拟运行”,机器人轨迹规划的运行效果如

图 5.4.9(a)所示。滑动鼠标滚轮并转动鼠标，可以多角度查看机器人末端执行器部分的轨迹运动情况，如图 5.4.9(b)所示。

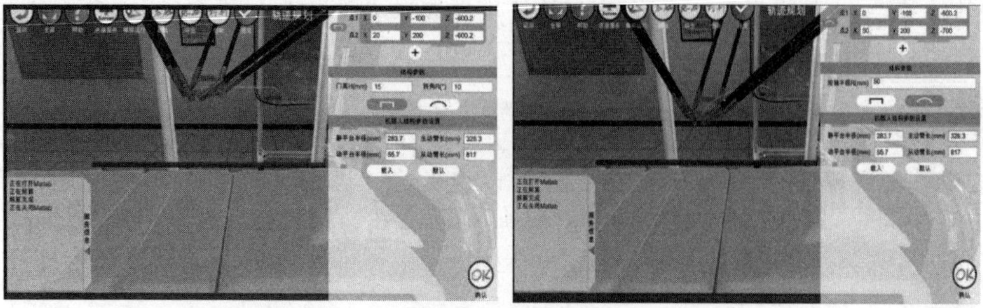

(a) 不同轨迹运行情况

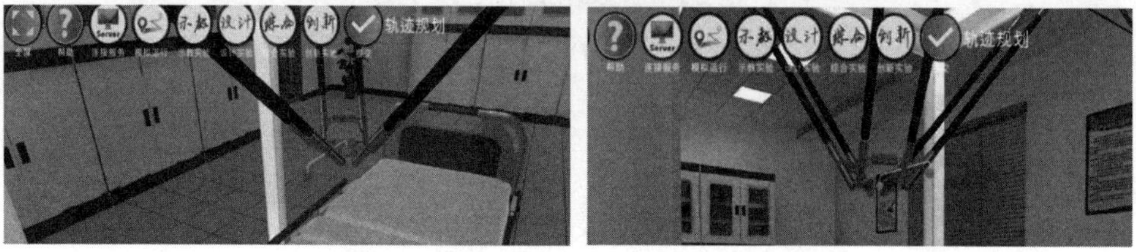

(b) 多角度轨迹规划结果

图 5.4.9 并联机器人轨迹规划效果图

5.5 虚拟 Dobot 串联机器人轨迹规划实验

串联机器人轨迹规划关注串联机器人运动过程中的位移、速度、加速度等运动参数。串联机器人轨迹规划的意义在于，给定轨迹上若干个点在参考坐标系下的位置，经串联机器人逆运动学求解得到关节空间的关节角，对关节角插值后可实现串联机器人工作空间内的运动控制。为了保证串联机器人运行的平稳性，要求所设计的轨迹连续且平滑。

与并联机器人相同，串联机器人的轨迹规划可在关节空间(关节坐标系)中进行，也可以在笛卡儿空间(参考坐标系)中进行。因此，本实验将借助工业机器人虚拟仿真实验平台开展参考坐标系下的串联机器人轨迹规划，使读者掌握串联机器人轨迹规划中的直线段、圆弧轨迹设计过程，为实现串联机器人精确轨迹跟踪与控制奠定基础。

5.5.1 虚拟 Dobot 串联机器人轨迹规划设计过程

在笛卡儿空间进行轨迹规划可以使机器人末端执行器沿着指定路径运动。由于笛卡儿空间内的路径可以利用直线段和圆弧的组合进行拟合，因此笛卡儿空间的虚拟 Dobot 串联机器人轨迹规划主要分为两种情况：直线段的轨迹规划、圆弧的轨迹规划。

整体设计思路为：首先，得到直线段或者圆弧上的系列串联机器人末端执行器的位姿状态；然后，将这些位姿信息作为串联机器人逆运动学求解的输入量，计算得到每个位姿在每个离散时间点对应的关节角度值。简化流程如下：

(1) 每一步增加时间增量；

(2) 通过所选轨迹函数或者拟合函数求出串联机器人末端执行器的位姿；

(3) 由逆运动学知识计算出相应离散点对应的关节信息；

(4) 将关节信息发给控制器；

(5) 在轨迹上不断重复上述步骤(1)～(4)。

1. 空间直线段轨迹规划

空间直线段轨迹规划过程包括以下步骤：

(1) 确定空间直线段起始点 P_1 和目标点 P_2 的坐标值，并引入归一化因子 λ ，$\lambda=0$ 时机器人末端位于起始点，$\lambda=1$ 时机器人末端位于目标点。

(2) 本实验按照匀速运动设定归一化因子 λ，并计算直线段上所有离散点坐标。注意：为了保证轨迹的平滑性，可随时间的变化设定归一化因子 λ。

(3) 利用得到的离散点坐标基于串联机器人逆运动学计算所有离散点对应的关节角度。

2. 空间圆弧轨迹规划

空间中任意三个不共线的点可确定一条空间圆弧，且根据此三点还可以确定此圆弧所在的平面。对确定的空间圆弧进行轨迹规划过程包括以下步骤：

(1) 利用已学几何知识确定空间圆弧的圆心及半径；

(2) 将空间圆弧转化为平面圆弧并求齐次变换矩阵；

(3) 求转化后平面圆弧的圆心角以及弧长；

(4) 根据给定的步数、每步的角位移，计算平面圆弧上所有离散点坐标；

(5) 求圆弧上所有离散点在机器人参考坐标系中的坐标；

(6) 利用得到的离散点坐标，基于串联机器人逆运动学计算所有离散点对应的关节角度。

5.5.2 虚拟 Dobot 串联机器人可视化轨迹规划实现与结果分析

Server_MATLAB 资源包“写字机器人”目录下包含关于 Dobot 串联机器人轨迹规划的 Demo 模块，即 Trajectory. m 文件。在 MATLAB 环境下按照理论部分完成 Trajectory. m 文件的编辑与调试，运行无误后可与工业机器人虚拟仿真实验平台对接。首先启动 Sever_MATLAB. exe 小程序并保持最小化状态。具体操作流程如下。

(1) 选择工业机器人虚拟仿真实验平台下“写字任务”主界面的“轨迹规划”模块(如图 5.5.1 所示)。在轨迹规划过程中，任意两点或多点之间的轨迹是可以根据轨迹类型预先设定的。

(2) “属性面板”给出了轨迹规划相关参数。“坐标位置”选项区域是轨迹规划过程中需要设定的起始点、目标点的坐标参数(单位：mm)。两个点之间的轨迹可以选择门型轨迹或者椭圆型轨迹，“结构参数”是选定类型轨迹的参数信息。其中，直线段轨迹是门型轨迹的特殊形式，圆弧轨迹是椭圆型轨迹的一种表现形式。

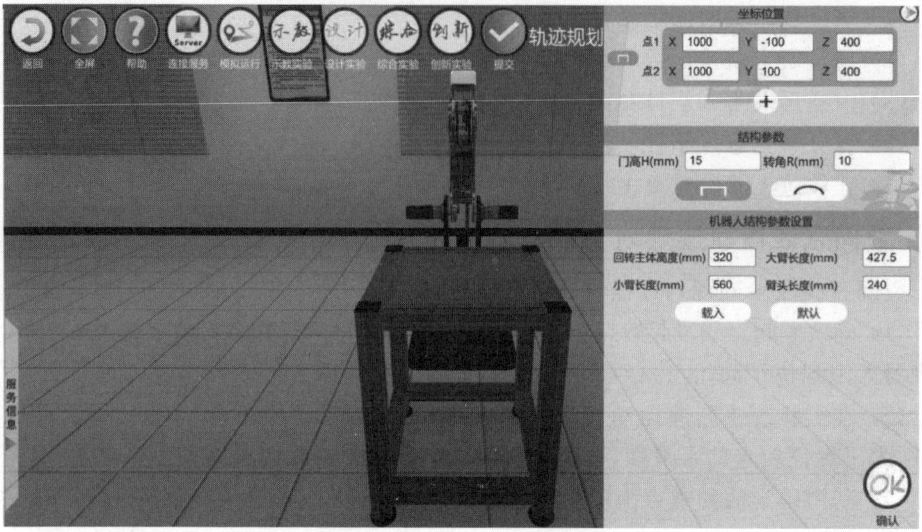

图 5.5.1　串联机器人"轨迹规划"界面

(3) 在"坐标位置"选项区域设定轨迹初始点、多个插入点、目标点的坐标值(红点表示起始点,蓝点表示插入点和目标点)。单击"+"增加插入点个数,单击"－"删除轨迹点数。

(4) 确定两个点之间的轨迹类型,并在"结构参数"选项区域设计参数。机器人的结构参数可以载入已保存的信息、选择默认设定信息或者由用户自行输入。注意:工业机器人虚拟仿真实验平台下选择的轨迹类型应与程序设计中的轨迹类型一致,否则 MATLAB 程序对接机器人虚拟仿真实验平台时将报错。

(5) Trajectory. m 文件在 MATLAB 下正常运行后,在串联机器人轨迹规划界面"连接服务"并"模拟运行",运行效果如图 5.5.2 所示。滑动鼠标滚轮并旋转可以多角度查看串联机器人末端执行器部分的轨迹运动情况。

图 5.5.2　串联机器人可视化轨迹规划结果

第 6 章 工业机器人动力学及控制

6.1 机器人动力学基础

机器人运动学明确了机器人末端执行器位姿与其各个关节角度间的关系。基于机器人运动学能够完成机器人工作空间内的机器人末端执行器轨迹规划等复杂任务。然而,机器人运动学仅描述了机器人的静态行为。依赖机器人运动学模型进行机器人的控制器设计会导致机器人运动控制速度慢、精度和效率低、损耗高等系列问题。为了满足机器人控制精度、实时性和稳定性方面的要求,需要引入描述机器人动态特性的机器人动力学模型。机器人的动力学主要研究机器人机构的力和运动之间的关系,是开展机器人控制设计的基础。机器人末端执行器的动态响应取决于机器人动力学模型和控制算法。

一般在关节坐标系内,机器人动力学模型可描述为

$$\tau_i = J(q_i, \dot{q}_i, \ddot{q}_i) \quad i = 1, 2, \cdots, n \tag{6.1.1}$$

式中,τ_i 为机器人关节电机的广义驱动力矩;q_i、$\dot{q}_i$、$\ddot{q}_i$ 为机器人的广义关节变量及其一阶、二阶导数;i 表示机器人的第 i 个关节;n 为机器人关节的数量。

在不考虑关节内摩擦的条件下,关节坐标系内的机器人动力学模型式(6.1.1)可以简化为

$$\boldsymbol{\tau} = \boldsymbol{M}(q)\ddot{q} + \boldsymbol{V}(q, \dot{q}) + \boldsymbol{G}(q) \tag{6.1.2}$$

式中,$\boldsymbol{\tau}$ 为关节驱动力矩(单位:N·m);q 为关节角度(单位:rad);$\dot{q}$ 为关节角速度(单位:rad/s);$\ddot{q}$ 为关节角加速度(单位:rad/s^2);$\boldsymbol{M}(q)$为机器人的质量矩阵;$\boldsymbol{V}(q, \dot{q})$为速度项力矩(单位:N·m),是科氏加速度与向心力作用的结果;$\boldsymbol{G}(q)$为重力项力矩(单位:N·m)。

由式(6.1.2)可知,机器人动力学模型中一般包含质量相关力矩、速度相关力矩和重力相关力矩。其中,质量矩阵 $\boldsymbol{M}(q)$与关节角度有关,速度项力矩 $\boldsymbol{V}(q, \dot{q})$与关节角度和关节角速度有关,重力项力矩 $\boldsymbol{G}(q)$由关节角度决定。

与机器人运动学建模相比，机器人动力学建模过程非常复杂。机器人特殊的机构构型、传动模式、驱动方式等引入的众多非线性因素，导致机器人动力学模型中各项力矩均呈现强非线性特征。另一方面，随着机器人关节运动位置的改变而不断变换的机械构型，导致动力学模型参数也随之变化，使得机器人动力学模型呈现强时变性特征。此外，机器人连杆和关节之间的连接关系，导致任何一个关节的运动均会对其他关节产生动力效应，使得每个关节都要承受其他关节运动所产生扰动带来的强耦合性。

针对不同机器人机械结构的特点，国内外学者提出了很多研究机器人动力学建模的方法。在工业机器人领域，广泛应用的方法有基于拉格朗日力学的拉格朗日法，基于动力学的牛顿-欧拉法、旋量对偶数法、凯恩法等方法。

6.2 Delta 并联机器人动力学模型

在实际应用中，Delta 并联机器人因杆件的弹性变形、结构间摩擦以及构件间质量分布不均等因素，很难建立完整的动力学模型。因此，通常基于以下理想性假设条件，推导 Delta 并联机器人的动力学模型：

① 杆件均为没有弹性变形的刚体；

② 构件间没有摩擦；

③ 构件的质量分布均匀。

工业机器人控制系统的优劣以机器人的末端执行器能否在工作空间内按照规划轨迹准确、快速和稳定运动为评判标准。机器人控制系统的设计依赖于机器人动力学模型。由式(6.1.2)可知，Delta 并联机器人动力学模型输入包括关节角度、关节角速度和关节角加速度。基于 Delta 并联机器人的逆运动学模型，可以由末端执行器的位置获得关节角度。但是，参考坐标系内机器人末端执行器的速度、加速度与关节坐标系内末端执行器关节角速度、角加速度之间的关系仍需要明确。

6.2.1 末端执行器速度与关节角速度

结合第 4 章给出的 Delta 并联机器人逆运动学结论，对式(4.2.3)两边求导，并令关节角 $\theta_i = q_i$，可得

$$2[x-\cos\alpha_i(L+L_{\mathrm{a}}\cos q_i)]\dot{x}+2[y-\sin\alpha_i(L+L_{\mathrm{a}}\cos q_i)]\dot{y}+2[L_{\mathrm{a}}\sin q_i+z]\dot{z}= 2L_{\mathrm{a}}[\sin q_i(x\cos\alpha_i+y\sin\alpha_i-L)+z\cos q_i]\dot{q}_i \quad i=1,2,3 \tag{6.2.1}$$

将 $\alpha_i=\dfrac{2\pi}{3}(i-1)$ 代入式(6.2.1)，并令

$$\dot{\boldsymbol{X}}=[\dot{x}\quad \dot{y}\quad \dot{z}]^{\mathrm{T}}$$

$$\dot{\boldsymbol{q}}=[\dot{q}_1\quad \dot{q}_2\quad \dot{q}_3]^{\mathrm{T}}$$

$$\boldsymbol{J}_x=\begin{bmatrix} 2(L-L_{\mathrm{a}}\cos q_1+x) & 2y & 2(L_{\mathrm{a}}\sin q_1+z) \\ L+L_{\mathrm{a}}\cos q_2+2x & -\sqrt{3}(L+L_{\mathrm{a}}\cos q_2)+2y & 2(L_{\mathrm{a}}\sin q_2+z) \\ L+L_{\mathrm{a}}\cos q_3+2x & -\sqrt{3}(L+L_{\mathrm{a}}\cos q_3)+2y & 2(L_{\mathrm{a}}\sin q_3+z) \end{bmatrix}$$

$$
\boldsymbol{J}_q=\begin{bmatrix}
2L_a[\sin q_1(x-L)+z\cos q_1] & 0 & 0\\
0 & 2L_a\left[\sin q_2\left(\frac{1}{2}x+\frac{\sqrt{3}}{2}y-L\right)+z\cos q_2\right] & 0\\
0 & 0 & 2L_a\left[z\cos q_3-\sin q_3\left(\frac{1}{2}x+\frac{\sqrt{3}}{2}y+L\right)\right]
\end{bmatrix}
$$

则式(6.2.1)的矩阵形式为

$$
\dot{\boldsymbol{X}}=\boldsymbol{J}_x^{-1}\boldsymbol{J}_q\dot{\boldsymbol{q}}=\boldsymbol{J}\dot{\boldsymbol{q}} \tag{6.2.2}
$$

式中，$\dot{\boldsymbol{X}}$ 为末端执行器的速度向量(单位：m/s)；$\boldsymbol{J}$ 为速度雅克比矩阵；$\dot{\boldsymbol{q}}$ 为关节角速度集合(单位：rad/s)。

6.2.2　末端执行器加速度与关节角加速度

由基于 Delta 并联机器人逆运动学模型推导得到的式(6.2.2)可以看出，矩阵 $\boldsymbol{J}_x$ 和 $\boldsymbol{J}_q$ 是并联机器人末端执行器位置的函数。直接对式(6.2.2)求导来获得机器人末端执行器加速度与关节角加速度之间的关系会非常复杂。下面我们基于 Delta 并联机器人正运动学模型获得末端执行器加速度与关节角加速度之间的关系。

Delta 并联机器人正运动学模型的向量形式为

$$
\boldsymbol{X}=f(\boldsymbol{q}) \tag{6.2.3}
$$

式中，$f()$表示 Delta 并联机器人正运动学模型中末端执行器位置与关节角度之间的函数。对式(6.2.3)求导，可得

$$
\dot{\boldsymbol{X}}=\begin{bmatrix}
\frac{\partial f_x}{\partial q_1} & \frac{\partial f_x}{\partial q_2} & \frac{\partial f_x}{\partial q_3}\\
\frac{\partial f_y}{\partial q_1} & \frac{\partial f_y}{\partial q_2} & \frac{\partial f_y}{\partial q_3}\\
\frac{\partial f_z}{\partial q_1} & \frac{\partial f_z}{\partial q_2} & \frac{\partial f_z}{\partial q_3}
\end{bmatrix}\dot{\boldsymbol{q}}=\boldsymbol{J}\dot{\boldsymbol{q}} \tag{6.2.4}
$$

式中，

$$
\frac{\partial f_k}{\partial q_i}=\frac{f_k(q_i+\Delta_i)-f_k(q_i)}{\Delta_i}\quad k=x,y,z\quad i=1,2,3 \tag{6.2.5}
$$

式中，Δ_i 表示第 i 个关节角的增量。对比式(6.2.2)和式(6.2.4)可以看出，速度雅克比矩阵也可由 Delta 并联机器人正运动学模型获得。

由 Delta 并联机器人的结构图(如图 6.2.1 所示)可知向量 $\overrightarrow{C_iB_i}$ 为从动臂，满足约束关系：

$$|\overrightarrow{C_iB_i}|^2 - L_b^2 = 0 \quad i=1,2,3 \tag{6.2.6}$$

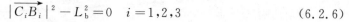

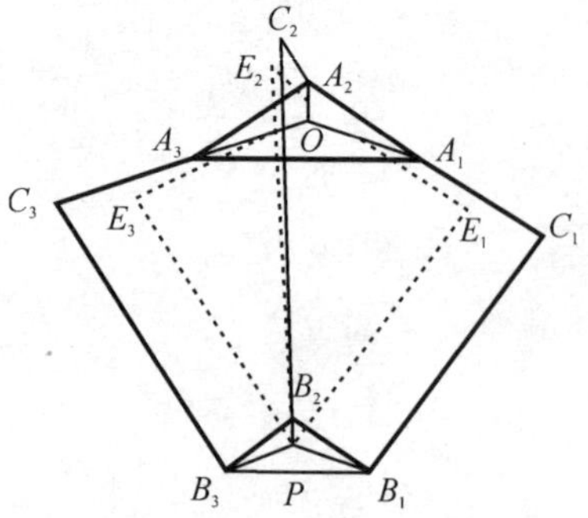

图 6.2.1　Delta 并联机器人结构图

令 $\boldsymbol{s}_i = \overrightarrow{C_iB_i}$，代入式(6.2.6)，可得

$$\boldsymbol{s}_i^{\mathrm{T}} \cdot \boldsymbol{s}_i - L_b^2 = 0 \tag{6.2.7}$$

由图 6.2.1 可以看出：

$$\begin{aligned} \boldsymbol{s}_i &= \overrightarrow{OB_i} - (\overrightarrow{OA_i} + \overrightarrow{A_iC_i}) \\ &= (\overrightarrow{OP} + \overrightarrow{PB_i}) - (\overrightarrow{OA_i} + \overrightarrow{A_iC_i}) \\ &= \begin{bmatrix} x \\ y \\ z \end{bmatrix} + \boldsymbol{C}_{\mathrm{B}_i}^{\mathrm{W}} \begin{bmatrix} r \\ 0 \\ 0 \end{bmatrix} - \boldsymbol{C}_{\mathrm{A}_i}^{\mathrm{W}} \left(\begin{bmatrix} R \\ 0 \\ 0 \end{bmatrix} + \begin{bmatrix} L_a \cos q_i \\ 0 \\ -L_a \sin q_i \end{bmatrix} \right) \end{aligned} \tag{6.2.8}$$

式中，$\boldsymbol{C}_{\mathrm{A}_i}^{\mathrm{W}}$ 为静平台 A_i 坐标系到参考坐标系 W 的旋转矩阵；$\boldsymbol{C}_{\mathrm{B}_i}^{\mathrm{W}}$ 为动平台 B_i 坐标系到参考坐标系 W 的旋转矩阵；R 和 r 分别为静平台和动平台外接圆半径；L_a 为主动臂长度；q_i 为关节角度。

$$\boldsymbol{C}_{\mathrm{A}_i}^{\mathrm{W}} = \boldsymbol{C}_{\mathrm{B}_i}^{\mathrm{W}} = \begin{bmatrix} \cos\alpha_i & -\sin\alpha_i & 0 \\ \sin\alpha_i & \cos\alpha_i & 0 \\ 0 & 0 & 1 \end{bmatrix} \tag{6.2.9}$$

式中，$\alpha_i = (i-1) \times 120°, i=1,2,3$。

对式(6.2.7)求微分可得

$$\boldsymbol{s}_i^{\mathrm{T}} \cdot \dot{\boldsymbol{s}}_i + \dot{\boldsymbol{s}}_i^{\mathrm{T}} \cdot \boldsymbol{s}_i = 0 \tag{6.2.10}$$

根据向量点积性质可知

$$\boldsymbol{s}_i^{\mathrm{T}} \cdot \dot{\boldsymbol{s}}_i = \dot{\boldsymbol{s}}_i^{\mathrm{T}} \cdot \boldsymbol{s}_i \tag{6.2.11}$$

则由式(6.2.10) 和式(6.2.11)可得

$$\boldsymbol{s}_i^{\mathrm{T}} \cdot \dot{\boldsymbol{s}}_i = 0 \quad i=1,2,3 \tag{6.2.12}$$

而 $\dot{\boldsymbol{s}}_i$ 可由式(6.2.8)的微分获得：

$$\dot{\boldsymbol{s}}_i = \begin{bmatrix} \dot{x} \\ \dot{y} \\ \dot{z} \end{bmatrix} + \boldsymbol{C}_{\mathrm{A}_i}^{\mathrm{W}} \begin{bmatrix} L_a \sin q_i \\ 0 \\ -L_a \cos q_i \end{bmatrix} \dot{q}_i = \dot{\boldsymbol{X}} + \boldsymbol{b}_i \dot{q}_i \tag{6.2.13}$$

式中，

$$\boldsymbol{b}_i = \boldsymbol{C}_{\mathrm{A}_i}^{\mathrm{W}} \begin{bmatrix} L_{\mathrm{a}} \sin q_i \\ 0 \\ -L_{\mathrm{a}} \cos q_i \end{bmatrix} \quad i = 1,2,3 \tag{6.2.14}$$

将式(6.2.13)代入式(6.2.12)，可得关节角速度集合 $\dot{\boldsymbol{q}}$ 与末端执行器速度向量 $\dot{\boldsymbol{X}}$ 之间的关系：

$$\begin{bmatrix} \boldsymbol{s}_1^{\mathrm{T}} \\ \boldsymbol{s}_2^{\mathrm{T}} \\ \boldsymbol{s}_3^{\mathrm{T}} \end{bmatrix} \dot{\boldsymbol{X}} + \begin{bmatrix} \boldsymbol{s}_1^{\mathrm{T}}\boldsymbol{b}_1 & 0 & 0 \\ 0 & \boldsymbol{s}_2^{\mathrm{T}}\boldsymbol{b}_2 & 0 \\ 0 & 0 & \boldsymbol{s}_3^{\mathrm{T}}\boldsymbol{b}_3 \end{bmatrix} \dot{\boldsymbol{q}} = \begin{bmatrix} 0 \\ 0 \\ 0 \end{bmatrix} \tag{6.2.15}$$

式中，$\dot{\boldsymbol{q}} = [\dot{q}_1 \quad \dot{q}_2 \quad \dot{q}_3]^{\mathrm{T}}$。

根据式(6.2.15)可得速度雅克比矩阵为

$$\boldsymbol{J} = -\begin{bmatrix} \boldsymbol{s}_1^{\mathrm{T}} \\ \boldsymbol{s}_2^{\mathrm{T}} \\ \boldsymbol{s}_3^{\mathrm{T}} \end{bmatrix}^{-1} \begin{bmatrix} \boldsymbol{s}_1^{\mathrm{T}}\boldsymbol{b}_1 & 0 & 0 \\ 0 & \boldsymbol{s}_2^{\mathrm{T}}\boldsymbol{b}_2 & 0 \\ 0 & 0 & \boldsymbol{s}_3^{\mathrm{T}}\boldsymbol{b}_3 \end{bmatrix} \tag{6.2.16}$$

令

$$\boldsymbol{J}_x = \begin{bmatrix} \boldsymbol{s}_1^{\mathrm{T}} \\ \boldsymbol{s}_2^{\mathrm{T}} \\ \boldsymbol{s}_3^{\mathrm{T}} \end{bmatrix}$$

$$\boldsymbol{J}_q = -\begin{bmatrix} \boldsymbol{s}_1^{\mathrm{T}}\boldsymbol{b}_1 & 0 & 0 \\ 0 & \boldsymbol{s}_2^{\mathrm{T}}\boldsymbol{b}_2 & 0 \\ 0 & 0 & \boldsymbol{s}_3^{\mathrm{T}}\boldsymbol{b}_3 \end{bmatrix}$$

则式(6.2.15)变换为

$$\boldsymbol{J}_x \dot{\boldsymbol{X}}_n = \boldsymbol{J}_q \dot{\boldsymbol{q}} \tag{6.2.17}$$

对式(6.2.17)求导，可得关节角加速度集合 $\ddot{\boldsymbol{q}} = [\ddot{q}_1 \quad \ddot{q}_2 \quad \ddot{q}_3]^{\mathrm{T}}$ 与末端执行器加速度向量 $\ddot{\boldsymbol{X}} = [\ddot{x} \quad \ddot{y} \quad \ddot{z}]^{\mathrm{T}}$ 之间的关系：

$$\ddot{\boldsymbol{X}} = -\begin{bmatrix} \dot{\boldsymbol{s}}_1^{\mathrm{T}} \\ \dot{\boldsymbol{s}}_2^{\mathrm{T}} \\ \dot{\boldsymbol{s}}_3^{\mathrm{T}} \end{bmatrix}^{-1} \left(\begin{bmatrix} \dot{\boldsymbol{s}}_1^{\mathrm{T}} \\ \dot{\boldsymbol{s}}_2^{\mathrm{T}} \\ \dot{\boldsymbol{s}}_3^{\mathrm{T}} \end{bmatrix} \boldsymbol{J} + \begin{bmatrix} \dot{\boldsymbol{s}}_1^{\mathrm{T}}\boldsymbol{b}_1 + \boldsymbol{s}_1^{\mathrm{T}}\dot{\boldsymbol{b}}_1 & 0 & 0 \\ 0 & \dot{\boldsymbol{s}}_2^{\mathrm{T}}\boldsymbol{b}_2 + \boldsymbol{s}_2^{\mathrm{T}}\dot{\boldsymbol{b}}_2 & 0 \\ 0 & 0 & \dot{\boldsymbol{s}}_3^{\mathrm{T}}\boldsymbol{b}_3 + \boldsymbol{s}_3^{\mathrm{T}}\dot{\boldsymbol{b}}_3 \end{bmatrix} \right) \dot{\boldsymbol{q}} + \boldsymbol{J}\ddot{\boldsymbol{q}} \tag{6.2.18}$$

由式(6.2.14)可得

$$\dot{\boldsymbol{b}}_i = \boldsymbol{C}_{\mathrm{A}_i}^{\mathrm{W}} \begin{bmatrix} L_{\mathrm{a}} \cos q_i \\ 0 \\ L_{\mathrm{a}} \sin \boldsymbol{q}_i \end{bmatrix} \dot{\boldsymbol{q}}_i \quad i = 1,2,3 \tag{6.2.19}$$

6.2.3 动平台质量矩阵

Delta 并联机器人主要由动平台和杆件构成。根据理想性假设，将 Delta 并联机器人的动平台视为刚体，所有杆件视为刚性杆件，可通过刚体以及杆件的质量矩阵求取 Delta 并联机器人的质量矩阵 $\boldsymbol{M}(q)$。

任意一个刚体的动能可表示为

$$T_i=\frac{1}{2}(m_i\boldsymbol{v}_i^{\mathrm{T}}\boldsymbol{v}_i+\boldsymbol{\omega}_i^{\mathrm{T}}\boldsymbol{I}_i\boldsymbol{\omega}_i) \tag{6.2.20}$$

式中，$\boldsymbol{v}_i$ 为刚体 i 的质心速度向量（单位：m/s）；$\boldsymbol{\omega}_i$ 为刚体 i 的质心角速度向量（单位：rad/s）；m_i 为刚体 i 的质量（单位：kg）；$\boldsymbol{I}_i$ 为刚体 i 的转动惯量（单位：kg・m^2）。

设 Delta 并联机器人动平台由 N 个刚体组成，则动平台的总动能为

$$T=\sum_{i=1}^{N}T_i \tag{6.2.21}$$

通过速度雅克比矩阵可得速度向量 $\boldsymbol{v}_i$ 与关节角度集合 $\boldsymbol{q}$ 之间的关系为

$$\begin{cases}\boldsymbol{v}_i=\boldsymbol{J}_{v,i}\dot{\boldsymbol{q}}\\ \boldsymbol{\omega}_i=\boldsymbol{J}_{\omega,i}\dot{\boldsymbol{q}}\end{cases} \tag{6.2.22}$$

将式(6.2.20)、(6.2.22)代入式(6.2.21)，可以得到

$$T=\frac{1}{2}\dot{\boldsymbol{q}}^{\mathrm{T}}\left[\sum_{i=1}^{N}(m_i\boldsymbol{J}_{v,i}^{\mathrm{T}}\boldsymbol{J}_{v,i}+\boldsymbol{J}_{\omega,i}^{\mathrm{T}}\boldsymbol{I}_i\boldsymbol{J}_{\omega,i})\right]\dot{\boldsymbol{q}}=\frac{1}{2}\dot{\boldsymbol{q}}^{\mathrm{T}}\boldsymbol{M}\dot{\boldsymbol{q}} \tag{6.2.23}$$

考虑到 Delta 并联机器人的动平台没有转动自由度，由此可得 Delta 并联机器人动平台的质量矩阵为

$$\boldsymbol{M}_{\mathrm{n}}=\sum_{i=1}^{N}m_i\boldsymbol{J}_{v,i}^{\mathrm{T}}\boldsymbol{J}_{v,i} \tag{6.2.24}$$

6.2.4 刚性杆件质量矩阵

刚性杆件动能可以通过对单位质量的积分求取。刚性杆件上某点 x 沿着杆件方向的速度 $v(x)$ 可表示为

$$v(x)=\left(1-\frac{x}{L}\right)v_1+\frac{x}{L}v_2 \tag{6.2.25}$$

式中，L 为杆件长度；v_1 和 v_2 分别为杆件两端的速度。

杆件单位质量动能可描述为

$$\mathrm{d}T=\frac{1}{2}v^2\mathrm{d}m=\frac{1}{2}v^2\rho S\mathrm{d}x \tag{6.2.26}$$

式中，S 为杆件横截面积（单位：m^2）；ρ 为杆件密度（单位：kg/m^3）；dx 为沿着杆件方向上的单位位移（单位：m）。

则杆件总动能为

$$T=\int\mathrm{d}T=\frac{1}{2}v^2\rho S\int_0^L v^2\mathrm{d}x \tag{6.2.27}$$

将式(6.2.25)代入式(6.2.27)可得

$$T = \frac{1}{2}\left[\frac{1}{3}m\left({v_1}^2 + {v_2}^2 + v_1 v_2\right)\right] \tag{6.2.28}$$

将杆件两端速度的雅克比矩阵 $\boldsymbol{J}_1$、$\boldsymbol{J}_2$ 代入式(6.2.28)，可得刚性杆件对 Delta 并联机器人质量矩阵的贡献为

$$\boldsymbol{A}_{\mathrm{bar}} = \frac{1}{3}m\left(\boldsymbol{J}_1^{\mathrm{T}}\boldsymbol{J}_1 + \boldsymbol{J}_2^{\mathrm{T}}\boldsymbol{J}_2 + \boldsymbol{J}_1^{\mathrm{T}}\boldsymbol{J}_2\right) \tag{6.2.29}$$

6.2.5　Delta 并联机器人的质量矩阵

Delta 并联机器人主要由动平台、主动臂连杆和从动臂连杆组成。因此其质量矩阵可表示为

$$\boldsymbol{M} = \boldsymbol{M}_{\mathrm{n}} + \boldsymbol{M}_{\mathrm{forea}} + \boldsymbol{M}_{\mathrm{arms}} \tag{6.2.30}$$

式中，$\boldsymbol{M}_{\mathrm{n}}$ 为动平台质量矩阵；$\boldsymbol{M}_{\mathrm{forea}}$ 为从动臂质量矩阵；$\boldsymbol{M}_{\mathrm{arms}}$ 为主动臂质量矩阵。

由式(6.2.24)可得动平台质量矩阵为

$$\boldsymbol{M}_{\mathrm{n}} = m_{\mathrm{n}}\boldsymbol{J}^{\mathrm{T}}\boldsymbol{J} \tag{6.2.31}$$

式中，m_{n} 为动平台和负载的质量之和(单位：kg)。

设 Delta 并联机器人三个主动臂的质量和结构完全相同，则主动臂的质量矩阵为

$$\boldsymbol{M}_{\mathrm{arms}} = \boldsymbol{I}_{\mathrm{b}} = \begin{bmatrix} I_{\mathrm{b1}} & 0 & 0 \\ 0 & I_{\mathrm{b2}} & 0 \\ 0 & 0 & I_{\mathrm{b3}} \end{bmatrix} \tag{6.2.32}$$

式中，

$$I_{\mathrm{b1}} = I_{\mathrm{b2}} = I_{\mathrm{b3}} = I_{\mathrm{b}i}$$

$$I_{\mathrm{b}i} = I_{\mathrm{m}} + L_{\mathrm{a}}^2\left(\frac{m_{\mathrm{b}}}{3} + m_{\mathrm{c}}\right)$$

式中，$\boldsymbol{I}_{\mathrm{m}}$ 为驱动电机的惯量(单位：$\mathrm{kg/m^2}$)；m_{b} 为主动臂的质量(单位：kg)；m_{c} 为球铰的质量(单位：kg)。

设从动臂末端速度与动平台速度相等，从动臂顶端速度向量可以通过对主动臂末端位置求导获得：

$$\boldsymbol{v}_{u,i} = -\boldsymbol{C}_{\mathrm{A}_i}^{\mathrm{W}}\begin{bmatrix} L_{\mathrm{a}}\sin q_i \\ 0 \\ L_{\mathrm{a}}\cos q_i \end{bmatrix}\dot{\boldsymbol{q}}_i \tag{6.2.33}$$

将式(6.2.33)代入式(6.2.29)，可得第 i 个从动臂的质量矩阵为

$$\boldsymbol{M}_{\mathrm{fora},i} = \frac{1}{3}m_{\mathrm{ab}}\left(\boldsymbol{J}^{\mathrm{T}}\boldsymbol{J} + \boldsymbol{J}_{u,i}^{\mathrm{T}}\boldsymbol{J}_{u,i} + \boldsymbol{J}_{u,i}^{\mathrm{T}}\boldsymbol{J}\right) \tag{6.2.34}$$

式中，m_{ab} 为从动臂质量；$\boldsymbol{J}_{u,i}$ 为从动臂顶端速度雅克比矩阵。将式(6.2.31)、式(6.2.32)和式(6.2.34)代入式(6.2.30)可得 Delta 并联机器人的质量矩阵为

$$\boldsymbol{M} = I_{\mathrm{b}} + m_{\mathrm{n}}\boldsymbol{J}^{\mathrm{T}}\boldsymbol{J} + \sum_{i=1}^{3}\frac{1}{3}m_{\mathrm{ab}}\left(\boldsymbol{J}^{\mathrm{T}}\boldsymbol{J} + \boldsymbol{J}_{u,i}^{\mathrm{T}}\boldsymbol{J}_{u,i} + \boldsymbol{J}_{u,i}^{\mathrm{T}}\boldsymbol{J}\right)$$

$$=\boldsymbol{I}_{\mathrm{b}}+\left(m_{\mathrm{n}}+\sum_{i=1}^{3}\frac{1}{3}m_{\mathrm{ab}}\right)\boldsymbol{J}^{\mathrm{T}}\boldsymbol{J}+\sum_{i=1}^{3}\frac{1}{3}m_{\mathrm{ab}}\boldsymbol{J}_{u,i}^{\mathrm{T}}\boldsymbol{J}_{u,i}+\sum_{i=1}^{3}\frac{1}{3}m_{\mathrm{ab}}\boldsymbol{J}_{u,i}^{\mathrm{T}}\boldsymbol{J} \tag{6.2.35}$$

令 m_{nt} 为动平台质量与 1/3 从动杆质量和的总和：

$$m_{\mathrm{nt}}=m_{\mathrm{n}}+\sum_{i=1}^{3}\frac{1}{3}m_{\mathrm{ab}} \tag{6.2.36}$$

式(6.2.35)的第三项为

$$\sum_{i=1}^{3}\frac{1}{3}m_{\mathrm{ab}}(\boldsymbol{J}_{u,i}^{\mathrm{T}}\boldsymbol{J}_{u,i})=\frac{1}{3}m_{\mathrm{ab}}\begin{bmatrix}L_{\mathrm{a}}^{2} & 0 & 0\\ 0 & L_{\mathrm{a}}^{2} & 0\\ 0 & 0 & L_{\mathrm{a}}^{2}\end{bmatrix} \tag{6.2.37}$$

根据式(6.2.37)，可视为从动臂的 1/3 质量被加到主动臂质量上。

式(6.2.35)第四项的两个雅克比矩阵存在耦合性。因此，第 i 个从动臂的质量贡献为

$$\begin{aligned}\boldsymbol{M}_{\mathrm{third},1}&=\sum_{i=1}^{3}\frac{1}{3}m_{\mathrm{ab}}\boldsymbol{J}_{u,i}^{\mathrm{T}}\boldsymbol{J}\\&=\frac{1}{3}m_{\mathrm{ab}}\begin{bmatrix}t_1 & t_2 & t_3\\ 0 & 0 & 0\\ 0 & 0 & 0\end{bmatrix}\end{aligned} \tag{6.2.38}$$

式中 t_1, t_2, t_3 是 Delta 并联机器人位置的函数。

从前面分析可知，从动臂剩余的 1/3 质量可分配到主动臂中，因此 Delta 并联机器人的质量矩阵简化为

$$\boldsymbol{M}=\boldsymbol{I}_{\mathrm{bt}}+m_{\mathrm{nt}}\boldsymbol{J}^{\mathrm{T}}\boldsymbol{J} \tag{6.2.39}$$

式中，

$$\boldsymbol{I}_{\mathrm{bt}}=\begin{bmatrix}I_{\mathrm{bt1}} & 0 & 0\\ 0 & I_{\mathrm{bt2}} & 0\\ 0 & 0 & I_{\mathrm{bt3}}\end{bmatrix}$$

$$I_{\mathrm{bt}i}=I_{\mathrm{m}}+L_{\mathrm{ac}}^{2}\left(\frac{m_{\mathrm{b}}}{3}+m_{\mathrm{c}}+\frac{2}{3}m_{\mathrm{ab}}\right)$$

6.2.6 Delta 并联机器人动力学模型分析

下面我们将基于静力学中的虚功原理，推导 Delta 并联机器人的动力学模型。虚功原理是拉格朗日于 1764 年建立的，该原理表明一个静态平衡系统的条件是所有作用于该系统的外力经过虚位移所作的虚功总和等于零。

根据虚功原理，由 N 个刚体组成的系统满足如下条件：

$$\sum_{i=1}^{N}\left[(m_i\ddot{\boldsymbol{x}}_i-\boldsymbol{F}_i)\cdot\delta\boldsymbol{x}_i+(\boldsymbol{I}_i\dot{\boldsymbol{\omega}}_i+\boldsymbol{\omega}_i\times\boldsymbol{I}_i\boldsymbol{\omega}_i-\boldsymbol{T}_i)\cdot\delta\phi_i\right]=\boldsymbol{0} \tag{6.2.40}$$

式中，m_i 为第 i 个刚体的质量(单位：kg)；$\boldsymbol{I}_i$ 为第 i 个刚体的惯量(单位：$\mathrm{kg\cdot m^2}$)；$\boldsymbol{F}_i$

为第 i 个刚体受到的外力(单位:N);$\boldsymbol{T}_i$ 为第 i 个刚体受到的外力矩(单位:N·m);$\ddot{\boldsymbol{x}}_i$ 为第 i 个刚体质量中心的加速度(单位:m/s²);$\boldsymbol{\omega}_i$ 为第 i 个刚体的角速度(单位:rad/s);$\dot{\boldsymbol{\omega}}_i$ 为第 i 个刚体的角加速度(单位:rad/s²);$\delta\boldsymbol{x}_i$ 为虚位移;$\delta\phi_i$ 为虚转动角。

将式(6.2.22)代入式(6.2.40)可得

$$\sum_{i=1}^{N}\left[\delta\boldsymbol{q}^{\mathrm{T}}\boldsymbol{J}_{v,i}^{\mathrm{T}}(m_i\ddot{\boldsymbol{x}}_i-\boldsymbol{F}_i)+\delta\boldsymbol{q}^{\mathrm{T}}\boldsymbol{J}_{\omega,i}^{\mathrm{T}}(\boldsymbol{I}_i\dot{\boldsymbol{\omega}}_i+\boldsymbol{\omega}_i\times\boldsymbol{I}_i\boldsymbol{\omega}_i-\boldsymbol{T}_i)\right]=\boldsymbol{0} \tag{6.2.41}$$

式(6.2.41)两边同时除以 $\delta\boldsymbol{q}$,可得

$$\sum_{i=1}^{N}\left[\boldsymbol{J}_{v,i}^{\mathrm{T}}(m_i\ddot{\boldsymbol{x}}_i-\boldsymbol{F}_i)+\boldsymbol{J}_{\omega}^{\mathrm{T}},i(\boldsymbol{I}_i\dot{\boldsymbol{\omega}}_i+\boldsymbol{\omega}_i\times I_i\boldsymbol{\omega}_i-\boldsymbol{T}_i)\right]=\boldsymbol{0} \tag{6.2.42}$$

式中,$\boldsymbol{F}_i$、$\boldsymbol{T}_i$ 由驱动力矩 $\boldsymbol{\tau}$、外力 $\boldsymbol{F}_{i,\mathrm{ext}}$ 和外力矩 $\boldsymbol{T}_{i,\mathrm{ext}}$ 组成。变换式(6.2.42)可得驱动力矩 $\boldsymbol{\tau}$ 为

$$\boldsymbol{\tau}=\boldsymbol{J}_{\tau}^{-1}\left\{\sum_{i=1}^{N}\left[\boldsymbol{J}_{v,i}^{\mathrm{T}}m_i\ddot{\boldsymbol{x}}_i+\boldsymbol{J}_{\omega,i}^{\mathrm{T}}(\boldsymbol{I}_i\dot{\boldsymbol{\omega}}_i+\boldsymbol{\omega}_i\times\boldsymbol{I}_i\boldsymbol{\omega}_i)\right]-\sum_{i=1}^{N}(\boldsymbol{J}_{v,i}^{\mathrm{T}}\boldsymbol{F}_{i,\mathrm{ext}}+\boldsymbol{J}_{\omega,i}^{\mathrm{T}}\boldsymbol{T}_{i.\mathrm{ext}})\right\} \tag{6.2.43}$$

对于刚体连杆的力矩,根据虚功原理满足:

$$\delta\tau=\int_0^l\delta(x)\cdot a(x)\cdot \mathrm{d}m=\rho S\int_0^l\delta(x)\cdot a(x)\cdot \mathrm{d}x \tag{6.2.44}$$

令 δ_1、δ_2 为连杆两端的虚位移,有

$$\delta(x)=\left(1-\frac{x}{L}\right)\delta_1+\frac{x}{L}\delta_2$$

又令 a_1、a_2 为连杆两端的虚加速度,有

$$a(x)=\left(1-\frac{x}{L}\right)a_1+\frac{x}{L}a_2$$

由此可得

$$\delta\tau=\frac{1}{3}m\left[a_1\delta_1+a_2\delta_2+\frac{1}{2}(a_1\delta_2+a_2\delta_1)\right] \tag{6.2.45}$$

通过雅可比矩阵 $\boldsymbol{J}_1$、$\boldsymbol{J}_2$ 分别将虚位移 δ_1、δ_2 转化成虚关节角度 $\boldsymbol{q}$,则可得

$$\delta\boldsymbol{\tau}=\delta\boldsymbol{q}^{\mathrm{T}}\cdot\left\{\frac{1}{3}m\left[\boldsymbol{J}_1^{\mathrm{T}}\left(\boldsymbol{a}_1+\frac{1}{2}\boldsymbol{a}_2\right)+\boldsymbol{J}_2^{\mathrm{T}}\left(\boldsymbol{a}_2+\frac{1}{2}\boldsymbol{a}_1\right)\right]\right\} \tag{6.2.46}$$

根据虚功原理和式(6.2.42)可知,Delta 并联机器人各部分的力矩之间满足:

$$\boldsymbol{\tau}_{\mathrm{n}}+\sum_{i=1}^{3}\boldsymbol{\tau}_{\mathrm{b},i}+\sum_{i=1}^{3}\boldsymbol{\tau}_{\mathrm{ab},i}=\boldsymbol{0} \tag{6.2.47}$$

式中,$\boldsymbol{\tau}_{\mathrm{n}}$ 为动平台的力矩贡献(单位:N·m);$\boldsymbol{\tau}_{\mathrm{b},i}$ 为第 i 个主动臂的力矩贡献(单位:N·m);$\boldsymbol{\tau}_{\mathrm{ab},i}$ 为第 i 个从动臂的力矩贡献(单位:N·m)。

因动平台只有平移运动,没有旋转运动,根据虚功原理,末端执行器虚位移引起的功与虚关节角引起的功之和为零,即

$$\boldsymbol{\tau}_{\mathrm{n}}^{\mathrm{T}}\cdot\Delta\boldsymbol{q}=\boldsymbol{F}_{\mathrm{n}}\cdot\Delta\boldsymbol{X}_{\mathrm{n}}$$

考虑到

$$\Delta \boldsymbol{X}_{\mathrm{n}} = \boldsymbol{J} \Delta \boldsymbol{q}$$

可得动平台部分的力矩向量为

$$\boldsymbol{\tau}_{\mathrm{n}} = \boldsymbol{J}^{\mathrm{T}} \boldsymbol{F}_{\mathrm{n}} = \boldsymbol{J}^{\mathrm{T}} (m_{\mathrm{n}} \ddot{\boldsymbol{X}}_{\mathrm{n}} - \boldsymbol{g}_{\mathrm{n}}) \tag{6.2.48}$$

式中，$\boldsymbol{J}^{\mathrm{T}}$ 为速度雅可比矩阵；m_{n} 为动平台等效质量；$\ddot{\boldsymbol{X}}_{\mathrm{n}}$ 为动平台加速度向量；$\boldsymbol{g}_{\mathrm{n}} = m_{\mathrm{n}} [0 \quad 0 \quad -g]^{\mathrm{T}}$ 为动平台重力项，g 为重力加速度（单位：$\mathrm{m/s^2}$）。

因主动臂只有旋转运动，故主动臂部分力矩向量为

$$\boldsymbol{\tau}_{\mathrm{b}} = \sum_{i=1}^{3} \boldsymbol{\tau}_{\mathrm{b},i} = \boldsymbol{I}_{\mathrm{b}} \ddot{\boldsymbol{q}} - \boldsymbol{G}_{\mathrm{b}} - \boldsymbol{\tau} \tag{6.2.49}$$

式中，$\boldsymbol{I}_{\mathrm{b}}$ 是三个主动臂转动惯量组成的矩阵；$\ddot{\boldsymbol{q}} = [\ddot{q}_1 \quad \ddot{q}_2 \quad \ddot{q}_3]^{\mathrm{T}}$ 是三个主动臂的旋转角加速度集合；$\boldsymbol{\tau} = [\tau_1 \quad \tau_2 \quad \tau_3]^{\mathrm{T}}$ 为三个电机的驱动力矩集合（单位：N·m）；$\boldsymbol{G}_{\mathrm{b}}$ 为主动臂重力部分贡献的力矩向量（单位：N·m），满足

$$\boldsymbol{G}_{\mathrm{b}} = m_{\mathrm{br}} g r_{\mathrm{Gb}} [\cos q_1 \quad \cos q_2 \quad \cos q_3]^{\mathrm{T}} \tag{6.2.50}$$

$$m_{\mathrm{br}} = m_{\mathrm{b}} + m_{\mathrm{c}} \tag{6.2.51}$$

$$r_{\mathrm{Gb}} = L_{\mathrm{a}} \frac{\frac{1}{2} m_{\mathrm{b}} + m_{\mathrm{c}}}{m_{\mathrm{b}} + m_{\mathrm{c}}} \tag{6.2.52}$$

式中，m_{br} 为主动臂等效质量，是质心两边部分质量之和；r_{Gb} 为主动臂重力的等效力臂，可由主动臂长度 L_{a} 计算获得。

由式(6.2.46)可得到每个从动臂的力矩向量贡献为

$$\boldsymbol{\tau}_{\mathrm{ab},i} = \frac{1}{3} m_{\mathrm{ab}} \left[\boldsymbol{J}^{\mathrm{T}} \left(\ddot{\boldsymbol{X}}_{\mathrm{n}} + \frac{1}{2} \boldsymbol{a}_{u,i} \right) + \boldsymbol{J}_{u,i}^{\mathrm{T}} \left(\frac{1}{2} \ddot{\boldsymbol{X}}_{\mathrm{n}} + \boldsymbol{a}_{u,i} \right) \right] - \frac{1}{2} (\boldsymbol{J} + \boldsymbol{J}_{u,i})^{\mathrm{T}} m_{\mathrm{ab}} \begin{bmatrix} 0 \\ 0 \\ -g \end{bmatrix} \tag{6.2.53}$$

考虑到从动臂顶端的加速度是主动臂末端加速度，由式(6.2.33)的微分可得

$$\boldsymbol{a}_{u,i} = -\boldsymbol{C}_{\mathrm{A}_i}^{\mathrm{W}} \left\{ \begin{bmatrix} L_{\mathrm{a}} \sin q_i \\ 0 \\ L_{\mathrm{a}} \cos q_i \end{bmatrix} \ddot{q}_i + \begin{bmatrix} L_{\mathrm{a}} \cos q_i \\ 0 \\ -L_{\mathrm{a}} \sin q_i \end{bmatrix} \dot{q}_i^{\,2} \right\} \tag{6.2.54}$$

将式(6.2.48)、式(6.2.49)和式(6.2.53)代入式(6.2.47)，可得 Delta 并联机器人关节驱动力矩为

$$\boldsymbol{\tau} = \boldsymbol{I}_{\mathrm{b}} \ddot{\boldsymbol{q}} + \boldsymbol{J}^{\mathrm{T}} m_{\mathrm{n}} \ddot{\boldsymbol{X}}_{\mathrm{n}} - \boldsymbol{G}_{\mathrm{b}} - \boldsymbol{J}^{\mathrm{T}} \boldsymbol{G}_{\mathrm{n}} + \sum_{i=1}^{3} \boldsymbol{\tau}_{\mathrm{ab},i} \tag{6.2.55}$$

设把从动臂质量以 2∶1 的比例分配到主动臂和动平台中，则式(6.2.55)简化为

$$\boldsymbol{\tau} = \boldsymbol{I}_{\mathrm{b}} \ddot{\boldsymbol{q}} + \boldsymbol{J}^{\mathrm{T}} m_{\mathrm{nt}} \ddot{\boldsymbol{X}}_{\mathrm{n}} - \boldsymbol{J}^{\mathrm{T}} m_{\mathrm{ng}} [0 \quad 0 \quad -g]^{\mathrm{T}} - \boldsymbol{G}_{\mathrm{bg}} \tag{6.2.56}$$

式中，

$$m_{\mathrm{ng}} = m_{\mathrm{n}} + \frac{3}{2} m_{\mathrm{ab}}$$

$$G_{bg}=L_a\left(\frac{1}{2}m_b+m_c+\frac{1}{2}m_{ab}\right)g\begin{bmatrix}\cos q_1 & \cos q_2 & \cos q_3\end{bmatrix}^T$$

简化后的 Delta 并联机器人动力学模型为

$$\boldsymbol{\tau}=(\boldsymbol{I}_{bt}+\boldsymbol{J}^T m_{nt}\boldsymbol{J})\ddot{\boldsymbol{q}}+\boldsymbol{J}^T m_{nt}\boldsymbol{J}\dot{\boldsymbol{q}}-\boldsymbol{J}^T m_{ng}\begin{bmatrix}0 & 0 & -g\end{bmatrix}^T-\boldsymbol{G}_b \quad (6.2.57)$$

式中，$(\boldsymbol{I}_{bt}+\boldsymbol{J}^T m_{nt}\boldsymbol{J})\ddot{\boldsymbol{q}}$ 是惯性项，$\boldsymbol{J}^T m_{nt}\boldsymbol{J}\dot{\boldsymbol{q}}$ 是速度项，最后两项是重力项。

6.3　Dobot 串联机器人动力学模型

串联机器人的动力学描述了串联机器人各关节电机的驱动力矩与各关节角度、角速度、角加速度的关系。在实际应用中，Dobot 串联机器人也存在结构间的摩擦和质量分布不均等因素，很难建立完整的动力学模型。因此，为了推导 Dobot 串联机器人的动力学模型，首先建立两项理想性假设：

(1) 构件间没有摩擦；

(2) 构件的质量分布均匀。

建立 Dobot 机器人的动力学模型，要以 Dobot 机器人的运动学模型为基础。在 3.3 节中采用矢量法进行了运动学建模，明确了 Dobot 机器人末端执行器与各关节变量之间的关系。而在动力学建模中，需要针对每个连杆进行速度、能量等分析。为了描述具体的一个连杆某个点与各关节变量的关系，需要先明确连杆坐标系和各连杆的变换矩阵。

6.3.1　Dobot 串联机器人连杆坐标系

通常连杆坐标系的建立可依据标准 DH 建模、改进 DH 建模等方法。依据 DH 建模方法建系需满足特定的规则约束，其优点是在建系后可以列出 DH 参数表，从而可以直接得出连杆变换矩阵，方便简洁。但是对于 Dobot 这种具有特定机械约束的机械臂，在建立 DH 参数表时会存在耦合，使得所得的连杆变换矩阵更加复杂，不便于后续动力学建模的求解。所以在此沿照 3.3 节 Dobot 串联机器人运动学建模时的坐标系，采用欧拉角法进行连杆变换矩阵的求解。

一般情况下在每个关节驱动电机处建立该关节的关节坐标系。由于 Dobot 机器人存在平行四边形约束，为了简化后续的计算，对某些关节坐标系的原点进行如下补充规定：

如图 6.3.1 所示参考坐标系($o_0x_0y_0z_0$)的原点位于 O 点，关节 1 坐标系($o_1x_1y_1z_1$)的原点位于 A 点，关节 2 坐标系($o_2x_2y_2z_2$)的原点位于 B 点，关节 3 坐标系($o_3x_3y_3z_3$)的原点位于 E 点。

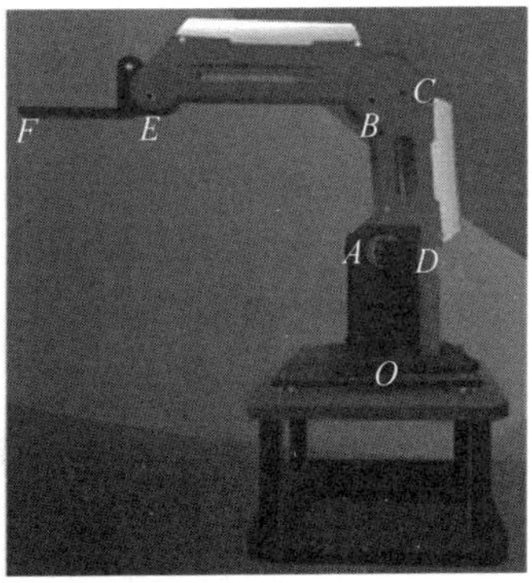

图 6.3.1　Dobot 机器人结构图

6.3.2 Dobot 串联机器人连杆变换矩阵

在建立上述坐标系后，利用欧拉角法进行连杆变换矩阵的求解。每两个连杆坐标系之间都是一个复合齐次变换，即一个平移变换与一个旋转变换的叠加。

设关节 i 坐标系到关节 $i+1$ 坐标系的旋转矩阵为 $\boldsymbol{C}_i^{i+1}$，坐标原点的平移矢量为 $\boldsymbol{r}_i^{i+1}$，连杆变换矩阵为 $\boldsymbol{A}_{i+1}^i$，则有

$$\boldsymbol{A}_{i+1}^i=\begin{bmatrix}\boldsymbol{C}_i^{i+1} & \boldsymbol{r}_i^{i+1}\\ \boldsymbol{0} & \boldsymbol{1}\end{bmatrix} \tag{6.3.1}$$

式中，旋转矩阵满足 $\boldsymbol{P}_i=\boldsymbol{C}_i^{i+1}\boldsymbol{P}_{i+1}$，$\boldsymbol{P}_i$ 和 $\boldsymbol{P}_{i+1}$ 分别为向量在关节 i 坐标系和关节 $i+1$ 坐标系下的坐标；坐标原点的平移矢量 $\boldsymbol{r}_i^{i+1}$ 是在关节 i 坐标系的坐标。

根据所建的坐标系进行欧拉角法分析，可得：从参考坐标系到关节 1 坐标系，绕 o_1z_1 轴旋转角度 θ_1，原点沿 o_1z_1 轴平移距离 d，故有

$$\begin{cases}\boldsymbol{C}_0^1=\begin{bmatrix}\cos\theta_1 & -\sin\theta_1 & 0\\ \sin\theta_1 & \cos\theta_1 & 0\\ 0 & 0 & 1\end{bmatrix}\\ \boldsymbol{r}_0^1=\begin{bmatrix}0\\0\\d\end{bmatrix}\end{cases} \tag{6.3.2}$$

从关节 1 坐标系到关节 2 坐标系，绕 o_2y_2 轴旋转角度 θ_2，原点不变，故有

$$\begin{cases}\boldsymbol{C}_1^2=\begin{bmatrix}\cos\theta_2 & 0 & \sin\theta_2\\ 0 & 1 & 0\\ -\sin\theta_2 & 0 & \cos\theta_2\end{bmatrix}\\ \boldsymbol{r}_1^2=\begin{bmatrix}0\\0\\0\end{bmatrix}\end{cases} \tag{6.3.3}$$

从关节 2 坐标系到关节 3 坐标系，先绕 o_2z_2 轴旋转角度 π，原点沿 o_2z_2 轴平移 l_2 距离，再绕 o_3y_3 轴旋转角度 θ_3，故有

$$\begin{cases}\boldsymbol{C}_2^3=\begin{bmatrix}-1 & 0 & 0\\ 0 & -1 & 0\\ 0 & 0 & 1\end{bmatrix}\begin{bmatrix}\cos\theta_3 & 0 & \sin\theta_3\\ 0 & 1 & 0\\ -\sin\theta_3 & 0 & \cos\theta_3\end{bmatrix}=\begin{bmatrix}-\cos\theta_3 & 0 & -\sin\theta_3\\ 0 & -1 & 0\\ -\sin\theta_3 & 0 & \cos\theta_3\end{bmatrix}\\ \boldsymbol{r}_2^3=\begin{bmatrix}0\\0\\l_2\end{bmatrix}\end{cases} \tag{6.3.4}$$

将式(6.3.2)、式(6.3.3)、式(6.3.4)代入式(6.3.1)，有

$$A_1^0=\begin{bmatrix}\cos\theta_1 & -\sin\theta_1 & 0 & 0\\ \sin\theta_1 & \cos\theta_1 & 0 & 0\\ 0 & 0 & 1 & d\\ 0 & 0 & 0 & 1\end{bmatrix} \tag{6.3.5}$$

$$A_2^1=\begin{bmatrix}\cos\theta_2 & 0 & \sin\theta_2 & 0\\ 0 & 1 & 0 & 0\\ -\sin\theta_2 & 0 & \cos\theta_2 & 0\\ 0 & 0 & 0 & 1\end{bmatrix} \tag{6.3.6}$$

$$A_3^2=\begin{bmatrix}-\cos\theta_3 & 0 & -\sin\theta_3 & 0\\ 0 & -1 & 0 & 0\\ -\sin\theta_3 & 0 & \cos\theta_3 & l_2\\ 0 & 0 & 0 & 1\end{bmatrix} \tag{6.3.7}$$

有了连杆变换矩阵，由齐次矩阵的乘法规律可以轻松得出机械臂的变换矩阵为

$$A_i=A_1^0A_2^1\cdots A_i^{i-1} \tag{6.3.8}$$

6.3.3　Dobot 串联机器人动力学模型分析

串联机器人的动力学研究比并联机器人动力学更为复杂，它的研究方法也比较多。Dobot 串联机器人独特的机械结构使其机械臂间存在一定的约束关系。这种约束关系下，基于牛顿-欧拉方程递推的串联机器人动力学模型的推导过程非常麻烦复杂。而采用拉格朗日方程法，可从整体入手考虑广义关节变量的能量，机械臂中不做功的约束力和力矩则不需要在方程中体现，从而可以较为简便地构造出 Dobot 串联机器人动力学方程。在此主要讨论基于拉格朗日方程法的串联机器人动力学模型推导过程。

拉格朗日方程定义 L 为机器人系统的动能 K 和势能 P 之差，即

$$L=K-P \tag{6.3.9}$$

式中，K 和 P 可以用同一个坐标系下的广义位置或速度来表示。由拉格朗日方程可得机器人系统的动力学方程为

$$\tau_i=\frac{\mathrm{d}}{\mathrm{d}t}\frac{\partial L}{\partial \dot{q}_i}-\frac{\partial L}{\partial q_i} \tag{6.3.10}$$

式中，q_i 为表示动能和势能的广义位置；$\dot{q}_i$ 为其相应的速度；τ_i 为作用在第 i 个关节坐标系下的广义力或广义力矩，由广义位置 q_i 是位置还是角位置决定。

对于三自由度 Dobot 串联机器人而言，广义位置即各关节角度 θ_i，广义速度即各关节的角速度，τ_i 为各关节电机的驱动力矩。

1. Dobot 串联机器人任一连杆上任一点的速度

连杆上有一点 p，在关节 i 坐标系下的位置矢量 $\boldsymbol{r}_p^i$ 表示为

$$\boldsymbol{r}_p^i=(x_p\quad y_p\quad z_p\quad 1)^{\mathrm{T}} \tag{6.3.11}$$

则在全局参考坐标系下，点 p 的速度 $\boldsymbol{v}_p^0$ 表示为

$$\boldsymbol{v}_p^0=\frac{\mathrm{d}}{\mathrm{d}t}(\boldsymbol{r}_p^0)=\frac{\mathrm{d}}{\mathrm{d}t}(\boldsymbol{A}_i\boldsymbol{r}_p^i)=\dot{\boldsymbol{A}}_i\boldsymbol{r}_p^i=\left(\sum_{j=1}^{i}\frac{\partial \boldsymbol{A}_i}{\partial \theta_j}\dot{\theta}_j\right)\boldsymbol{r}_p^i \tag{6.3.12}$$

式中，θ_j 为连杆关节 i 的广义关节变量；$\boldsymbol{A}_i$ 表示机械臂的变换矩阵（如式(6.3.8)所示）。

构造矩阵 $\boldsymbol{S}_i$：

$$\boldsymbol{S}_1=\begin{bmatrix}0 & -1 & 0 & 0\\ 1 & 0 & 0 & 0\\ 0 & 0 & 0 & 0\\ 0 & 0 & 0 & 0\end{bmatrix} \tag{6.3.13}$$

$$\boldsymbol{S}_2=\begin{bmatrix}0 & 0 & 1 & 0\\ 0 & 0 & 0 & 0\\ -1 & 0 & 0 & 0\\ 0 & 0 & 0 & 0\end{bmatrix} \tag{6.3.14}$$

$$\boldsymbol{S}_3=\begin{bmatrix}0 & 0 & -1 & 0\\ 0 & 0 & 0 & 0\\ 1 & 0 & 0 & 0\\ 0 & 0 & 0 & 0\end{bmatrix} \tag{6.3.15}$$

则有：

$$\frac{\partial \boldsymbol{A}_i^{i-1}}{\partial \theta_i}=\boldsymbol{S}_i\boldsymbol{A}_i^{i-1} \tag{6.3.16}$$

进一步有

$$\frac{\partial \boldsymbol{A}_i^0}{\partial \theta_i}=\begin{cases}\boldsymbol{A}_1^0\boldsymbol{A}_2^1\cdots\boldsymbol{A}_{j-1}^{j-2}\boldsymbol{S}_j\boldsymbol{A}_j^{j-1}\cdots\boldsymbol{A}_i^{i-1} & (j\leqslant i)\\ \boldsymbol{0} & (j>i)\end{cases} \tag{6.3.17}$$

为了简化表述，引入等式

$$\boldsymbol{Q}_{ij}=\frac{\partial \boldsymbol{A}_i^0}{\partial \theta_j} \tag{6.3.18}$$

则式(6.3.12)和(6.3.17)可以化简为

$$\boldsymbol{v}_p^0=(\sum_{j=1}^{i}\boldsymbol{Q}_{ij}\dot{\theta}_j)\boldsymbol{r}_p^i \tag{6.3.19}$$

$$\boldsymbol{Q}_{ij}=\begin{cases}\boldsymbol{A}_{j-1}^0\boldsymbol{S}_j^{j-1}\boldsymbol{A}_i & (j\leqslant i)\\ \boldsymbol{0} & (j>i)\end{cases} \tag{6.3.20}$$

2. Dobot 串联机器人各连杆动能和机械臂的总动能

第 i 个连杆上点 p 处质点 $\mathrm{d}m$ 的动能为

$$\mathrm{d}K_i=\frac{1}{2}(\dot{x}_p^2+\dot{y}_p^2+\dot{z}_p^2)\mathrm{d}m=\frac{1}{2}\mathrm{Trace}(\boldsymbol{v}_p,\boldsymbol{v}_p^{\mathrm{T}})\mathrm{d}m=\frac{1}{2}\mathrm{tr}(\boldsymbol{v}_p,\boldsymbol{v}_p^{\mathrm{T}})\mathrm{d}m \tag{6.3.21}$$

那么第 i 个连杆的动能为

$$K_i=\int \mathrm{d}V_i=\frac{1}{2}\mathrm{tr}\left[\sum_{j=1}^{i}\sum_{k=1}^{i}\boldsymbol{Q}_{ij}\left(\int \boldsymbol{r}_p^i\boldsymbol{r}_p^{i\mathrm{T}}\mathrm{d}m\right)\boldsymbol{Q}_{ik}^{\mathrm{T}}\dot{\theta}_j\dot{\theta}_k\right] \tag{6.3.22}$$

式中，($\int \boldsymbol{r}_p^i\boldsymbol{r}_p^{i\mathrm{T}}\mathrm{d}m$)为第 i 个关节的惯性积分项，将其用 $\boldsymbol{J}_i$ 表示为

$$\boldsymbol{J}_i=\int \boldsymbol{r}_p^i\boldsymbol{r}_p^{i\mathrm{T}}\mathrm{d}m=\begin{bmatrix}\int x_i^2\mathrm{d}m & \int x_iy_i\mathrm{d}m & \int x_iz_i\mathrm{d}m & \int x_i\mathrm{d}m\\ \int x_iy_i\mathrm{d}m & \int y_i^2\mathrm{d}m & \int y_iz_i\mathrm{d}m & \int y_i\mathrm{d}m\\ \int x_iz_i\mathrm{d}m & \int y_iz_i\mathrm{d}m & \int z_i^2\mathrm{d}m & \int z_i\mathrm{d}m\\ \int x_i\mathrm{d}m & \int y_i\mathrm{d}m & \int z_i\mathrm{d}m & \int \mathrm{d}m\end{bmatrix}$$

$$=\begin{bmatrix}\dfrac{-I_{ixx}+I_{iyy}+I_{izz}}{2} & I_{ixy} & I_{ixz} & m_ix_i\\ I_{ixy} & \dfrac{-I_{ixx}+I_{iyy}+I_{izz}}{2} & I_{iyz} & m_iy_i\\ I_{ixz} & I_{iyz} & \dfrac{-I_{ixx}+I_{iyy}+I_{izz}}{2} & m_iz_i\\ m_ix_i & m_iy_i & m_iz_i & m_i\end{bmatrix} \tag{6.3.23}$$

式中，I_i 表示第 i 个连杆上的惯性张量的分量。因此，式(6.3.22)可化简为

$$K_i=\frac{1}{2}\left[\sum_{j=1}^{i}\sum_{k=1}^{i}\boldsymbol{Q}_{ij}\boldsymbol{J}_i\boldsymbol{Q}_{ik}^{\mathrm{T}}\dot{\theta}_j\dot{\theta}_k\right] \tag{6.3.24}$$

累加可得 Dobot 串联机器人机械臂的总动能为

$$K=\frac{1}{2}\sum_{i=1}^{3}\sum_{j=1}^{i}\sum_{k=1}^{i}\mathrm{tr}(\boldsymbol{Q}_{ij}\boldsymbol{J}_i\boldsymbol{Q}_{ik}^{\mathrm{T}})\dot{\theta}_j\dot{\theta}_k \tag{6.3.25}$$

3. Dobot 串联机器人各连杆的势能和机械臂的总势能

同样由微元法，第 i 个连杆点 p 处质点 $\mathrm{d}m$ 的势能为

$$\mathrm{d}P_i=-\mathrm{d}m_i\boldsymbol{g}^{\mathrm{T}}\boldsymbol{r}_p^0=-\boldsymbol{g}^{\mathrm{T}}\boldsymbol{A}_i\boldsymbol{r}_p^i\mathrm{d}m_i \tag{6.3.26}$$

式中，$\boldsymbol{g}^{\mathrm{T}}$ 是在全局参考座标中的重力向量，其值为 $\boldsymbol{g}^{\mathrm{T}}=[g_x \quad g_y \quad g_z \quad 0]$。

对式(6.3.26)积分可得第 i 个连杆的势能 P_i 为

$$P_i=\int \mathrm{d}P_i=-\int \boldsymbol{g}^{\mathrm{T}}\boldsymbol{A}_i\boldsymbol{r}_p^i\mathrm{d}m_i=-\boldsymbol{g}^{\mathrm{T}}\boldsymbol{A}_i\int \boldsymbol{r}_p^i\mathrm{d}m_i=-m_i\boldsymbol{g}^{\mathrm{T}}\boldsymbol{A}_i\boldsymbol{r}_i^i \tag{6.3.27}$$

式中，$\boldsymbol{r}_i^i=(x_i \quad y_i \quad z_i \quad 1)^{\mathrm{T}}$ 为在第 i 个关节坐标系下第 i 个连杆质心位置向量。

4. Dobot 串联机器人机械臂的拉格朗日方程

将式(6.3.10)、式(6.3.27)代入式(6.3.9)得

$$L=\frac{1}{2}\sum_{i=1}^{3}\sum_{j=1}^{i}\sum_{k=1}^{i}\mathrm{tr}(\boldsymbol{Q}_{ij}\boldsymbol{J}_i\boldsymbol{Q}_{ik}^{\mathrm{T}})\dot{\theta}_j\dot{\theta}_k+\sum_{i=1}^{3}m_i\boldsymbol{g}^{\mathrm{T}}\boldsymbol{A}_i\boldsymbol{r}_i^i \tag{6.3.28}$$

式(6.3.10)可改写为

$$\tau_i = \frac{\mathrm{d}}{\mathrm{d}t}\frac{\partial L}{\partial \dot{\theta}_i} - \frac{\partial L}{\partial \theta_i} \tag{6.3.29}$$

又由式(6.3.23)可知 $\boldsymbol{J}_i$ 为对称矩阵,因此:

$$\mathrm{tr}(\boldsymbol{Q}_{ij}\boldsymbol{J}_i\boldsymbol{U}_{ik}^{\mathrm{T}}) = \mathrm{tr}(\boldsymbol{Q}_{ik}\boldsymbol{J}_i^{\mathrm{T}}\boldsymbol{Q}_{ij}^{\mathrm{T}}) = \mathrm{tr}(\boldsymbol{Q}_{ik}\boldsymbol{J}_i\boldsymbol{Q}_{ij}^{\mathrm{T}}) \tag{6.3.30}$$

则有:

$$\begin{aligned}\frac{\partial L}{\partial \dot{\theta}_i} &= \frac{1}{2}\sum_{i=1}^{3}\sum_{k=1}^{i}\mathrm{tr}(\boldsymbol{Q}_{ij}\boldsymbol{J}_i\boldsymbol{Q}_{ik}^{\mathrm{T}})\dot{\theta}_k + \frac{1}{2}\sum_{i=1}^{3}\sum_{j=1}^{i}\mathrm{tr}(\boldsymbol{Q}_{ij}\boldsymbol{J}_i\boldsymbol{Q}_{ik}^{\mathrm{T}})\dot{\theta}_j \\ &= \sum_{i=1}^{3}\sum_{k=1}^{i}\mathrm{tr}(\boldsymbol{Q}_{ij}\boldsymbol{J}_i\boldsymbol{Q}_{ik}^{\mathrm{T}})\dot{\theta}_k \end{aligned} \tag{6.3.31}$$

将式(6.3.31)对时间求导可得

$$\begin{aligned}\frac{\mathrm{d}}{\mathrm{d}t}\frac{\partial L}{\partial \dot{\theta}} &= \sum_{i=1}^{3}\sum_{k=1}^{i}\mathrm{tr}(\boldsymbol{Q}_{ij}\boldsymbol{J}_i\boldsymbol{Q}_{ik}^{\mathrm{T}})\ddot{\theta}_k + \sum_{i=1}^{3}\sum_{j=1}^{i}\sum_{k=1}^{i}\mathrm{tr}(\boldsymbol{Q}_{ijk}\boldsymbol{J}_i\boldsymbol{Q}_{ik}^{\mathrm{T}})\dot{\theta}_j\dot{\theta}_k + \\ &\quad \sum_{i=1}^{3}\sum_{j=1}^{i}\sum_{k=1}^{i}\mathrm{tr}(\boldsymbol{Q}_{ijk}\boldsymbol{J}_i\boldsymbol{Q}_{ij}^{\mathrm{T}})\dot{\theta}_j\dot{\theta}_k \\ &= \sum_{i=1}^{3}\sum_{k=1}^{i}\mathrm{tr}(\boldsymbol{Q}_{ij}\boldsymbol{J}_i\boldsymbol{Q}_{ik}^{\mathrm{T}})\ddot{\theta}_k + 2\sum_{i=1}^{n}\sum_{j=1}^{i}\sum_{k=1}^{i}\mathrm{tr}(\boldsymbol{Q}_{ijk}\boldsymbol{J}_i\boldsymbol{Q}_{ik}^{\mathrm{T}})\dot{\theta}_j\dot{\theta}_k \end{aligned} \tag{6.3.32}$$

又有

$$\frac{\partial L}{\partial \theta} = \sum_{i=1}^{3}\sum_{j=1}^{i}\sum_{k=1}^{i}\mathrm{tr}(\boldsymbol{Q}_{ijk}\boldsymbol{J}_i\boldsymbol{Q}_{ik}^{\mathrm{T}})\dot{\theta}_j\dot{\theta}_k + \sum_{i=1}^{3}m_i\boldsymbol{g}^{\mathrm{T}}\boldsymbol{Q}_{ij}\boldsymbol{r}_i^i \tag{6.3.33}$$

将式(6.3.32)中第二项的 i 和 j 进行交换,并减去式(6.3.33),可得

$$\frac{\mathrm{d}}{\mathrm{d}t}\frac{\partial L}{\partial \dot{\theta}} - \frac{\partial L}{\partial \theta} = \sum_{i=1}^{3}\sum_{k=1}^{i}\mathrm{tr}(\boldsymbol{Q}_{ij}\boldsymbol{J}_i\boldsymbol{Q}_{ik}^{\mathrm{T}})\ddot{\theta}_k + \sum_{i=1}^{3}\sum_{j=1}^{i}\sum_{k=1}^{i}\mathrm{tr}(\boldsymbol{Q}_{ijk}\boldsymbol{J}_i\boldsymbol{Q}_{ik}^{\mathrm{T}})\dot{\theta}_j\dot{\theta}_k - \sum_{i=1}^{3}m_i\boldsymbol{g}^{\mathrm{T}}\boldsymbol{Q}_{ij}\boldsymbol{r}_i^i \tag{6.3.34}$$

则式(6.3.29)可表示为

$$\tau_i = \sum_{j=1}^{3}\sum_{k=1}^{j}\mathrm{tr}(\boldsymbol{Q}_{jk}\boldsymbol{J}_j\boldsymbol{Q}_{jk}^{\mathrm{T}})\ddot{\theta}_k + \sum_{j=1}^{3}\sum_{k=1}^{j}\sum_{m=1}^{j}\mathrm{tr}(\boldsymbol{Q}_{jkm}\boldsymbol{J}_j\boldsymbol{Q}_{ji}^{\mathrm{T}})\dot{\theta}_k\dot{\theta}_{\mathrm{m}} - \sum_{i=1}^{3}\boldsymbol{m}_i\boldsymbol{g}^{\mathrm{T}}\boldsymbol{Q}_{ij}\boldsymbol{r}_i^i\ (i=1,2,3) \tag{6.3.35}$$

式(6.3.35)的矩阵形式表示为

$$\boldsymbol{\tau} = \boldsymbol{M}(\theta)\ddot{\theta} + \boldsymbol{C}(\theta,\dot{\theta}) + \boldsymbol{G}(\theta) \tag{6.3.36}$$

式中,$\boldsymbol{G}(\theta)$ 为机器人动力学模型中的重力项,

$$\boldsymbol{M}(\theta) = \boldsymbol{M}_{ik} = \sum_{j=\max(i,k)}^{3}\mathrm{tr}(\boldsymbol{Q}_{jk}\boldsymbol{J}_j\boldsymbol{Q}_{jk}^{\mathrm{T}})\ (i,k=1,2,3) \tag{6.3.37}$$

$$\boldsymbol{C}(\theta,\dot{\theta}) = \sum_{k=1}^{3}\sum_{m=1}^{3}h_{ikm}\dot{\theta}_k\quad (i=1,2,3) \tag{6.3.38}$$

$$h_{ikm} = \sum_{j=\max(i,k,m)}^{3}\mathrm{tr}(\boldsymbol{Q}_{jkm}\boldsymbol{J}_j\boldsymbol{Q}_{ji}^{\mathrm{T}})\quad (i,k,m=1,2,3) \tag{6.3.39}$$

$$\boldsymbol{Q}_{ji}=\frac{\partial \boldsymbol{A}_i}{\partial \theta_j} \tag{6.3.40}$$

$$\boldsymbol{Q}_{jkm}=\frac{\partial^2 \boldsymbol{A}_i}{\partial \theta_k \partial \theta_{\mathrm{m}}} \tag{6.3.41}$$

至此可得三自由度 Dobot 机器人的动力学模型方程为

$$\begin{bmatrix}\tau_1\\ \tau_2\\ \tau_3\end{bmatrix}=\begin{bmatrix}M_{11} & M_{12} & M_{13}\\ M_{21} & M_{22} & M_{23}\\ M_{31} & M_{32} & M_{33}\end{bmatrix}\begin{bmatrix}\ddot{\theta}_1\\ \ddot{\theta}_2\\ \ddot{\theta}_3\end{bmatrix}+\begin{bmatrix}C_1\\ C_2\\ C_3\end{bmatrix}+\begin{bmatrix}g_1\\ g_2\\ g_3\end{bmatrix} \tag{6.3.42}$$

6.4　工业机器人常用控制策略

工业机器人的动力学模型确定了机器人关节驱动力矩与关节角、关节角速度、关节角加速度之间的关系。这为我们通过电机控制关节驱动力矩，实现对关节角度的实时动态控制，进而实现末端执行器位姿跟踪规划轨迹控制奠定了基础。工业机器人的控制过程可以描述为寻找最优的关节电机驱动力矩，使得关节角、关节角速度和关节角加速度的变化能够保证工业机器人末端执行器稳定、快速和准确地跟踪规划轨迹的过程。然而，工业机器人独特的机械结构，使得其动力学模型呈现出高阶性、非线性、时变性、强耦合性等特点，同时工业机器人在实际应用过程中还会面临传感器测量信息不准确等系列问题，这些均给工业机器人的控制器设计带来巨大的挑战。

为了解决工业机器人控制面临的问题，工业机器人控制设计的基本原则是将高阶强耦合的控制问题转化为多个低阶子系统的控制问题，形成单关节控制和多关节控制两种基本的控制策略。单关节控制策略仅关注单个关节误差角的补偿精度，而多关节控制策略更强调多个关节误差角的耦合补偿方式。基于工业机器人控制设计的基本原则和基本控制策略，工业机器人控制系统设计呈现以下显著的特点：

(1) 多自由度工业机器人采用多级递阶控制系统；

(2) 由于工业机器人逆运动学解的不唯一性，控制系统设计必须解决一定约束条件下的优化决策与控制等问题；

(3) 驱动控制要求具有较高的位置精度和较大的调速范围，各关节的速度误差系数应尽量一致；

(4) 控制系统的静差率要小，位置无超调，动态响应尽量快。

工业机器人控制系统一般由机器人任务控制器、机器人运动控制器、机器人运动感知器、机器人四部分组成，它们之间的关系如图 6.4.1 所示。

工业机器人任务控制器根据机器人的任务需求，依据某种最优准则规划机器人各关节坐标系内的轨迹，获得每个关节运动控制器所需的关节角度、关节角速度和关节角加速度等控制器输入。运动控制器为工业机器人控制系统的核心，依据控制器输入，基于动力学模型形成关节驱动力矩，对于多关节工业机器人的控制一般由多任务处理器

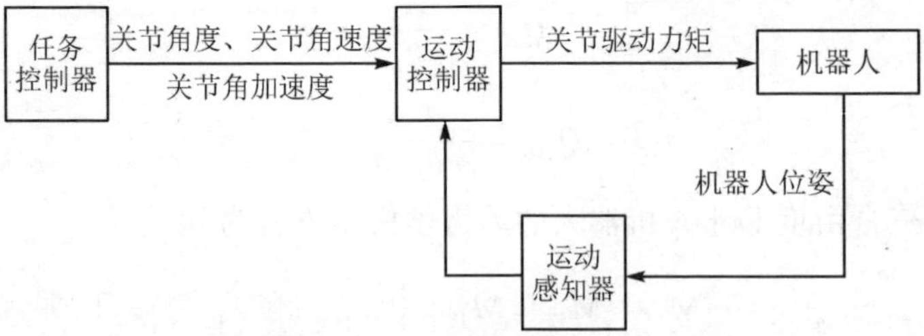

图 6.4.1　工业机器人控制系统

实现。运动感知器测量工业机器人在关节驱动力矩作用下末端执行器的位姿，并将其反馈到运动控制器中以调整动力学模型参数。因此，工业机器人的运动控制可描述为：已知工业机器人末端执行器规划的位置 $\boldsymbol{X}_{\mathrm{d}}(t)$、速度 $\dot{\boldsymbol{X}}_{\mathrm{d}}(t)$ 或加速度 $\ddot{\boldsymbol{X}}_{\mathrm{d}}(t)$ 等位姿信息，基于工业机器人的运动学模型，获得工业机器人各关节的指令关节角 $\theta_{\mathrm{d}}(t)$、关节角速度 $\dot{\theta}_{\mathrm{d}}(t)$ 或关节角加速度 $\ddot{\theta}_{\mathrm{d}}(t)$。定义伺服误差（指令关节角与真实关节角之差）及其变化率为

$$\begin{cases} E=\theta_{\mathrm{d}}-\theta \\ \dot{E}=\dot{\theta}_{\mathrm{d}}-\dot{\theta} \end{cases} \tag{6.4.1}$$

基于工业机器人动力学模型获得驱动力矩或设计控制器，使得伺服误差趋于零，可满足工作空间的可控性、稳定性、动态响应、定位精度及轨迹跟踪精度等系列控制性能指标。具体如下。

可控性是指存在一组连续的关节驱动力矩，能在有限的时间区间内，使得工业机器人末端执行器在工作空间内由某一初始位姿，转移到指定的任一终端位姿。

稳定性是指当工业机器人受到的外界干扰消失后，由初始偏差状态恢复到原平衡状态的性能。稳定性代表了工业机器人抗干扰的能力，它由工业机器人结构和控制器参数共同决定，与外界干扰无关，是工业机器人正常工作的基础。

动态响应描述了工业机器人的动态跟随性能，是指在施加关节驱动力矩后，关节角度在到达稳定状态之前的过程。常用的动态响应跟随性能评价指标包括上升时间、超调量和调节时间等。

定位精度及轨迹跟踪精度是指关节坐标系内伺服误差值或参考坐标系内末端执行器规划位姿与实际位姿之间的误差值。误差值越小表明定位精度或轨迹跟踪精度越高。

上述这些控制性能之间既相互依赖又互相冲突。因此，在这些控制性能之间取适当平衡是机器人控制设计的首要任务。

工业机器人的运动控制一般有两类。

(1) 开环控制系统。工业机器人的实际关节角度、关节角速度或关节角加速度对运动控制器的输入没有影响。在这种控制系统中，不存在将被控量返送回来形成的任何闭环回路，如图 6.4.2 所示。开环控制系统具有控制成本低、实现简单等优点。然

而，这种控制类型的控制指标完全依赖于工业机器人的机械结构设计、装配和电机性能，导致工业机器人抗干扰能力低，定位精度差等。

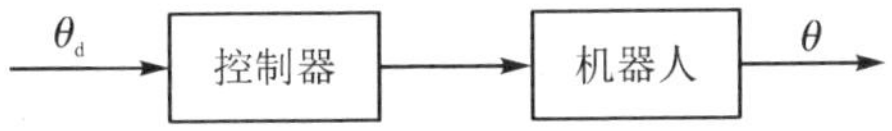

图 6.4.2　工业机器人开环控制系统

（2）闭环控制系统。该系统是指工业机器人的实际关节角度、关节角速度或关节角加速度会反馈回来形成一个或多个闭环，从而影响运动控制器的输入，如图 6.4.3 所示。根据反馈信号与工业机器人指令信号之间的关系，闭环控制系统又分为正反馈闭环控制系统和负反馈闭环控制系统：正反馈闭环控制系统中，反馈信号与指令信号相同，对指令信号起到放大作用；负反馈闭环控制系统中，反馈信号与指令信号相反，可减小工业机器人的伺服误差。可见，闭环负反馈控制系统是解决工业机器人运动控制问题的主要控制类型。

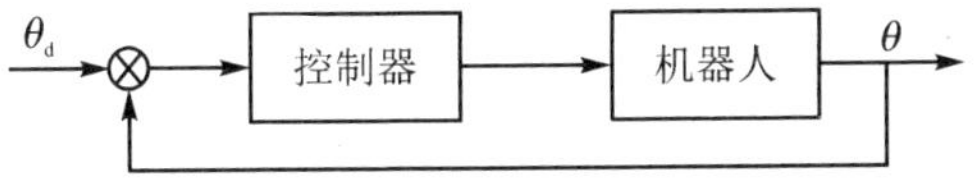

6.4.3　工业机器人闭环控制系统

针对复杂工业应用环境中改善工业机器人控制性能的不同需求，学术界和工业界研发了很多种工业机器人控制算法。例如，先后出现了传统控制算法、以工业机器人动力学模型为基础的现代控制算法、不依赖于工业机器人动力学模型的无模型智能控制算法等。比较常见的控制算法包括：

（1）PID 控制：PID 控制是一种应用最广泛的传统控制算法，它是通过线性组合伺服误差的比例(P)、积分(I)和微分(D)项构成驱动力矩控制量。该算法简单、鲁棒性好、可靠性高，对工业机器人的动力学模型精度要求低；但由于反馈增益是常量，该算法不能在有效载荷变化的情况下改变反馈增益，导致工业机器人控制系统抗干扰能力和适应环境能力差。在控制非线性、时变、耦合及参数和结构不确定的复杂工业机器人时，有可能出现无论怎么调整参数都无法获得满意的控制性能的情况。

（2）最优控制：最优控制是一种典型的现代控制算法。该算法基于某种控制性能指标的极大(小)值实现对被控对象的最优控制。在工业机器人领域，普遍采用最少能量控制、最短时间控制等最优控制算法。然而，需要注意的是，控制性能指标之间的冲突性往往导致某种性能指标的最优，是以牺牲其他控制性能为代价的。

（3）自适应控制：自适应控制是指根据工业机器人的工作状态，自动补偿工业现场各不确定因素对动力学模型的影响，从而显著提高工业机器人的适应能力。然而，工业机器人动力学模型呈现的高阶性和非线性，导致自适应控制仅能补偿某些特定类型的不确定性因素。

（4）解耦控制：针对工业机器人各自由度之间存在的强耦合以及某些特殊工作状况，采取某些数学变换方式在一定程度上实现工业机器人动力学模型的解耦，从而降低工业机器人控制器的设计难度。然而,解耦控制只适用于有限的工作状况。

(5) 鲁棒控制:在工业机器人控制性能品质影响最恶劣的情况下,鲁棒控制能够保证不确定动力学模型可以满足工业现场任务的要求。然而鲁棒控制虽然提高了工业机器人的抗干扰能力和对工业现场环境的适应性,但往往以控制精度的下降和快速性丧失为代价。

(6) 滑模变结构控制:工业机器人由于动力学模型的高阶性、强耦合性和非线性,在控制系统设计过程中,为了降低控制系统设计的难度,一般会针对某些特殊的工作状况对高阶、强耦合的动力学模型进行降阶或解耦处理。当工业机器人任务跨越不同工作状态时,控制系统结构将发生变化,这可能导致工业机器人控制系统失去稳定性。为此,滑模变结构控制在动态控制过程中,预先在动力学模型的状态空间设定一个特殊的超越曲面,根据工业机器人当时的状态偏差及其各阶导数值,控制系统的结构以跃变的方式按设定的规律作相应改变,使其沿着这个特定的超越曲面向平衡点滑动,最后渐近稳定至平衡点。滑模变结构控制虽然解决了面向工业现场复杂任务时工业机器人控制的稳定性问题,但是往往会在工业机器人控制系统中引入不可预计的振动和噪声,影响工业机器人的使用寿命。

(7) 模糊控制:随着工业机器人种类的增加和工业现场任务的日益复杂化,基于动力学模型的现代控制算法逐渐暴露出过度依赖动力学模型精度、环境适应范围受限等问题。为了满足工业现场灵活多变的复杂任务需求,基于无模型的智能控制算法逐渐受到重视。模糊控制作为一种典型的智能控制算法,借助熟练操作者示教工业机器人过程中的经验,通过“语言变量”表述和模糊推理来实现机器人的无模型控制。

(8) 人工神经网络控制:与模糊控制类似,人工神经网络控制借助熟练操作者在不同工作状况下示教工业机器人过程中的输入/输出数据,训练神经网络组成控制系统。

(9) 学习控制:将人工智能技术的研究成果引入机器人控制设计过程中,可以产生自主运动的学习控制系统,如图 6.4.4 所示。学习控制系统主要包括感知部分和认知部分,其中感知部分主要包括传感器层、数据处理层、信息存储层等,负责完成对外部环境的感知、信息处理和存储;在分析概念产生、感知信息的基础上,认知部分利用人工智能研究成果完善控制知识/数据库,使得机器人可以学习合理的自主运动结论,并通过执行层完成任务。

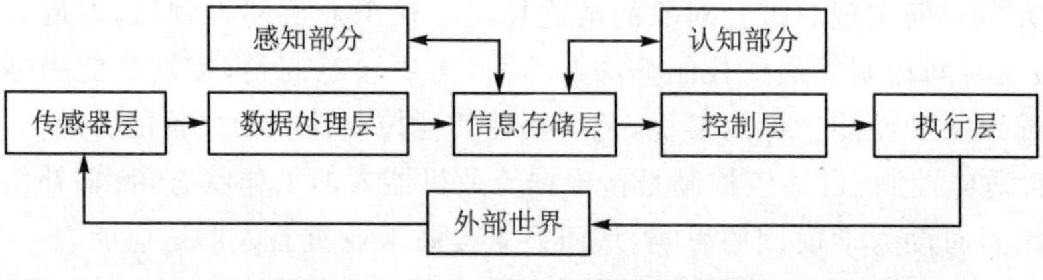

图 6.4.4　工业机器人学习控制系统

与现代控制算法相比,智能控制算法虽然提高了工业机器人解决复杂工业现场任务的适应能力,但是完全依赖于数据驱动的智能控制算法往往会导致工业机器人面临精度、快速性和稳定性等控制性能方面的挑战。

在目前的工业生产中，PID 控制算法具有能够根据被控制工业机器人的动态特性及时调整控制参数、适用范围广、对动力学模型精度要求低、可靠性高等优势，受到工业界的普遍欢迎，被广泛应用于从事简单重复性工作的工业机器人运动控制器的设计中。在基于 PID 控制算法的工业机器人控制过程中，令机器人关节规划角位置为 $\theta_d(t)$，实际关节角位置为 $\theta(t)$，则由式(6.4.1)可知关节角伺服误差为

$$e(t)=\theta_d(t)-\theta(t) \tag{6.4.2}$$

可由 PID 控制器获得使得关节角伺服误差趋于零的驱动力矩为

$$\tau(t)=k_P e(t)+k_I\int_0^t e(\tau)\mathrm{d}\tau+k_D\dot{e}(t) \tag{6.4.3}$$

式中，k_P 为比例控制项参数；k_I 为积分控制项参数；k_D 为微分控制项参数。

从图 6.4.5 可以看出，在 PID 控制器中，比例控制项的输出与输入伺服误差成比例关系，积分控制项的输出与输入伺服误差的积分成正比关系，微分控制项的输出与输入伺服误差的微分成正比关系。

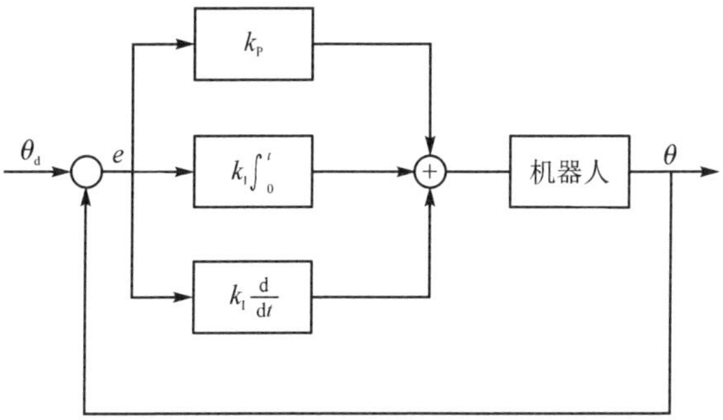

图 6.4.5　工业机器人 PID 控制系统

各个环节的优缺点体现在：比例环节可以简单地保证伺服误差信号减少，但是无法保证伺服误差趋近于零；积分环节可以消除伺服误差，提高稳态精度，对外界干扰具有一定的鲁棒性，但是会增加工业机器人的惯性和延迟，有可能导致关节产生运动振荡甚至无法稳定；微分环节对于具有较大惯性或延迟的工业机器人，可改善其得动态特性，使其关节运动趋于稳定，但是对外界干扰非常敏感，易放大测量关节运动状态传感器信号的噪声，导致因传感器噪声引发的关节运动不稳定。

经上述分析可见，PID 控制器中各个环节具有互补特性。因此，通过调整各控制项参数，原则上应该能够达到令人满意的工业机器人运动控制效果。一般而言，在工程应用中基于 PID 的机器人运动控制参数整定方法有理论参数整定法和工程整定方法。其中，理论参数整定法依据工业机器人的动力学模型，经过控制理论计算确定各控制项参数。该方法理论依据明确，但是由于工业机器人动力学模型的不完善，因此确定的各控制项参数无法直接应用，往往还需要通过工程实际进行调整和修改。工程整定主要依赖工程经验，可直接在工业机器人运动控制系统的试验中进行。该方法简单易掌握，但是工作量大且需要足够的耐心，往往难以获得最优参数。

6.5 工业机器人轨迹跟踪控制实验

现实中由于杆件弹性形变等多因素影响，在建立工业机器人的动力学模型时往往进行了条件简化。因此，在不考虑弹性形变等理想条件下得到如式(6.2.57)的 Delta 并联机器人动力学模型，以及如式(6.3.42)的 Dobot 串联机器人动力学模型。工业机器人轨迹跟踪控制实验的目的在于：基于简化后的工业机器人动力学模型设计程序模块，在此基础上面向工业机器人的末端执行器设计基于 PID 的位置控制器与姿态控制器，调整控制器参数使得工业机器人能够跟踪参考轨迹运动。通过工业机器人轨迹跟踪控制实验，学生可以充分认识虚拟 Delta 并联机器人和 Dobot 串联机器人的动力学模型，掌握 Simulink 仿真环境下的虚拟机器人轨迹跟踪控制设计过程以及控制器的参数寻优方法。

6.5.1 基于动力学模型的虚拟机器人轨迹跟踪控制架构

基于工业机器人动力学模型的轨迹跟踪控制过程涉及工业机器人的正运动学、逆运动学、轨迹规划、机器人动力学模型以及控制器设计等知识点。所谓机器人轨迹跟踪控制是指在给定理想参考轨迹的条件下，通过机器人逆运动学解算出驱动各个关节的期望角度信息，然后基于机器人动力学模型计算出驱动各个关节的驱动力矩，利用合适的控制器及其参数，使得机器人的实际运动轨迹能够跟踪给定的理想参考轨迹。将工业机器人动力学模型引入到机器人轨迹跟踪控制后的框图如图 6.5.1 所示。

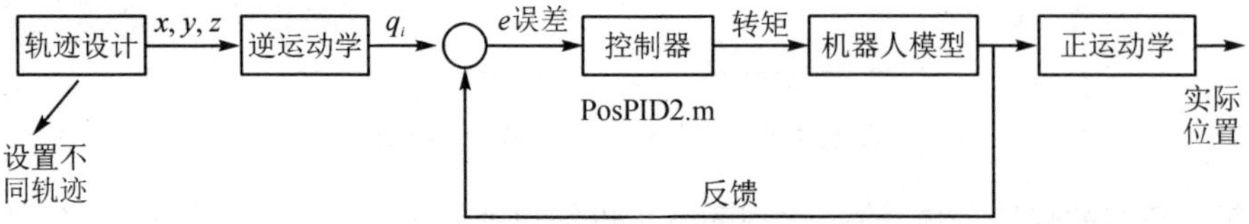

图 6.5.1 工业机器人轨迹跟踪控制框图

由图 6.5.1 可知，首先在轨迹设计模块根据实际需要设定理想参考轨迹；然后经过机器人的逆运动学模块获得驱动机器人运动的理想关节角度，进一步得到关节驱动力矩信息，与基于动力学模型的相关信息形成闭环控制回路，设计 PID 控制器并调整控制器参数，得到驱动机器人运动的实际关节角度；最后经正运动学求解得到机器人末端执行器在笛卡儿坐标系下的实际轨迹信息。比较实际轨迹信息与理想参考轨迹的位置误差，可以评价工业机器人的轨迹跟踪控制精度。

Simulink 是一个基于模型设计的框图环境，它支持仿真、自动代码生成以及嵌入式系统的连续测试，能够与 MATLAB 完美地结合。此外，Simulink 环境下设计程序的可视化程度较高。因此，基于动力学模型的虚拟机器人控制架构是在 Simulink 环境下实现的。关于 Simulink 的基本操作可以参见第 3 章相关内容。在此，重点阐述 Simulink 环境下如何搭建并理解基于动力学模型的虚拟机器人轨迹跟踪控制架构。虚拟 Delta 并联机器人的轨迹跟踪控制架构如图 6.5.2 所示；Dobot 串联机器人的轨迹跟踪控制架构如图 6.5.3 所示。

由图 6.5.2 和图 6.5.3 可知，Simulink 环境下的虚拟机器人轨迹跟踪控制结构主要包括轨迹输入部分、机器人逆运动学部分、机器人动力学模型部分、控制器及闭环控制部分、机器人正运动学部分、结果显示及比较部分。其中，对于逆运动学部分和控制器部分，学生

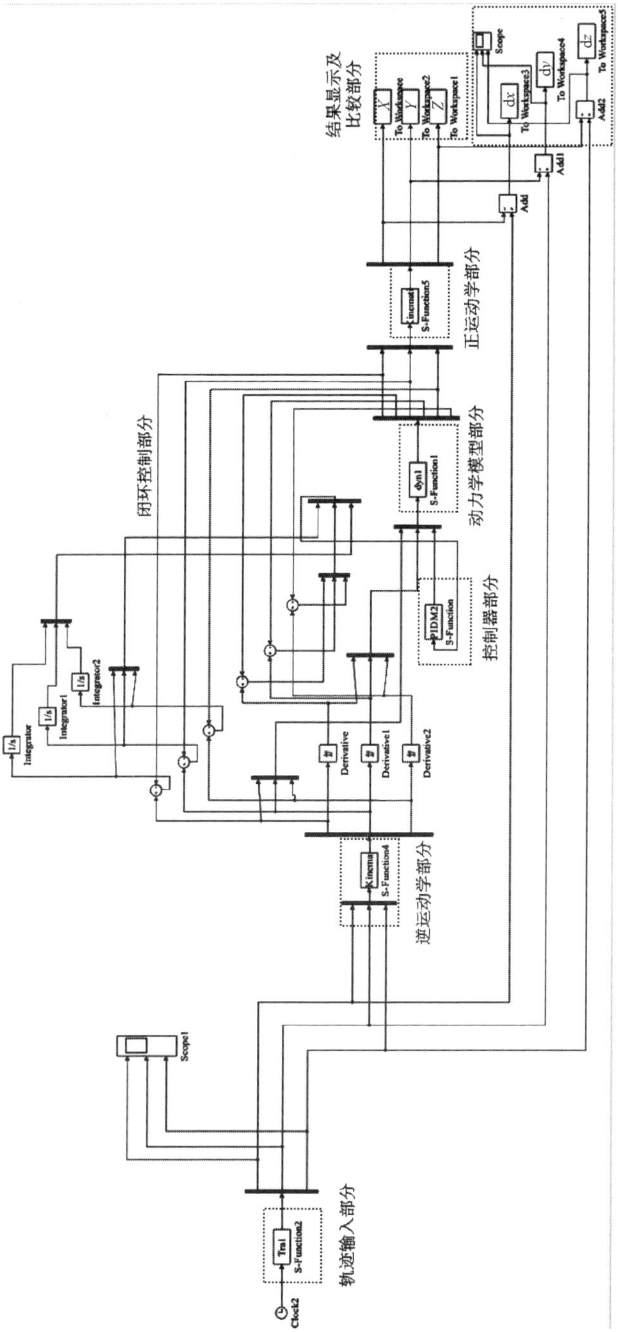

图6.5.2 Delta并联机器人轨迹跟踪控制架构

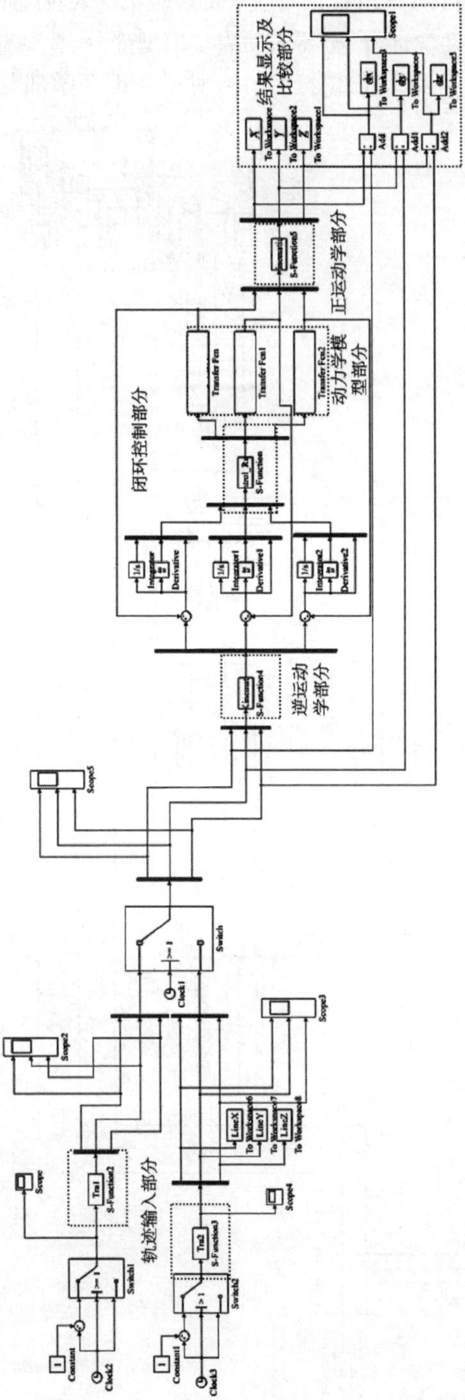

图6.5.3 Dobot串联机器人轨迹跟踪控制架构

可以结合前 5 章的内容自行设计与开发。在实际应用中，工业机器人电机转矩值的调节延迟会导致实际轨迹和参考轨迹产生偏差。因此，可在控制器模块中设计非线性 PID 控制器并通过寻优算法在线优化控制参数。

6.5.2　虚拟工业机器人轨迹跟踪控制实验

本小节重点描述如何设计内嵌在 Server_MATLAB 软件包“针灸机器人”“写字机器人”目录下的 PID 控制器 PosPID2.m 文件。首先，根据式(6.4.3)完善“针灸机器人”“写字机器人”目录下的 PosPID2.m 文件，根据门型轨迹实验完善 PosMenTra2.m 文件。然后，在 Simulink 环境下搭建如图 6.5.2 所示的并联工业机器人轨迹跟踪控制实验主程序，以及如图 6.5.3 所示的串联工业机器人轨迹跟踪控制实验主程序，分别完成两种工业机器人轨迹跟踪控制实验主程序的调试与运行。最后，可以与工业机器人虚拟仿真实验平台可视化对接。两类虚拟机器人的可视化操作流程如下。

1. 虚拟 Delta 并联机器人位置控制具体操作

虚拟 Delta 并联机器人位置控制主要是指设计位置控制器以保证机器人末端执行器跟踪轨迹过程中的空间位置精度。按照与 1.4 节相同的操作步骤进入工业机器人虚拟仿真实验平台主界面。选择工业机器人虚拟仿真实验平台主界面“中医针灸”任务下的“位置控制”模块并进入该模块(如图 6.5.4 所示)。

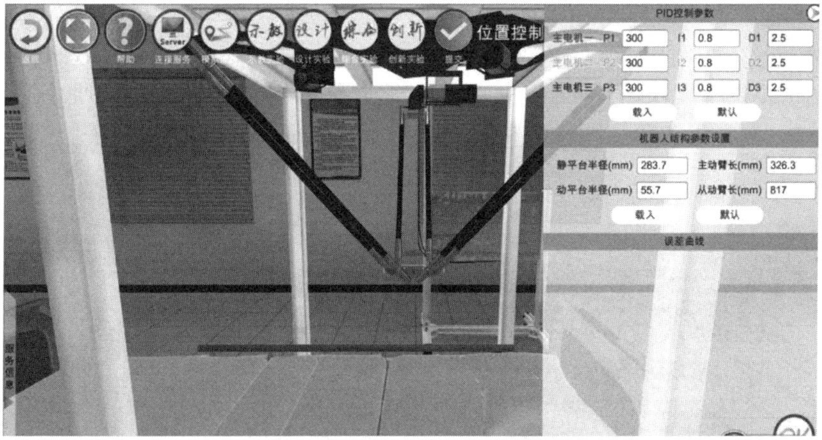

(a) “位置控制” 功能模块

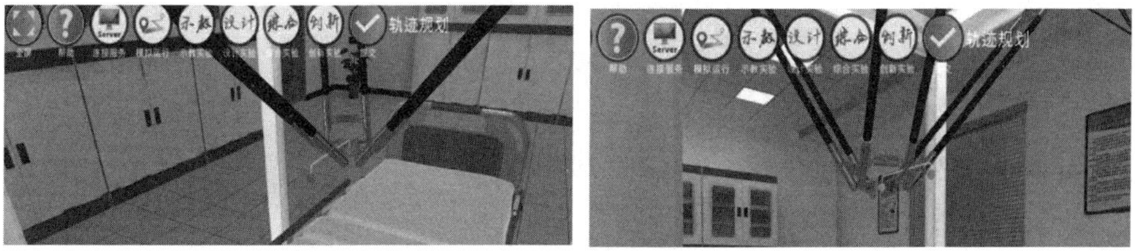

(b) 多角度位置控制效果

图 6.5.4　Delta 并联机器人位置控制及效果

如图 6.5.4(a)所示,“属性面板”给出了位置控制过程需要的相关参数。其中,可以载入已保存的并联机器人结构参数,或者选择默认设定的并联机器人结构参数,或者自行输入并联机器人结构参数。在“机械装配”过程中,在并联机器人静平台安装的电机分别通过红、绿、蓝三种颜色标记;与此对应,在“位置控制”过程中,用红、绿、蓝轴线分别表示不同主动臂电机所在的坐标轴;对于对应位置控制的 PID 控制器参数而言,同样采用相应颜色表示主动臂电机位置控制器的控制参数。

需要说明的是:面向不同层次和需求的学生,根据实验内容的开放度不同,在位置控制实验环节设置了“示教型”“设计型”“综合型”“创新型”四种类型。其中,“示教型”实验仅仅起到示教作用,不需要与任何参数交互,所有学生可直接在交互界面“模拟运行”虚拟仿真程序并观察分析结果;“设计型”实验可以借助交互界面输入参数,例如学生可以设置并循环调试三个电机的控制器参数,在线观察位置控制结果与规划轨迹的偏差;“综合型”实验需要学生在 Demo 程序基础上自主编写求解机器人的正、逆运动学方程程序,完成设计位置控制器和动力学模型等工作;“创新型”实验是全开放式实验类型,学生需自行查阅文献并设计开发新的机器人位置控制过程全部内容,不断提升自我创新能力。具体操作过程与虚拟 Delta 并联机器人位置控制过程类似。

2. 虚拟 Delta 并联机器人姿态控制具体操作

机器人是通过末端执行机构来执行抓取、摆放等具体任务的。为了提高机器人末端动平台的空间自由度,往往在“机械装配”过程中将多自由度的云台安装在动平台上,然后对云台的三个电机施加控制便可以改变机器人末端的姿态。一般用横滚角(ROLL)、俯仰角(PITCH)和偏航角(YAW)来描述机器人末端执行器的姿态。在姿态控制实验中,选择工业机器人虚拟仿真实验平台主界面的“姿态控制”模块(如图 6.5.5 所示)。

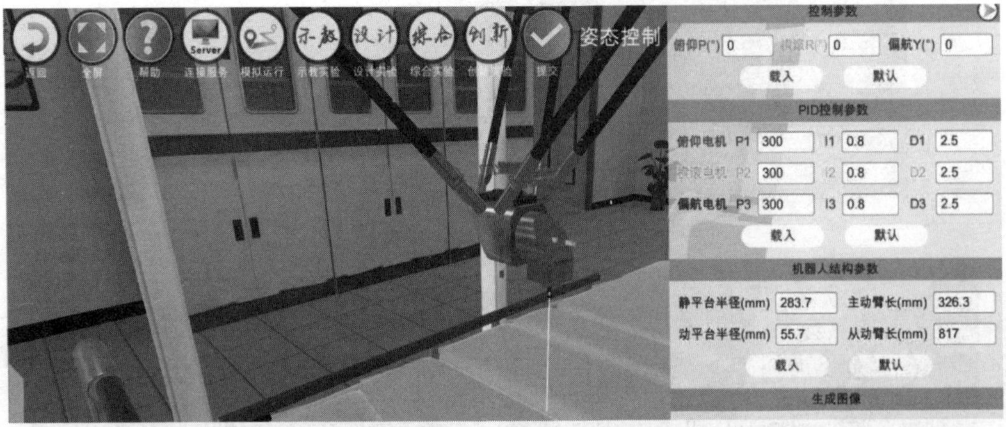

图 6.5.5 Delta 并联机器人姿态控制功能模块

进入“姿态控制”模块后，在“属性面板”可以载入已保存的机器人结构参数，或者选择默认的机器人结构参数，或者由学生自行输入机器人结构参数。为了明确电机与姿态角之间的对应关系，用绿(ROLL)、红(PITCH)、蓝(YAW)分别代表不同姿态角轴向的云台电机轴。在“控制参数”栏给定期望姿态信息，调整姿态控制器中的“PID 控制参数”，“确认”信息后“连接服务”并“模拟运行”，此时云台就会转到给定的姿态。如图 6.5.5 所示，利用机器人末端执行器处的白色光线可以观察机器人的姿态控制结果，也可以与给定期望姿态信息对比分析实际姿态角的收敛性和精度，从而评估姿态控制器参数设计的合理性。

同样需要说明的是：根据实验内容的开放度不同，姿态控制环节也设置了“示教型”“设计型”“综合型”“创新型”四种类型。其中，对于“示教型”，不用与参数交互，直接运行虚拟仿真程序就可观察分析结果；对于“设计型”，学生可重复调试三个云台电机的控制器参数，分析姿态角控制精度；对于“综合型”，学生要编程设计姿态控制器，求解机器人的末端姿态信息；对于“创新型”，学生要自主开发姿态控制过程全部内容。

3. 虚拟 Dobot 串联机器人位置控制具体操作

选择工业机器人虚拟仿真实验平台主界面“写字任务”下的“位置控制”模块并进入该模块(如图 6.5.6 所示)。

“属性面板”给出了位置控制过程需要的相关参数。与并联机器人类似，在“机械装配”过程中，在 Dobot 串联机器人静平台上安装的电机分别在其侧面给出了红、绿、蓝标签；红、绿、蓝轴线分别表示不同主动臂电机所在的坐标轴；在位置 PID 控制器中，用相应的颜色表示主动臂电机位置控制器控制参数。

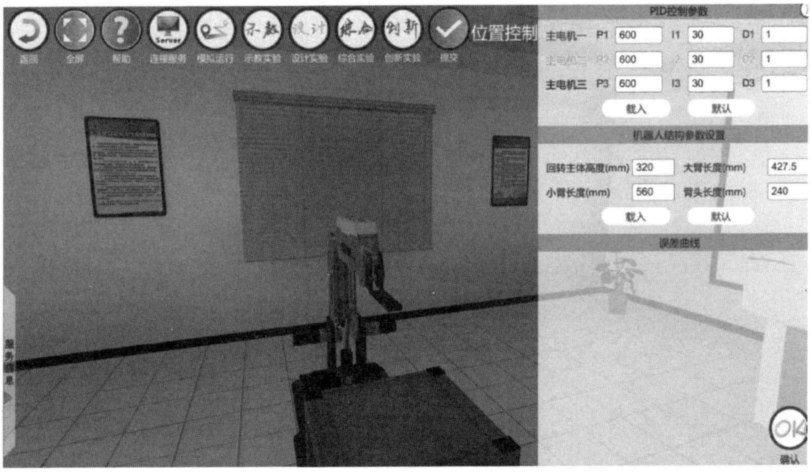

(a) “位置控制” 功能模块

图 6.5.6　Dobot 串联机器人位置控制及效果

(b) 位置控制效果

图 6.5.6 Dobot 串联机器人位置控制及效果(续)

控制器的参考输入量是轨迹规划部分设定的运动轨迹,输出量是 Dobot 串联机器人末端执行器的实际轨迹,位置误差反馈信息作为 PID 位置控制器的输入量。在实验过程中,可以不断调节每个电机的控制参数。每给定一组控制参数,“确认”信息,“连接服务”并“模拟运行”,则机器人末端执行器将在所设计的位置控制器下运动。位置误差信息显示在参数栏中,便于学生反复调试控制过程。

第7章 多工业机器人协作控制概述

随着工业物联网技术的快速发展，全球工业体系正在逐步从大规模和标准化的“刚性”制造，向以智能化、柔性化以及数字化为代表的智能制造方向变革。为了应对市场的激烈竞争和客户需求的快速变化，世界各国都在以进一步提高个性化生产效率和安全性、缩短产品更新换代周期、降低定制生产成本和资源消耗、提高产品和服务质量等为目标发展智能制造。由于工业机器人既可以高效、准确地完成重复性工作，又可以代替人类在恶劣工况下完成生产任务，因此智能制造的发展离不开工业机器人。从前面的仿真实验中可以感受到，单个工业机器人一般只能在有限空间内完成特定任务；当面临复杂任务时，多个工业机器人间协同作业在多任务的智能制造过程中更为重要。基于多工业机器人的工业生产是以多工业机器人协作控制算法为核心的。该控制算法构建了一套完备的调度规则和合理的规则组合方式，保证各环节生产过程中同时作业的多机器人间协调有序，不发生碰撞，用最短的时间、最低的成本实现最高的效率。为此，本章将重点概述多工业机器人协作控制问题，以便学生初步认识机器人群的控制问题。

7.1 典型协作任务描述及其约束

实际工业现场任务纷繁复杂。其中，分拣作业是各行业工业制造中一个必不可少的生产过程。基于多工业并联机器人间协同作业的智能分拣生产线凭借精度高、响应快、负载强、生产效率高等优势，被广泛应用于食品、制药、装配、物流等领域的分拣生产过程中，其中拾取任务是工业并联机器人需要完成的主要任务。如图7.1.1所示，智能分拣生产线系统由拾取传送带、放置传送带和多个Delta并联机器人构成。多Delta并联机器人沿传送带运动方向等距分布，并以第一个Delta并联机器人的坐标中心为系统坐标中心。在生产过程中进料装置将待分拣物倒落在拾取传送带的A端，这些洒落的物品服从某种特定的分布，并随着拾取传送带以 V_1 的运动速度移动到拾取传送带的B端。随着传送带的移动，待分拣物品进入不同Delta并联机器人的工作空间。Delta并联机器人根据设定的拾取模式拾取物品，并按照一定方式将物品摆放到放置传送带的指定位置上。物品指定放置位置间距为 d_2，放置传送带以 V_2 的运动速度把物品带到传送带 B 端。在实际应用中，一般以拾取传送带和放置传送带满负荷运转时，拾取传送带上到达 B 端的物品数量作为分拣生产线控制系统性能的评价指标。

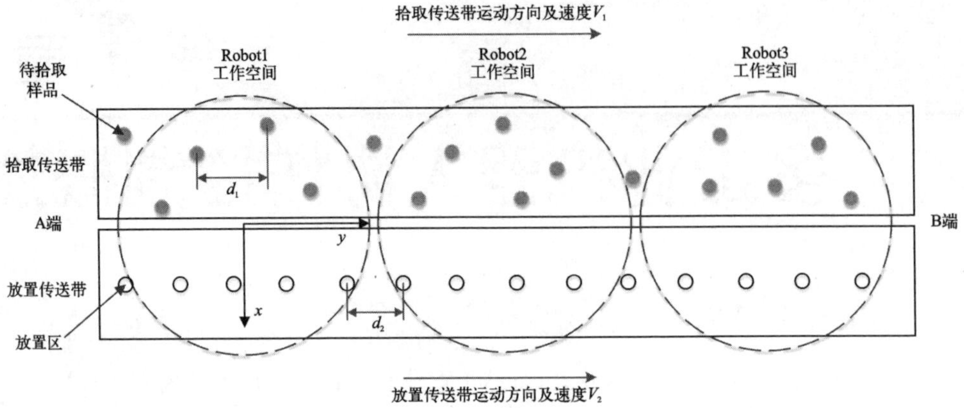

图 7.1.1　基于多 Delta 并联机器人的智能分拣生产线

根据工业生产任务的不同，待分拣物品在拾取传送带上一般包括三种分布形式（如图 7.1.2 所示）。

① 待分拣物品按确定规律有序排列在拾取传送带上，如图 7.1.2(a)所示。

② 待分拣物品按随机分布规律散落在拾取传送带上，如图 7.1.2(b)所示。工业生产中，洒落在拾取传送带上的待分拣物品大多服从均匀分布或正态分布等随机分布规律。

③ 待分拣物品具有多个种类，机器人需要通过识别拾取正确的物品，如图 7.1.2(c)所示。这种情况主要应用在具有分类功能的生产线中。

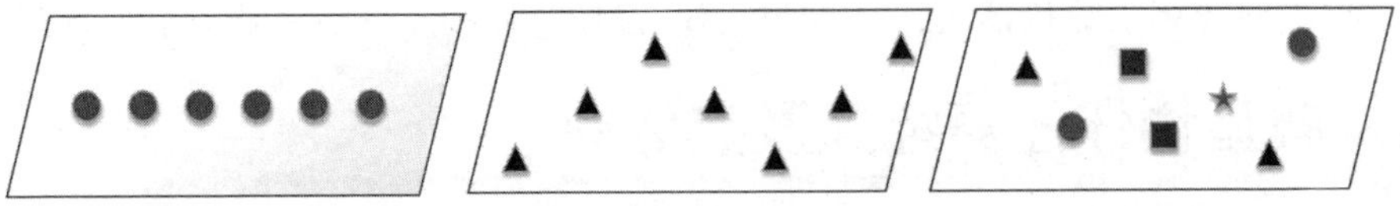

(a) 规律排序　(b) 规律分布　(c) 物品种类多

图 7.1.2　待分拣物品在拾取传送带上的分布形式

同样，根据分拣任务的需求不同，放置传送带上物品的放置方式一般可分为两种（如图 7.1.3 所示）。

① 分拣后的物品按一定的顺序排成一列或多列，如图 7.1.3(a)所示。

② 分拣后的物品按一定的顺序码放，如图 7.1.3(b)所示。

根据拾取传送带的分布形式和放置传送带的放置规律，并结合工业并联机器人的工作空间和运动轨迹，单个工业并联机器人拾取模式可分 3 种。

① 点对点拾取：也称为固定轨迹拾取。该模式主要适用于待分拣物品在拾取传送带中的分布如图 7.1.2(a)所示的应用场合。通过设定待分拣物品到达放置传送带的

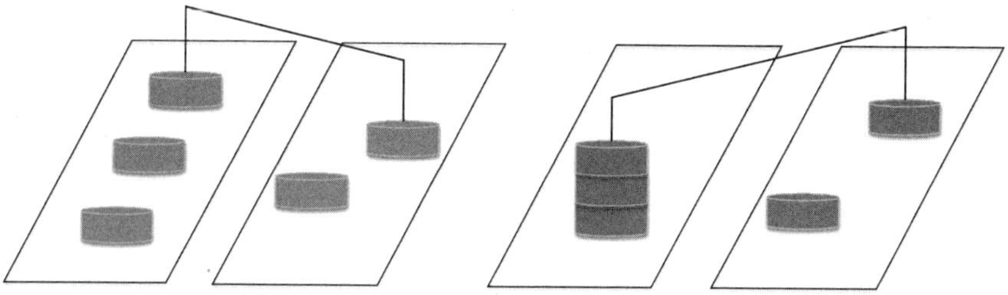

(a) 排序　　(b) 码垛

图7.1.3　分拣后物品在放置传送带上的放置方式图

指定位置以及拾取时间，工业机器人即可完成这种简单重复性的任务。

② 固定域拾取：该模式要求工业机器人在拾取传送带的一定区域内抓取待分拣物品到放置传送带的一个指定位置。当待分拣物品进入工业机器人的工作空间内时，工业机器人根据一定策略（如先进先出、最短处理时间等）选择待拾取物品，预测与待拾取物品的相遇点，并在相遇点拾取物品。该模式要求工业机器人必须在选定拾取物品离开工作空间前完成拾取任务，并且只能将分拣物品放置在放置传送带上的固定位置。

③ 动态拾取：该模式在固定域拾取模式的基础上，加入了放置传送带上的指定放置位置将随着放置传送带的移动而改变的约束。动态拾取模式不仅要预测工业机器人与待拾取物品的相遇点，还要在其工作空间内预测放置传送带上可放置的位置。该模式可有效地缩短机器人的空闲时间，显著提高生产效率。因此，动态拾取模式是智能制造中广泛采用的模式。

为了大幅度地提高生产效率，工业生产中期望单位时间内完成更多物品的分拣，这导致拾取传送带上的物品分布将更加密集并且传动带速度将更高。此时单个工业机器人无法满足这种生产任务需求，会出现漏检高、生产效率低等系列问题；而多机器人协作分拣可有效地解决生产中出现的这些问题。

多机器人协作分拣控制系统首要需要解决的问题是，如何将拾取传送带上的物品合理地分配给不同的机器人，以便每一个机器人在其工作空间内尽可能多地拾取物品。因此，需要根据待分拣物品在拾取传送带上的分布情况、放置传送带上物品的放置方式等，为多机器人协作分拣控制系统中每个工业并联机器人选取拾取模式，并进行拾取和放置策略的组合，同时调整拾取传送带和放置传送带的速度，以期充分利用每个工业机器人的最大工作负荷，实现单位时间内完成最多的分拣任务。

一般采用拾取率作为多机器人协作分拣控制系统性能优劣的重要评价标准。所谓拾取率是指被拾取的物品总数与任务物品总数的比值。一般来说，高拾取率能够保证到达拾取传送带B端的待拾取物品尽可能少，以减少未被拾取物品的回收成本和提高生产效率。因此，多机器人协作分拣控制系统的设计目标是在满足实际拾取率高于设定的最低拾取率，以及实际控制算法运行时间低于生产线作业允许时间的条件下，优化以生产线上每个工业机器人的拾取和放置策略为变量的拾取传送带和放置传送带的速度，从而获得最大的拾取率。多机器人协作分拣控制系统的性能指标J为

$$J = \max R(V_1(S)), \max(V_2(S))$$
$$\text{s.t.} \quad R_{actual} \geqslant R_u \quad t_{actual} \leqslant t_u \tag{7.1.1}$$

式中，V_1 为拾取传送带的速度；V_2 为放置传送带的速度；R 为拾取率；R_{actual} 为实际拾取率，R_u 为用户设定的最低拾取率；t_{actual} 为实际优化算法运行时间；t_u 为生产线作业允许时间；S 表示多机器人协作分拣控制系统中每个机器人拾取和放置策略的集合，且有

$$S = (r_{11} - r_{12}, r_{21} - r_{22}, \cdots, r_{i1} - r_{i2}, \cdots, r_{k1} - r_{k2}) \quad r_i \in CS \quad i = 1, \cdots, k \tag{7.1.2}$$

式中，r_{i1} 为第 i 个机器人的拾取策略，r_{i2} 为第 i 个机器人的放置策略，k 为生产线中机器人的数量；CS 为备选策略集。

7.2 多工业并联机器人协作控制算法

从多机器人协作分拣控制系统的性能指标式(7.1.1)可以看出，多工业机器人系统中每个机器人的拾取和放置的调度策略是影响拾取率的关键因素。目前工业生产过程中已发展出 100 多种调度策略。考虑到工业生产过程中多机器人系统能够获取的信息有限，假设多机器人协作分拣控制系统中机器人间无信息交流，每个机器人能够获得的信息包括：待分拣物品进入机器人工作空间的时刻；机器人拾取或放置物品所需时间；待分拣物品在拾取传送带上的位置。基于这些信息，每个机器人的调度策略可归结为两类：一类是对机器人自身有利的策略，另一类是对相邻机器人有利的策略。可用的拾取与放置策略如表 7.2.1 所列。

表 7.2.1　基于有限信息的拾取和放置策略

名　称	内　涵	属　性
先进先出(FIFO)	先进入机器人工作空间的待分拣物品优先处理	对机器人自身有利
后进先出(LIFO)	后进入机器人工作空间的待分拣物品优先处理	对相邻机器人有利
最短时间(SPT)	机器人从当前位置拾取物品或把放置到指定位置运动时间最短的待分拣物品优先处理	对机器人自身有利
最长时间(LPT)	机器人从当前位置拾取物品或把放置到指定位置运动时间最长的待分拣物品优先处理	对相邻机器人有利
最短距离(SD)	与机器人距离最短的待分拣物品优先处理	对机器人自身有利
最长距离(LD)	与机器人距离最长的待分拣物品优先处理	对相邻机器人有利

一般来说，在动态拾取模式下，单个机器人采用“先进先出”策略比“后进先出”策略完成的分拣任务量大。当机器人采用“最短时间”策略时，由于机器人拾取每个物品所需时间都是最短的，因此在相同的工作空间范围内能够完成更多物品的拾取，这会导致相邻机器人拾取的物品较少。当机器人采用“最短距离”策略时，机器人优先拾取距离自己最近位置的物品，这会导致较远距离的物品被分配给下一个机器人。另外，在拾取

传送带和放置传送带的速度不同时，每种策略的拾取率结果会有显著的差异。因此，多机器人协作分拣控制系统需要根据待分拣物品的分布等实际情况，在考虑每个机器人任务负荷均衡的条件下，自动调节多机器人的拾取和放置的策略组合以及拾取传送带和放置传送带的速度，从而获得生产线的最优拾取率。

多机器人协作分拣控制系统算法如图 7.2.1 所示。从图中可以看出，控制算法中涉及策略组合优化和传送带速度优化两部分。在策略组合邻域寻优后进行传送带速度寻优。传送带速度寻优的目的是快速获得当前优化策略组合下拾取率最高的传送带速度，将当前优化策略集以及优化传送带速度值作为控制系统的一个可行解。由于在不同传送带速度条件下，不同策略组合的拾取率不同，因此速度寻优后的速度值将作为新一轮迭代的初始值。若在新一轮迭代中获得更高拾取率的优化策略组合或传送带速度，则更新当前优化策略集和传送带速度。当算法迭代至拾取率趋于稳定或到达最大允许迭代次数时，输出当前优化策略组合和传送带速度作为系统的最优解。

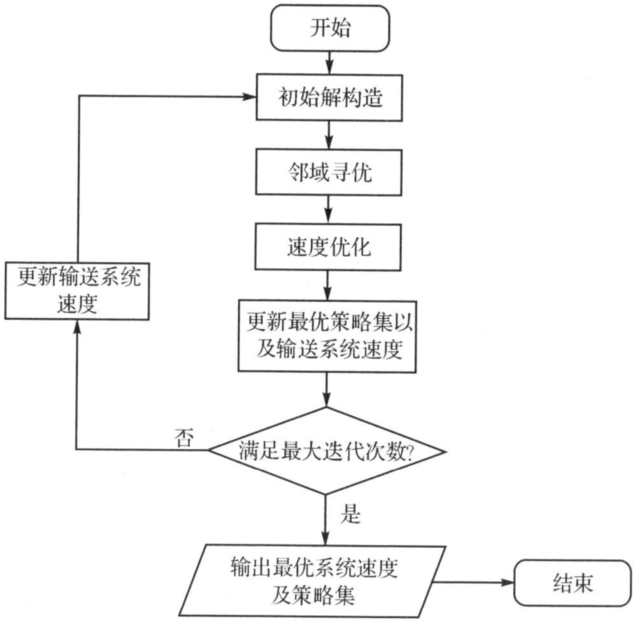

图 7.2.1　多机器人协作分拣控制系统算法

策略组合优化的方法有很多，例如枚举法、遗传算法、贪婪随机自适应搜索算法等。为了在有限的时间内获得最优策略组合，可采用基于贪婪随机自适应搜索算法(GRASP，Greedy Randomized Adaptive Search Procedures)的策略组合优化(如图 7.2.2 所示)。GRASP 算法是一个多步迭代优化算法，主要包括初始解构造和局部搜索两个阶段，通过邻域的探索寻优，找到更优的解以替代次优解。

在多机器人协作分拣控制系统中，策略组合优化的初始解构建如图 7.2.3 所示。设分拣生产线上的机器人个数为 k，则初始可行解 $S=\{s_1 \ \ s_2 \ \ \cdots \ \ s_k\}$ 由 k 个元素构成，其中 s_i 表示第 i 个机器人的策略行为。由于机器人的拾取和放置的过程可采用不同

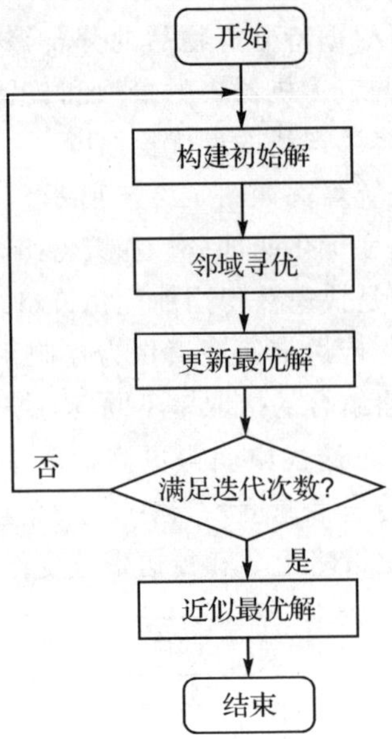

图 7.2.2　贪婪随机自适应搜索算法流程图

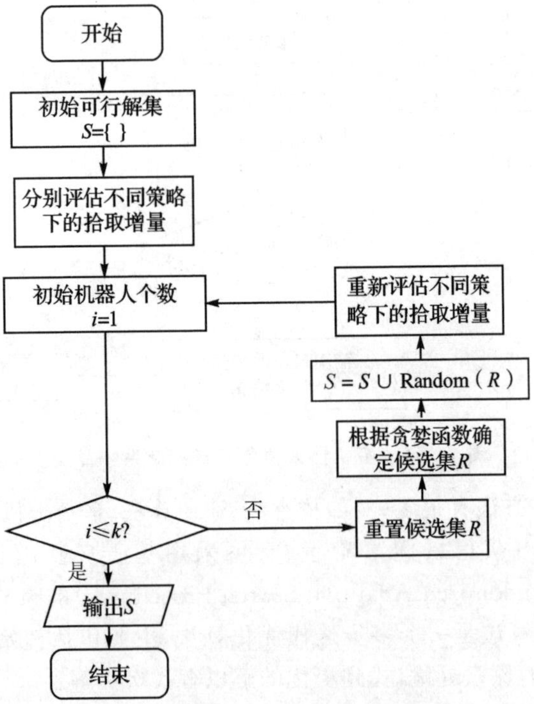

图 7.2.3　初始解构建步骤图

的策略，因此 s_i 表示拾取和放置策略组合而成的策略行为。例如，第 i 个机器人的拾取策略为先进先出策略，放置策略为最短时间策略，则 s_i 表示为 FIFO－SPT。贪婪函数是影响策略优化和确定可行解的重要因素。考虑到多机器人协作分拣控制系统的目的是提高生产线的拾取率，设贪婪函数为

$$\bar{I}(s_i) \geqslant \bar{I}_{\min} + \gamma(\bar{I}_{\max} - \bar{I}_{\min}) \tag{7.2.1}$$

式中，$\bar{I}(s_i)$为策略集合的平均拾取率增量；$\bar{I}_{\min}$ 表示策略集合中最小拾取率增量；$\bar{I}_{\max}$ 为策略集合中最大拾取率增量；γ 为贪婪因子，$\gamma \in [0,1]$。$\gamma=0$ 表示完全随机，所有策略组合都是可行解；$\gamma=1$ 表示完全贪婪，只有最大拾取率增量的策略组合才是可行解。

在多机器人协作分拣控制系统中，策略组合优化的邻域局部寻优流程图如图 7.2.4 所示。在已有的可行解集中重新组合一个新解集。比较新旧解集的拾取率，更新当前解集 S。为了提高邻域局部寻优的效率，需设定邻域局部寻优的迭代次数以及迭代时间。

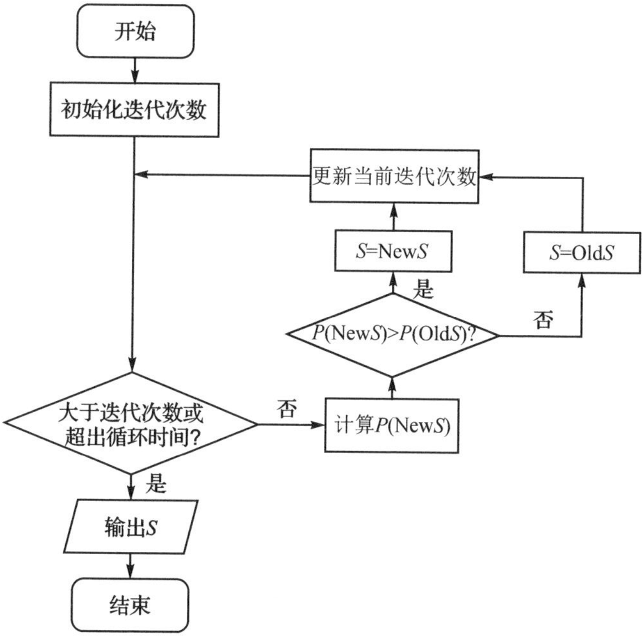

图 7.2.4　邻域寻优流程图

至此，通过分析 GRASP 算法的基本原理，可设计如图 7.2.3 所示的初始解构建方法以及如图 7.2.4 所示的邻域寻优算法。从前面章节的分析可以得到，系统性能不仅由拾取率来决定，还通过输送系统的速度共同体现。然而，图 7.2.2 表示的 GRASP 算法只能求解在当前输送系统速度下的较优解，无法使系统的性能达到最优。因此，需要在 GRASP 算法中融入输送系统速度优化的环节。

多机器人协作分拣生产线的拾取率不仅与策略组合优化有关，还与拾取传送带和放置传送带的速度密切相关。策略组合优化获得了在给定拾取传送带和放置传送带的

速度条件下，拾取率最高的多机器人策略组合，但并不能达到多机器人协作分拣生产线性能的最优。因此，需要在多机器人协作分拣控制算法中融入拾取传送带和放置传送带速度优化的环节。

如图 7.2.5 所示，设拾取传送带和放置传送带的长度相等，且朝同一个方向运动。拾取率为 100%的理想情况是：拾取传送带上每件物品均对应一个放置传送带上的位置，待分拣物品从拾取传送带入口端进入，其到达拾取传送带出口端时，会全部被拾取到放置传送带的指定位置上。当拾取传送带上待拾取物品数量和放置传送带上指定放置位置的数量相同时，满足：

$$\frac{V_1}{V_2}=\frac{\bar{d}_1}{d_2} \tag{7.2.2}$$

式中，V_1 是拾取传送带的速度；V_2 是放置传送带的速度；$\bar{d}_1$ 是拾取传送带上待分拣物品间的平均距离；d_2 是放置传送带上物品间的距离。

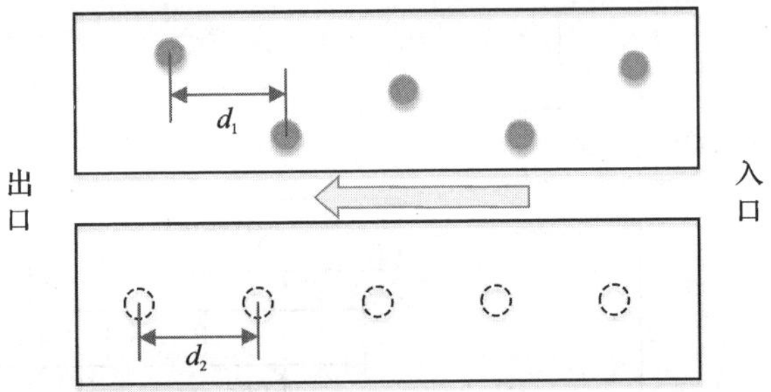

图 7.2.5　拾取和放置传送带速度分析图

设工业机器人从拾取传送带上拾取一个物品，并放置到放置传送带的指定位置上所用的平均拾放时间为 $\bar{t}$，则每个机器人单位时间内能够拾放物品的数量为 $1/\bar{t}$。若分拣生产线上有 n 个机器人，多机器人协作分拣生产线系统单位时间内拾放物品数量为 n/t。因此，拾取传送带的速度满足：

$$V_1 \approx \frac{n\bar{d}_1}{\bar{t}} \tag{7.2.3}$$

结合式(7.2.2)和式(7.2.3)可得放置传送带速度应满足：

$$V_2 \approx \frac{nd_2}{\bar{t}} \tag{7.2.4}$$

然而，实际生产情况与理想情况有一些不同。在实际生产过程中会综合考虑生产各环节的实际情况，根据生产周期设定分拣生产线的期望拾取率 R_{desired}。一般情况下，分拣生产线只需在满足期望拾取率条件下，使拾取传送带和放置传送带的速度最大。因此，拾取传送带和放置传送带的速度优化算法如图 7.2.6 所示。

在拾取传送带和放置传送带速度优化过程中，首先根据多机器人当前策略组合 S，设置初始寻优的基本参数，包括机器人平均拾放时间 $\bar{t}$ 和拾取率阈值 $R_{\text{threshold}}$，其中拾

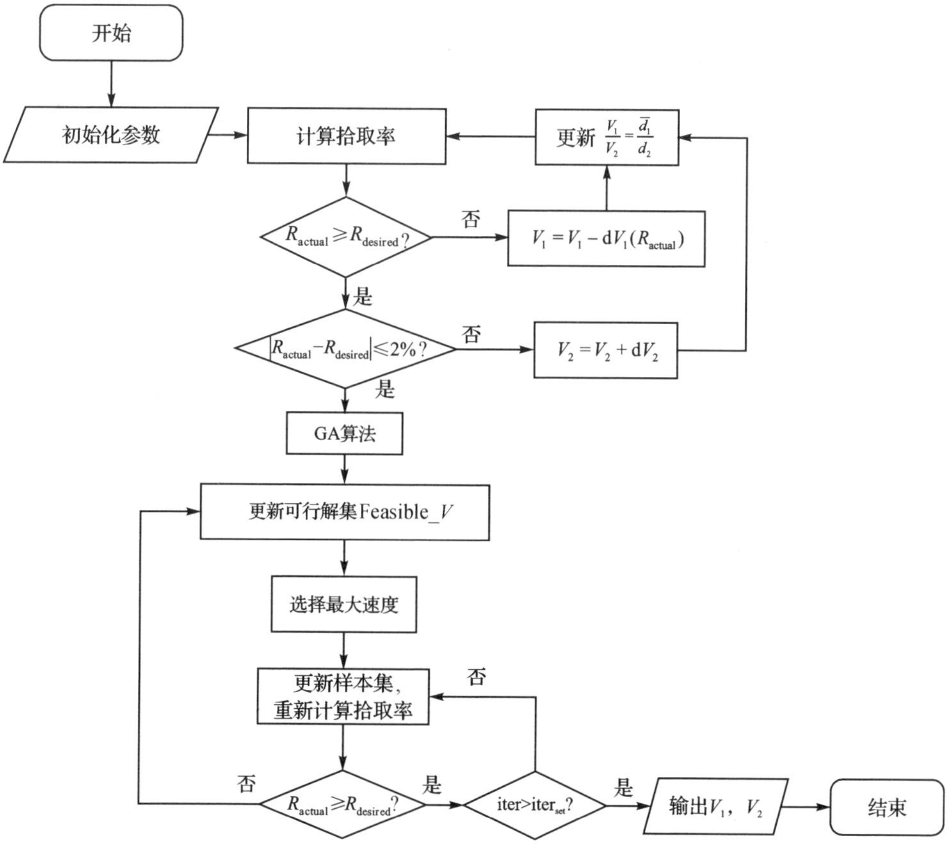

图 7.2.6　拾取和放置传送带速度优化算法

取率阈值小于期望拾取率 R_{desired}。初始拾取传送带和放置传送带的速度 V_1° 和 V_2° 由式(7.2.3)和式(7.2.4)可得：

$$V_1^{\circ} = \frac{n\bar{d}_1}{\bar{t}} / R_{\mathrm{threshold}} \tag{7.2.5}$$

$$V_2^{\circ} = \frac{nd_2}{\bar{t}} / R_{\mathrm{threshold}} \tag{7.2.6}$$

基于多机器人当前策略组合 S 和初始拾取传送带和放置传送带的速度 V_1° 和 V_2°，判断生产线的实际拾取率是否达到期待拾取率 R_{desired}。若没有达到期待拾取率，则需迭代优化拾取传送带或放置传送带的速度；若达到了期待拾取率，则需稳定控制拾取传送带或放置传送带的速度。为了提高算法的效率，迭代优化过程可采用变步长迭代，设生产线的实际拾取率为 R_{actual}，拾取传送带的速度增量为

$$dV_1=\begin{cases} a & R_{\text{actual}}<0.8 \\ \dfrac{a}{2} & 0.8\leqslant R_{\text{actual}}\leqslant 0.86 \\ \dfrac{a}{5} & R_{\text{actual}}>0.86 \end{cases} \tag{7.2.7}$$

放置传送带的速度增量为

$$dV_2=\begin{cases} a & R_{\text{actual}}\geqslant 0.95 \\ \dfrac{a}{2} & 0.93\leqslant R_{\text{actual}}<0.95 \\ \dfrac{a}{5} & 0.9\leqslant R_{\text{actual}}<0.93 \end{cases} \tag{7.2.8}$$

式中，a 为可调参数。实际生产线中，拾取传送带上待拾取物品的位置具有随机性，实际拾取率不可能与期望拾取率完全相同。因此，当经 k 次迭代，优化至拾取传送带和放置传送带的速度满足 $R_{\text{actual}}\in[R_{\text{desired}}-b\quad R_{\text{desired}}+b]$ 时，进一步基于遗传算法对 k 次迭代优化后的拾取传送带和放置传送带速度领域式进行搜索：

$$\{V_1\ \ V_2 \mid V_1^k-d_1<V_1<V_1^k+d_1\quad V_2^k-d_2<V_2<V_2^k+d_2\} \tag{7.2.9}$$

把满足 $R_{\text{actual}}\in[R_{\text{desired}}-b\quad R_{\text{desired}}+b]$ 的所有拾取传送带和放置传送带的速度存入可行传送带速度解集合 Feasible_V 中。

考虑到拾取传送带上待拾取物品的随机性，应通过多次测试验证，选取可行传送带速度解集合 Feasible_V 中适应性最好的拾取传送带和放置传送带速度。设测试验证次数为 iter_{set}。考虑到在相同拾取率的条件下，分拣生产线的生产率是以生产线产出体现的，即放置传送带速度 V_2 的大小反映了生产线的产出效率；为了最大限度地提高分拣生产线的生产效率，在验证测试过程中，先从可行传送带速度解集 Feasible_V 中选取拾取传送带和放置传送带速度对 V_1 和 V_2，其中对放置传送带满足 $V_2=\max\{V_{2i}\}$ 的速度进行测试验证。若经过 iter_{set} 次测试验证，被选取的拾取传送带和放置传送带的速度对 V_1 和 V_2 均满足实际拾取率 $R_{\text{actual}}\in[R_{\text{desired}}-b\ \ R_{\text{desired}}+b]$，则选取拾取传送带和放置传送带的速度对 V_1 和 V_2 是多机器人协作分拣控制系统所需的最优传送带速度。若被选取的拾取传送带和放置传送带的速度对 V_1 和 V_2 不能通过 iter_{set} 次测试验证，则将该速度对从 Feasible_V 中清除，重复上述过程直到获得满意的拾取传送带和放置传送带速度为止。

第8章 虚拟工业机器人综合控制实践

借助工业机器人虚拟仿真实验平台，在目标任务牵引下，经过并联机器人和串联机器人的机构分析、工作空间计算、轨迹规划、位置控制、姿态控制等模块化基础训练后，学生已经熟悉了工业机器人的运动学、轨迹规划、动力学以及运动控制方面的相关知识。下面将综合运用这些知识，开展中医针灸、核酸检测、写字、拾取等具体任务导向的综合训练，从而完成针灸机器人、核酸检测机器人、写字机器人、柔性生产线的虚拟工业机器人综合控制实践训练，提高学生利用和迁移所学知识解决实际复杂问题的能力。

8.1 虚拟针灸机器人

通过基础训练部分的学习，学生对机器机构、装配以及运动控制各个环节有了深刻的认识，那么如何将这些知识点无缝衔接并用于解决实际问题呢？开展以针灸机器人为对象的综合应用，可充分利用机械工程、自动化、生物医学等多学科知识，解决机器人针灸过程中涉及的起始针灸器具方位、目标穴位可达性、运行轨迹安全性、入针位置准确性等关键问题，激发学生勇于探索、积极创新的科学精神。登录工业机器人虚拟仿真实验平台后，虚拟针灸机器人的工作过程包括如下步骤。

1. 选择穴位

根据中医理论，穴位是指人体经络线上特殊的点区部位，可以通过针灸或者推拿、点按等方式刺激相应的经络点来治疗疾病。本综合项目建立了10个穴位的数据库，如图8.1.1(a)所示。每次实验时，均可以从数据库中随机选择人体需要扎针的4个头部可选穴位，系统将自动给出穴位坐标，某次实验所选穴位情况如图8.1.1(b)所示。穴位坐标中的皮上坐标是指扎入前皮上的针尖坐标；皮下坐标是指扎入后皮下的针尖坐标。

2. 选择针型

针灸过程中需要选择合适的针型。选择穴位并“确认”信息后，就可以选择针型。

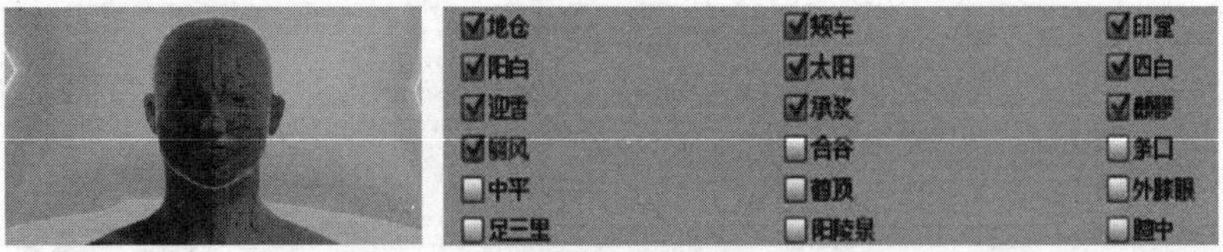

(a) 穴位数据库

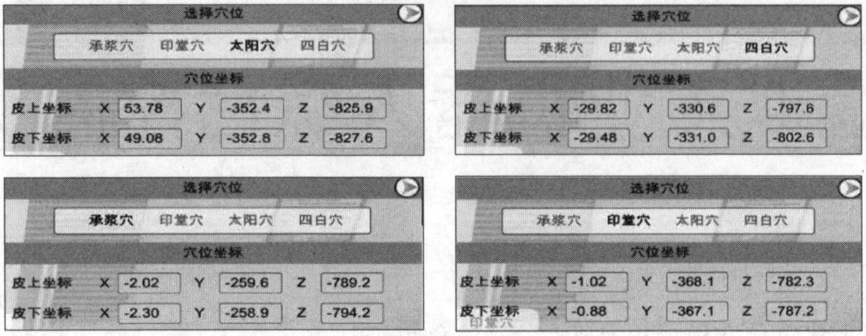

(b) 穴位信息实例

图 8.1.1　穴位信息

目前给出了 4 种针型(＃30,＃32,＃34,＃36),选择其中一种针型,如图 8.1.2 所示。

图 8.1.2　选择针型

3. 起始位置

起始针灸器具方位(初始姿态)决定了最终入针时的角度,是完成准确针灸的关键之一。选择完穴位和针型后,可以知道穴位的皮上和皮下坐标以及针长,据此确定起始针灸器具方位,如图 8.1.3 所示。

根据选定的皮上和皮下坐标可以计算出穴位坐标间的向量,然后根据穴位坐标间的向量计算出起始针灸器具的姿态角,作为"控制参数"中的目标姿态信息,也作为姿态控制器的参考输入信息。调节"PID 控制参数"中的姿态控制器参数,不断调整起始针灸器具的方位,使其与参考输入姿态信息的差值在允许的误差范围内。

4. 工作空间

机器人能否对目标穴位施针,还取决于待施针的目标穴位是否在机器人的有效工

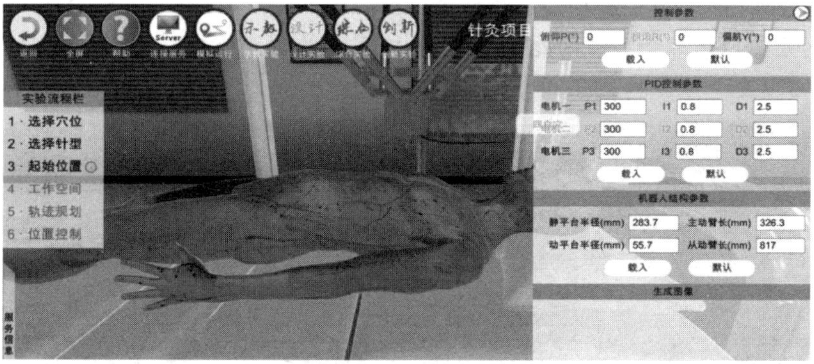

图 8.1.3　起始位置求解

作空间区域内。因此，在设计好动静平台半径、主动臂长度、从动臂长度后，还需要分析机器人的工作空间。在此，按照前面章节中虚拟 Delta 并联机器人工作空间分析实验，完善项目程序包下的正运动学工作空间子程序。运行结果如图 8.1.4、图 8.1.5 所示。

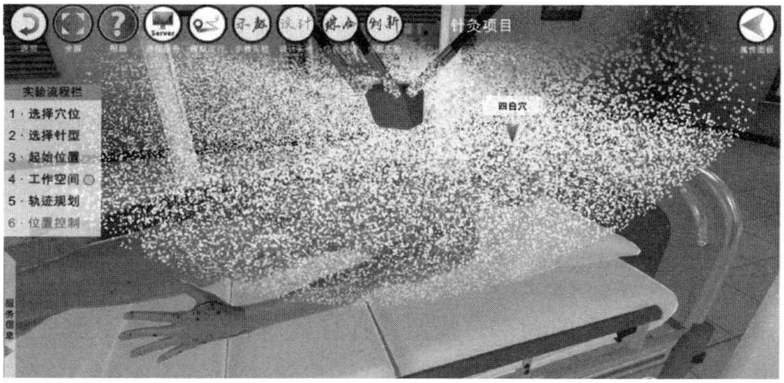

图 8.1.4　针灸机器人工作空间

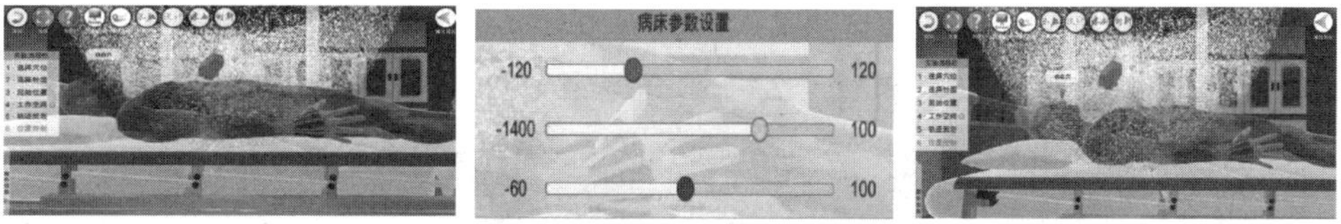

图 8.1.5　调床及工作空间变化情况

通过定性和定量地不断观察与比较，判断穴位是否在机器人工作空间内。若不在机器人工作空间内，或者处于工作空间的边缘部分，可以拖动“病床参数设置”中的滑块调整床的位置，直至目标穴位完全在工作空间内，便可以进行下一步操作。

5. 轨迹规划

在基础训练部分的轨迹规划过程中，通过在工作空间内设置轨迹关键点坐标及轨迹类型，设计平滑安全的轨迹过渡方法，模拟运行结果，学生对轨迹规划过程的认识得到提高。然而，针灸时需要充分考虑整个过程的安全性，以免由于轨迹设计不当对人体造成不必要的划伤等伤害。因此，应结合人体表面的曲线特性对针灸轨迹进行合理设计，这是实现安全针灸的关键，如图 8.1.6 所示。

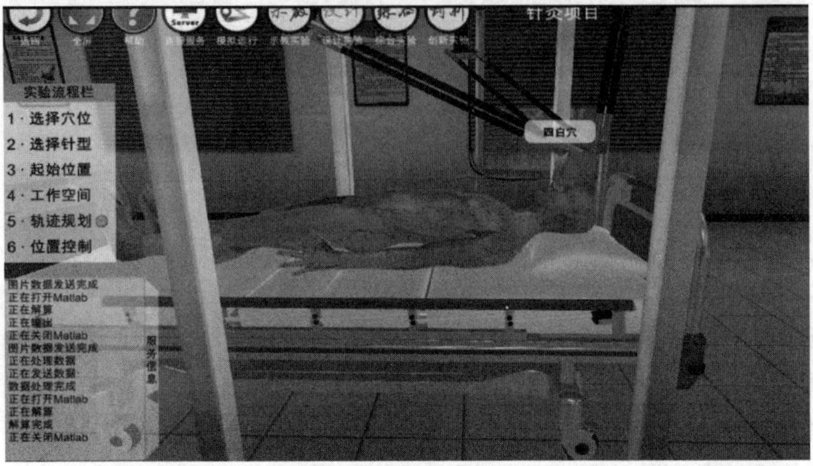

图 8.1.6　针灸轨迹规划

当计算出的轨迹不完全位于机器人工作空间内时，需要根据位置误差结果重新调整和设计轨迹，直至所有轨迹点都在机器人工作空间内，且机器人动平台运动过程中不会接触到人体表面。在此，按照虚拟 Delta 并联机器人轨迹规划实验完善项目程序包下的轨迹规划子程序。

6. 位置控制

位置控制能够使机器人的动平台按照设计好的轨迹运行，从而保证入针位置的准确性。在位置控制过程中，需要调整主动臂电机位置控制器的参数，连接服务、模拟运行并分析位置误差结果。依据位置误差不断总结控制参数的调整规律，确保针灸过程安全。在此，按照虚拟 Delta 并联机器人控制实验完善项目程序包下的轨迹跟踪控制子程序，如图 8.1.7 所示。

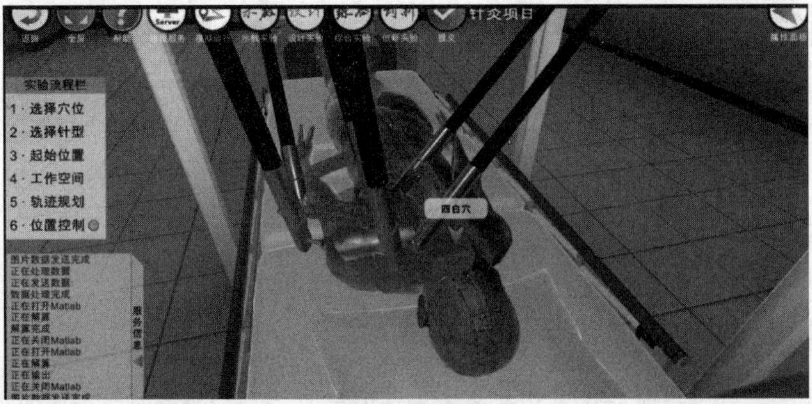

图 8.1.7　针灸位置控制

经过上述六步操作，虚拟 Delta 并联机器人即可作为针灸机器人完成针灸任务。由于并联机器人具有较高的定位精度，当前已经有医院采用并联机器人辅助手术并取得了良好的治疗效果。随着技术的不断发展进步，并联机器人必将在医学领域得到更加广泛的应用。

8.2　虚拟核酸检测机器人

2020 年是特殊的一年。新冠肺炎的猖獗严重影响了人类的正常生活，甚至历史性地改变了国际局势。人人谈新冠肺炎而色变，主要是因为其强大的传染力和较高的致死率。作为传染性极强的疾病之一，新冠肺炎的诊断与测试手段显得尤为重要。大多数国家对新冠肺炎的初始测试都是进行鼻咽和口咽拭子测试。这个过程会涉及样品的采集、处理、转移和测试。然而，在疫情大爆发期间往往缺乏大量合格的工作人员来采集和处理患者的测试样品。此时，利用机器人进行辅助，可加快鼻咽和口咽拭子测试过程，降低感染风险，并使工作人员腾出更多时间进行其他工作。

结合机器人辅助采集鼻咽和口咽拭子进行核酸检测的实际需求，优化针灸机器人虚拟仿真项目，利用工业机器人虚拟仿真实验平台构建虚拟核酸检测机器人。将插管过程或者核酸检测过程看作工业机器人末端执行器的轨迹运动控制过程，控制核酸检测机器人代替医师完成插管/核酸检测，从而使得学生在分解核酸检测机器人执行插管/核酸检测任务的基础上，结合现实以人为对象插管过程中的约束性条件，综合应用工业机器人运动学、动力学、轨迹规划以及运动控制相关知识点，解决实际问题。

依据稳定、快速、精确的原则，利用机器人执行插管/核酸检测任务。任务分解后主要包括以下步骤：

① 确定好接受插管或者核酸检测人体的位姿情况，在此可结合针灸机器人采取站立或者平躺方式；

② 机器人取插管器件或者棉签；

③ 机器人确认人体嘴部是否在其有效工作空间内；

④ 机器人取到插管器件或者棉签后，将其从初始位置移动到人体的嘴部；

⑤ 机器人将棉签精准地插入人体嘴部后端的喉部，通过来回擦拭采集测试样本；

⑥ 若插管则机器人要按照人体呼吸道结构精准地调整插管器件的位置。

由图 8.2.1 可知，人体的气管构造比较复杂，取样过程应充分结合人体气管的曲面特征。因此，当并联机器人携带插管器件/棉签等移动到人体嘴部后，需要依据人体的气管构造不断调整取样器件的姿态与位置，从而尽可能使被检测人在较舒适的感受下操作完成取样，显然这与针灸机器人寻得穴位后扎针的过程明显不同。插管或者核酸检测任务分解后的主要步骤包括机器人工作空间的计算、初始位置的确定、轨迹规划的设计以及插入嘴部后的精确控制等，在实施步骤方面与针灸机器人具有雷同之处。因此,本实验需要学生结合上述插管/核酸检测的实际问题,以针灸机器人为蓝本,自行二次开发 Demo 程序。

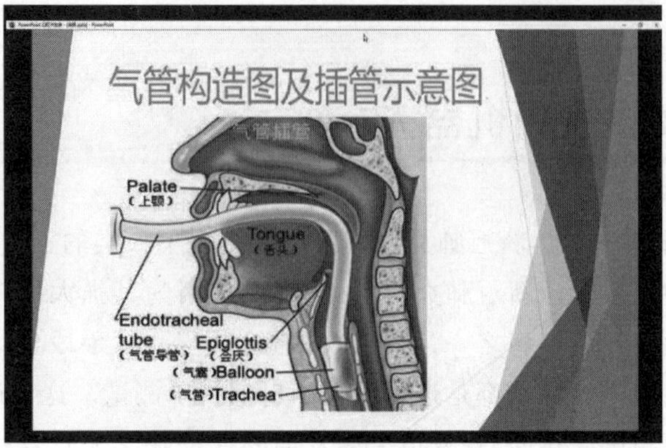

图 8.2.1 插管/核酸采样示意图

8.3 虚拟写字机器人

串联机器人具有结构简单、成本低、控制简单、运动空间大等优点,已成功应用于很多领域,如各种机床、装配车间等。串联机器人的工作原理类似于人用一只手拿东西,我们既然可以利用右手写字,那么就可以让串联机器人模拟人手完成写字或者轨迹描绘等任务。虚拟写字机器人就是利用虚拟 Dobot 串联机器人自主完成指定汉字的书写功能,要求学生设计写字机器人的写字过程,从而提高学生的综合分析能力、动手操作能力、解决实际问题能力。

1. 写字原理分析

虚拟写字机器人的基本原理是将汉字的书写过程看作串联工业机器人末端执行器的轨迹运动过程,通过逆运动学方程将对应轨迹转化为相应的关节角度量,在合适的控制方式下根据给定轨迹完成汉字的书写功能。虚拟写字机器人书写汉字的实现框图如图 8.3.1 所示。

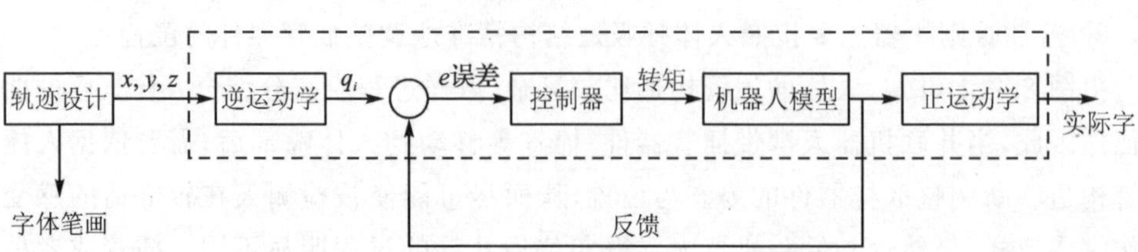

图 8.3.1 写字机器人书写汉字的实现框图

结合上述实现框图，可将机器人书写汉字的过程分为三个主要步骤：

① 笔画分解：与工业机器人的轨迹规划部分相对应。汉字的笔画可以描述为机器人末端执行器工作空间下的轨迹位置点集合。利用轨迹规划模块完成各个笔画的拟合，实际上就形成了工业机器人的参考轨迹输入量。

② 笔画间的衔接：是指由一个笔画的结束部分与另一个笔画的起始部分的衔接过程，实际上就是笔画间的跳转。考虑到跳转过程脱离纸面，因此可以通过采用门型轨迹实现笔画之间的衔接。

③ 笔画组合：所有笔画之间空间坐标位置的组合就形成汉字。

结合图 8.3.1，将某一个汉字的所有笔画、笔画间的衔接作为参考轨迹，通过机器人逆运动学求解得到理想的电机驱动关节角，经所设计的控制器形成反馈系统得到实际的电机驱动关节角；最后经过机器人正运动学求解得到末端执行器的实际运动轨迹，这就是虚拟串联机器人实际写出的汉字。

2. 具体实例

在控制虚拟 Dobot 串联机器人写字之前，应明确机器人空间参考坐标系与纸张坐标系之间的关系。如图 8.3.2 所示，分别用 $oxyz$ 和 $OXYZ$ 标出了纸张坐标系以及机器人空间参考坐标系。写字过程中，纸张需要放在虚拟 Dobot 串联机器人的有效工作空间范围内。虚拟 Dobot 串联机器人末端执行器在纸张上书写汉字时，每一点的坐标位置均存在两组坐标信息描述方式，其中一组是相对虚拟 Dobot 串联机器人的空间参考坐标系而言的，另一组相对纸张坐标系而言。很明显，在空间位置上，两组坐标信息之间存在平移关系。

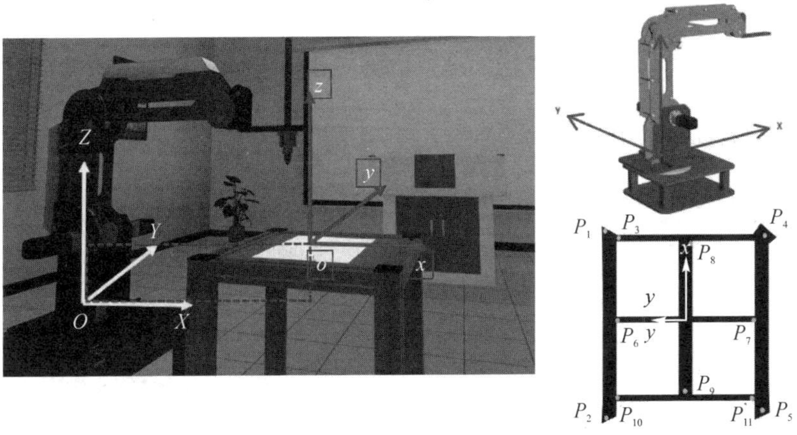

图 8.3.2　写字机器人坐标系关系及笔画分解

汉字是由不同笔画构成的，不同笔画之间提笔、落笔后的相互组合形成不同的汉字。如图 8.3.2 以“田”字为例说明笔画分解过程，每一直线笔画都包括起始点和终止点，不同笔画之间通过门型轨迹过渡。因此，可将整个操作分解为6个直线笔画和4个过渡门型轨迹。然而，汉字并非只包含横、竖两类笔画，还包含具有一定弯曲度与美感的撇、捺等笔画，在设计这类笔画时要考虑比横、竖笔画更多的限制性条件，可以通过多项式、贝塞尔曲线等拟合的方式完成。

3. 写字实现

在“综合型”和“创新型”写字机器人实验中，为学生提供了Demo开发包，便于学生将精力主要放在写字机器人写字过程设计上。开发包主要包括6个文件(如图8.3.3所示)，在文本文档中可以设置机器人参数和纸张的中心以及纸张大小，要注意纸张应位于串联机器人的工作空间范围内。学生需要根据前面章节关于虚拟Dobot串联机器人的一系列基础训练实验，自行设计完成文件Writing2.m，并在MATLAB环境下进行调试。程序没有问题后，将整个Demo开发包代替Server_MATLAB\写字实验下的软件包。

图8.3.3　写字机器人程序包

运行Server_MATLAB.exe，同时登录实验教学管理系统后进入工业机器人虚拟仿真实验平台，在“目标任务”中选择“写字任务”，然后单击综合实践下的“机器人写字”，即可进入如图8.3.4所示的主界面。选择“综合型”实验项目后顺序单击“连接服务”与“模拟运行”，即可在工业机器人虚拟仿真实验平台可视化写字过程。

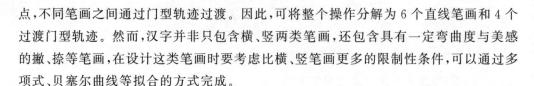

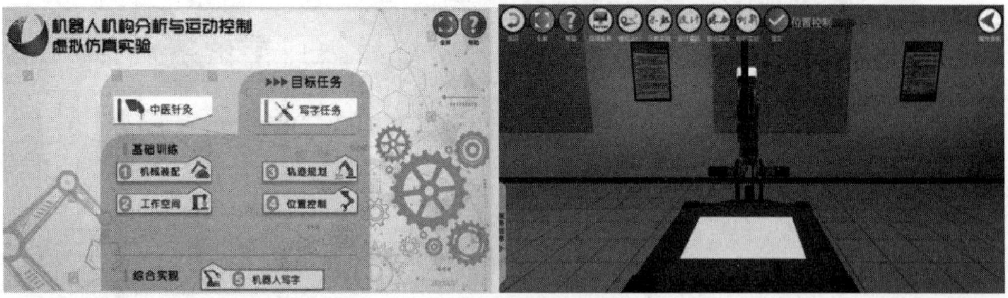

图8.3.4　写字机器人界面

最后依据将汉字笔画转化为末端执行器位置轨迹时的拟合程度，以及笔画之间组合时的位置关系，综合评价机器人书写汉字的美观度，如图8.3.5所示。

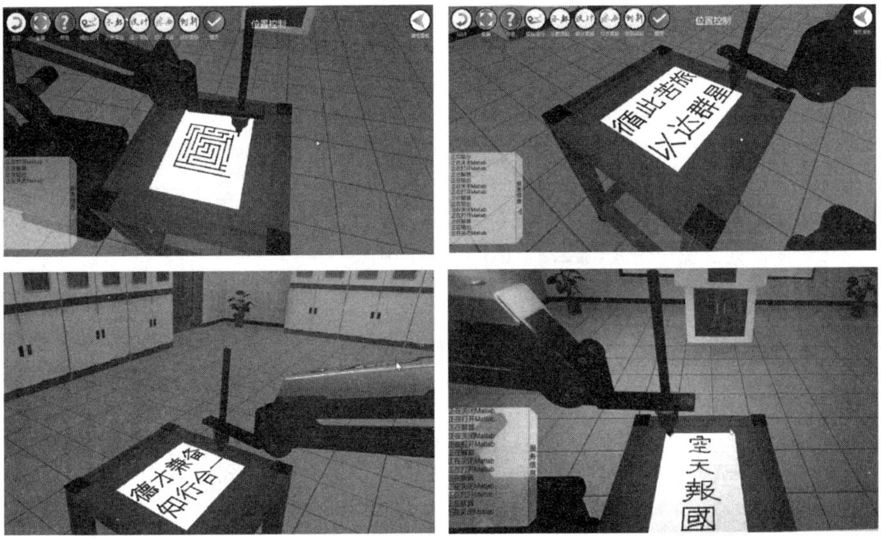

图 8.3.5　写字机器人书写汉字的效果图

8.4　虚拟仿真资源 Demo 实例

在此给出系列虚拟仿真资源的 Demo 框架，包括：并/串联机器人工作空间计算子程序、并/串联机器人逆运动学验证子程序、机器人轨迹规划子程序、写字机器人实现程序。

1. 基于并联机器人正运动学的工作空间计算 Demo 实例

```
function [x,y,z] = WorkSpaceLevel2()              % 并联机器人工作空间计算子函数
    clear all;                                    % 清除变量
    clc;
    i = 1;

    RobotPara = load('RobotParameter.txt');       % 提取机器人参数
    R = RobotPara(1);                             % R——静平台半径;r——动平台半径
    r = RobotPara(2);
    L1 = RobotPara(3);                            % L1——主动臂长度;L2——从动臂长度
    L2 = RobotPara(4);

    while i < 100000                              % 基于正运动学循环求解空间位置点
        q1 = 130 * rand - 30;                     % 根据关节角范围随机取值
        q2 = 130 * rand - 30;
        q3 = 130 * rand - 30;

        a1 = q1/180 * pi;                         % 单位转换
```

```
        a2 = q2/180 * pi;
        a3 = q3/180 * pi;

        %此处学生根据式(3.2.3)计算 OE1,OE2,OE3

        %此处学生根据式(3.2.5)计算 OG

        %此处学生根据式(3.2.4)计算 E1E2,E2E3,E3E1

        moE1E2 = sqrt(dot(E1E2',E1E2));
        moE2E3 = sqrt(dot(E2E3',E2E3));
        moE3E1 = sqrt(dot(E3E1',E3E1));

        H = (moE1E2 + moE2E3 + moE3E1)/2; % 根据式(3.2.8)～式(3.2.10)计算 H 和 S
        moFE1 = moE1E2 * moE2E3 * moE3E1/4/S;
        moGF = sqrt(moFE1^2 - moE1E2^2/4);

        %根据式(3.2.11)～式(3.2.15)计算 nGF,nFP
        nGF = cross(cross(E2E3,E3E1),E1E2)/(sqrt(dot(cross(cross(E2E3,E3E1),E1E2),
cross(cross(E2E3,E3E1),E1E2))));
        nFP = - cross(E1E2,E2E3)/(sqrt(dot(cross(E1E2,E2E3),cross(E1E2,E2E3))));
        moFP = sqrt(L2^2 - moFE1^2);

        x(i) = OP(1);                           %获得与关节角对应的空间位置点
        y(i) = OP(2);
        z(i) = OP(3);

        i = i + 1;
    end
        WorkSpace2Print(x,y,z);                 %输出可视化显示工作空间
end
```

2. 基于串联机器人正运动学的工作空间计算 Demo 实例

```
    function [x,y,z,V] = WorkSpaceLevel2()    %串联机器人工作空间计算子函数
    clear all; %清除变量
    clc;

    DobotPara = load('DobotParameter.txt'); %提取串联机器人参数

    d = DobotPara(1);                         %串联机器人结构参数赋值
    L2 = DobotPara(2);
    L3 = DobotPara(3);
```

```
l = DobotPara(4);
h = l * 49/240;

i = 1;
n = 100000;                        % 抽样数,可根据实际情况改变

q1 = 130 * rand(1,n) - 45;         % 关节角随机抽样结果
q2 = 115 * rand(1,n) - 85;
q3 = 180 * rand(1,n) - 90;

while i < n                        % 循环求解与关节角对应的空间位置点
    Angle1 = q1(i);
    Angle2 = q2(i);
    Angle3 = q3(i);

    if Angle1>0 && Angle2>0 && (Angle1 + Angle2>90)
        i = i + 1;
        continue;
    end

    if Angle1<0 && Angle2<0 && (abs(Angle1) + abs(Angle2)>90)
        i = i + 1;
        continue;
    end

    a = Angle1/180 * pi;           % 角度转弧度
    b = Angle2/180 * pi;
    c = Angle3/180 * pi;           % 与 X 轴的夹角逆时针为正

    % 以下为根据矢量法求解空间位置点的步骤
    OA = [0;0;d];                  % 用 OA 向量描述 A 点坐标
    AB = [L2 * sin(a);0;L2 * cos(a)];    % 写出 xz 平面内的 AB 向量

    BE = [L3 * cos(b);0;L3 * sin(b)];    % 此处写出 xz 平面内的 BE 向量
    EF = [l;0; - h];               % 写出 xz 平面内的 EF 向量
    OF = OA + AB + BE + EF;        % 写出 xz 平面坐标内的 OF 向量
    R = [cos(c), - sin(c),0;sin(c),cos(c),0;0,0,1];    % 写出旋转坐标系转换矩阵 R

    F = R * OF;                    % F 点空间坐标

    x(i) = F(1);
    y(i) = F(2);
    z(i) = F(3);
```

```
        i = i + 1;
    end
    [~,V] = Score(x,y,z);                              % 工作空间可视化显示
end
```

3. 并联机器人逆运动学验证 Demo 实例

```
function [q1,q2,q3] = Delta_InverseKinematics(x,y,z) % 并联机器人逆运动学验证

    R = 283.7;                                         % 静平台半径
    r = 55.7;                                          % 动平台半径
    L1 = 326.3;                                        % 主动臂杆长度
    L2 = 817;                                          % 从动臂杆长度

    R1 = R - r;                                        % 逆解求解过程
    la = L1;
    lb = L2;
    K1 = R1^2 - 2 * R1 * la - 2 * R1 * x + la^2 + 2 * la * x - lb^2 + x^2 + y^2 + z^2;
    U1 = 4 * la * z;
    V1 = R1^2 + 2 * R1 * la - 2 * R1 * x + la^2 - 2 * la * x - lb^2 + x^2 + y^2 + z^2;
    K2 = ;
    U2 = ;
    V2 = ;
    K3 = ;
    U3 = ;
    V3 = ;                                  % 学生根据式(4.2.6)、式(4.2.7)完成

    delta1 = ;                                         % 求解一元二次方程过程
    delta2 = ;
    delta3 = ;

    if(delta1<0||delta2<0||delta3<0)                   % 判断逆解是否存在
        msgbox('该位置的反解不存在');
    else
        T11 = (-U1 + sqrt(U1^2 - 4 * K1 * V1))/2/K1;   % 完成一元二次方程求解
        T12 = ;
        T21 = ;
        T22 = ;
        T31 = ;
        T32 = ;

        a11 = 2 * atan(T11)/pi * 180;
```

```
        a12 = 2 * atan(T12)/pi * 180;
        a21 = ;
        a22 = ;
        a31 = ;
        a32 = ;

    if(abs(a11)<abs(a12))                        %选择正确逆解
        ang1 = a11;
    else
        ang1 = a12;
    end
    if(abs(a21)<abs(a22))
        ang2 = a21;
    else
        ang2 = a22;
    end
    if(abs(a31)<abs(a32))
        ang3 = a31;
    else
        ang3 = a32;
    end
end

    q1  =  ang1;                                 %解算得到关节角
    q2  =  ang2;
    q3  =  ang3;
end
```

4. 串联机器人逆运动学验证 Demo 实例

```
function [Angle1,Angle2,Angle3] = InverseKinematics(X,Y,Z) %串联机器人逆运动学验证，结合图 4.3.1 分析实现过程
    clear all;clc;
    d = 320;
    L1 = 472.5;                                  %机器人结构参数
    L2 = 560;
    l = 240;
    h = 49;

    X = -597.23;                                 %输入工作空间中的一个位置点
    Y = 1034.43;
    Z = 279.16;
```

```
%以下为串联 Dobot 机器人逆运动学求解
OF = [X;Y;Z];
OA = [0;0;d];
%判断 F 点坐标投影所在象限
if (OF(1)> = 0 & OF(2)> = 0)                          %一象限
    c = atan(OF(2)/OF(1));
elseif (OF(1)<0 & OF(2)< = 0)                         %三象限
    c = -pi + atan(OF(2)/OF(1));
elseif (OF(1)> = 0 & OF(2)<0)                         %四象限
    c = atan(OF(2)/OF(1));
else                                                  %二象限
    c = pi + atan(OF(2)/OF(1));
end

% AF = OF - OA;
OE(1) = OF(1) - l/(sqrt((OF(1))^2 + (OF(2))^2)) * OF(1);
OE(2) = OF(2) - l/(sqrt((OF(1))^2 + (OF(2))^2)) * OF(2);
OE(3) = OF(3) + h;
OE = [OE(1);OE(2);OE(3)];
AE = OE - OA;

R = [cos(c),sin(c),0; - sin(c),cos(c),0;0,0,1];
%OEF 平面
AE1 = R * AE;
Xe = AE1(1);
Ze = AE1(3);
syms x z;
[x,z] = solve(x^2 + z^2 = = L1^2,(x - Xe)^2 + (z - Ze)^2 = = L2^2);
x = eval(x);
z = eval(z);
if z(1) - Ze/Xe * x(1)>0
    Xb = x(1); Zb = z(1);
else
    Xb = x(2); Zb = z(2);
end
a = atan(Xb/Zb);

AB = [L1 * sin(a);0;L1 * cos(a)];                     %OEF 平面
BE = AE1 - AB;
Xbe = BE(1);
Zbe = BE(3);

% b输出,弧度制
```

```
    if (Xbe>=0 & Zbe>=0)                      % 一象限
        b = atan(Zbe/Xbe);
    elseif (Xbe<=0 & Zbe<=0)                  % 三象限
        b = pi + atan(Zbe/Xbe);
    elseif (Xbe<0 & Zbe>0)                    % 二象限
        b = - atan(Zbe/Xbe);
    else                                      % 四象限
        b = atan(Zbe/Xbe);
    end

    Angle1 = a/pi*180;                        % 与位置点对应的关节角度
    Angle2 = b/pi*180;
    Angle3 = c/pi*180;

end
```

5. 门型轨迹规划实验 Demo 实例

```
function [NX,NY,NZ] = MenTra2(Para)           % 门型轨迹子函数
    Para = load('Parameter.txt');             % 门型轨迹参数
    P1 = Para(1,1:3);
    P2 = Para(2,1:3);
    h = Para(3,1);
    r = Para(4,1);

    Point1 = [0,0,0];
    Point2 = [300,0,0];
    Point2(1) = sqrt((P1(1)-P2(1))^2 + (P1(2)-P2(2))^2);
    x1 = Point1(1); y1 = Point1(2);  z1 = Point1(3);
    x2 = Point2(1); y2 = Point2(2); z2 = Point2(3);

    T = 2;                                    % 运行轨迹总时间
    f = 0.01;                                 % 步长、间隔
    N = T/f;
    t = 0:f:T;
    to = t/T;

    p=;                                       % 学生依据式(5.4.2) 拟合多项式

    if P1(3) < P2(3)
        % 情况 1 门型轨迹表达式                % 依据 5.4.2 节写出表达式
    else if P1(3) > P2(3)
        % 情况 2 门型轨迹表达式
```

```
else
    %情况3门型轨迹表达式
end

s2 = pi*r/2;
s4 = s2;
s3 = l - s1 - s2 - s4 - s5;
s = l*p;

X = zeros(1,N);
Y = zeros(1,N);
Z = zeros(1,N);
for i = 1 : N
    %门型轨迹左边竖线
    if s(i)>=0 && s(i)<=s1
        X(i) = x1;
        Y(i) = y1;
        Z(i) = z1 + s(i);
    end
        %门型轨迹左转角弧线
        if s(i)>s1 && s(i)<=(s1+s2)
            a1 = (s(i) - s1)/r;
            X(i) = r - r*cos(a1);
            Y(i) = y1;
            Z(i) = s1 + r*sin(a1);
            end
        %自行设计门型轨迹横线部分

        %自行设计门型轨迹左转角弧线

        %自行设计门型轨迹右边竖线
        end
    end

    if P2(1)>P1(1) && P2(2)>P1(2)                    %判断象限角
        cita = atan((P2(2) - P1(2))/(P2(1) - P1(1)));
    elseif P2(1)<P1(1) && P2(2)>P1(2)
        cita = atan((P2(2) - P1(2))/(P2(1) - P1(1))) + pi;
    elseif P2(1)<P1(1) && P2(2)<P1(2)
        cita = atan((P2(2) - P1(2))/(P2(1) - P1(1))) + pi;
    elseif P2(1)>P1(1) && P2(2)<P1(2)
        cita = atan((P2(2) - P1(2))/(P2(1) - P1(1)));
    elseif P2(2)==P1(2) && P1(1)<P2(1)
```

```
        cita = 0;
    elseif P2(2) = = P1(2) && P1(1)>P2(1)
        cita = - pi;
    elseif P1(1) = = P2(1) && P2(2)>P1(2)
        cita = pi/2;
    else
        cita = - pi/2;
    end

    R = [cos(cita),- sin(cita),0,P1(1);          % 变换矩阵
        sin(cita),cos(cita),0,P1(2);
        0,0,1,P1(3);
        0,0,0,1];
NewXYZ = R * [X;Y;Z;ones(1,N)];                  % 参考坐标系下的位置点

NX = NewXYZ(1,:);
NY = NewXYZ(2,:);
NZ = NewXYZ(3,:);

end
```

6. 写字机器人实现 Demo 实例(以田字为例)

```
function [P1,X,Y,Z,P11] = Writing2()             % 写字机器人主函数

  % 读取属性栏设置参数,包括纸张中心点位置,纸张大小,轨迹类型
  SettingPara = load('ProjectSetting.txt');

  % 纸张中心点坐标
  PaperCenterPoint = SettingPara(1,:);

  % 纸张的长
  h = SettingPara(2,1);

  % 纸张的宽
  l = SettingPara(2,2);

  % ***************************************
  % 田字书写,笔画分解,笔画尺寸自行设计
  % 坐标系定义见图 8.3.2;笔画分解后田字各点对应纸张中心的坐标如下
  P1 = [76,101,0];
  P2 = [- 88.5,87,0];
  P3 = [76,89,0];
```

```
P4 = [76,-95,0];
P5 = [-87,-74,0];
P6 = [-5,87,0];
P7 = [-5,-78,0];
P8 = [72,0,0];
P9 = [-76,0,0];
P10 = [-87,81,0];
P11 = [-81.5,-68.5,0];

% ***********************************************
%不同笔画间通过门型轨迹链接,防止划破纸张
%第一笔
P1 = P1 + PaperCenterPoint;
P2 = P2 + PaperCenterPoint;
[bx1,by1,bz1,~] = Shu(P1,P2);
%门型轨迹 1
P3 = P3 + PaperCenterPoint;
[gx1,gy1,gz1] = MenTra(P2,P3);
%第二笔
P4 = P4 + PaperCenterPoint;
[bx2,by2,bz2,~] = Heng(P3,P4);
%第三笔
P5 = P5 + PaperCenterPoint;
[bx3,by3,bz3,~] = Shu(P4,P5);
%门型轨迹 2
P6 = P6 + PaperCenterPoint;
[gx2,gy2,gz2] = MenTra(P5,P6);
%第四笔
P7 = P7 + PaperCenterPoint;
[bx4,by4,bz4,~] = Heng(P6,P7);
%门型轨迹 3
P8 = P8 + PaperCenterPoint;
[gx3,gy3,gz3] = MenTra(P7,P8);
%第五笔
P9 = P9 + PaperCenterPoint;
[bx5,by5,bz5,~] = Shu(P8,P9);
%门型轨迹 4
P10 = P10 + PaperCenterPoint;
[gx4,gy4,gz4] = MenTra(P9,P10);
%第六笔
P11 = P11 + PaperCenterPoint;
[bx6,by6,bz6,~] = Heng(P10,P11);
```

```
    X = [bx1,gx1,bx2,bx3,gx2,bx4,gx3,bx5,gx4,bx6]; %所有点相连接
    Y = [by1,gy1,by2,by3,gy2,by4,gy3,by5,gy4,by6];
    Z = [bz1,gz1,bz2,bz3,gz2,bz4,gz3,bz5,gz4,bz6];

end


% **********************"竖"笔画子函数**************
    %笔画"竖"的实现过程,也可看成轨迹规划过程
function [x,y,z,FinishPoint] = Shu(StarPoint,StopPoint)
    f = 0.01;
    T = 2;
    N = T/f;
    t = 0:f:T;
    to = t/T;
    s = 20 * to.^3 - 45 * to.^4 + 36 * to.^5 - 10 * to.^6;
    dx = StopPoint(1) - StarPoint(1);
    dy ;                                            %参见 dx
    dz ;

    x = zeros(1,N);
    y = ;                                           %参见 x
    z = ;

    for i = 1:N
        x(i) = StarPoint(1) + s(i+1) * dx;
        y(i) = ;                                    %参见 x(i)
        z(i) = ;
    end
    FinishPoint = [x(N),y(N),z(N)];
    end


% **********************"横"笔画子函数**************
    %笔画"横"的实现过程
function [x,y,z,FinishPoint] = Heng(StarPoint,StopPoint)

    %参见"竖"笔画子函数,实现过程相同,自行编写


end
```

参考文献

[1] 于玲. 工业机器人虚拟仿真技术[M]. 北京:北京邮电大学出版社,2019.
[2] 叶晖. 工业机器人工程应用虚拟仿真教程[M]. 北京:机械工业出版社,2023.
[3] 张明文,于振中. 工业机器人原理及应用(DELTA 并联机器人)[M]. 哈尔滨:哈尔滨工业大学出版社,2018.
[4] 谢小正. 串并联机器人开放实验教程[M]. 哈尔滨:哈尔滨工程大学出版社,2018.
[5] 徐国保,赵黎明,吴凡,等. MATLAB/Simulink 实用教程:编程、仿真及电子信息学科应用[M]. 北京:清华大学出版社,2017.